信息技术课程系列

“十四五”职业教育国家规划教材配套教材

“十四五”高等职业教育新形态一体化教材

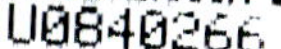

WPS版

# 信息技术基础实训与习题（第二版）


钱　亮　方风波　董兵波◎主　编

杨　利　孙重巧　彭　岚　郑　泳　江　霖　刘妮玲◎副主编



中国铁道出版社有限公司

CHINA RAILWAY PUBLISHING HOUSE CO., LTD.

## 内 容 简 介

本书系全国高校计算机基础教育研究会课题“信息技术基础（WPS版）活页式教材开发”主要研究成果，也是“十四五”职业教育国家规划教材及2021年全国高校计算机基础教育研究会优秀教材《信息技术基础（微课版）》（第二版）之配套书。本书参照教育部《高等职业教育信息技术课程标准（2021年版）》编写，依照工作手册式教材要求重组课程内容，按照实训操作需要嵌入微课二维码，以新型活页式教材的形式出版，具有全面贯标、体例优化、课证融通、形式创新、“校企双元”开发、融人思政、立体配套七个特点。

全书分为7章，每章均由实训、习题组成，主要包括信息素养与社会责任、Windows 10操作系统基础、WPS文字2019、WPS表格2019、WPS演示2019、信息检索、新一代信息技术等内容。软件版本为Windows 10+WPS 2019。

本书适合作为高等职业院校信息技术基础模块实训及练习使用，也可供“1+X”WPS办公应用职业技能等级证书考试、全国计算机等级考试培训使用，并可作为有关社会人员提升信息技术技能水平的自学参考书。

**图书在版编目（CIP）数据**

信息技术基础实训与习题/钱亮，方风波，董兵波主编. —2版. —北京：中国铁道出版社有限公司，2024.8

“十四五”高等职业教育新形态一体化教材

ISBN 978-7-113-30814-8

Ⅰ.①信… Ⅱ.①钱… ②方… ③董… Ⅲ.①电子计算机-高等职业教育-教学参考资料 Ⅳ.①TP3

中国国家版本馆CIP数据核字（2024）第072805号

**书　　名：** 信息技术基础实训与习题
**作　　者：** 钱　亮　方风波　董兵波

---

**策　　划：** 徐海英　　　　**编辑部电话：**（010）63551006
**责任编辑：** 王春霞　李学敏
**封面设计：** 尚明龙
**责任校对：** 苗　丹
**责任印制：** 樊启鹏

---

**出版发行：** 中国铁道出版社有限公司（100054，北京市西城区右安门西街8号）
**网　　址：** https://www.tdpress.com/51eds/
**印　　刷：** 北京联兴盛业印刷股份有限公司
**版　　次：** 2021年8月第1版　2024年8月第2版　2024年8月第1次印刷
**开　　本：** 850 mm×1 168 mm 1/16　**印张：** 13.75　**字数：** 307千
**书　　号：** ISBN 978-7-113-30814-8
**定　　价：** 59.00元

---

# “十四五”高等职业教育新形态一体化教材

## 编审委员会

# 序

2021年十三届全国人大四次会议表决通过的《中华人民共和国国民经济和社会发展第十四个五年规划和2035年远景目标纲要》，对我国社会主义现代化建设进行了全面部署。“十四五”时期对教育的定位是建立高质量的教育体系，对职业教育的定位是增强职业教育的适应性。当前，在百年未有之大变局下，在“十四五”开局之年，如何切实推动落实《国家职业教育改革实施方案》《职业教育提质培优行动计划（2020—2023年）》等文件要求，是新时代职业教育适应国家高质量发展的核心任务。随着新科技和新工业化发展阶段的到来和我国产业高端化转型，必然引发企业用人需求和聘用标准发生新的变化，以人才需求为起点的高职人才培养理念使创新中国特色人才培养模式成为高职战线的核心任务，为此国务院和教育部制定和发布了包括“1+X”职业技能等级证书制度、专业群建设、“双高计划”、专业教学标准、信息技术课程标准、实训基地建设标准等一系列的文件，为探索新时代中国特色高职人才培养指明了方向。

要落实国家职业教育改革一系列文件精神，培养高质量人才，就必须解决“教什么”的问题，必须解决课程教学内容适应产业新业态、行业新工艺、新标准要求等难题，教材建设改革创新就显得尤为重要。国家这几年对于职业教育教材建设加大了力度，2019年，教育部发布了《职业院校教材管理办法》（教材〔2019〕3号）、《关于组织开展“十三五”职业教育国家规划教材建设工作的通知》（教职成司函〔2019〕94号），在2020年又启动了《首届全国教材建设奖全国优秀教材（职业教育与继续教育类）》评选活动，这些都旨在选出具有职业教育特色的优秀教材，并对下一步如何建设好教材进一步明确了方向。在这种背景下，坚持以习近平新时代中国特色社会主义思想为指导，落实立德树人根本任务，适应新技术、新产业、新业态、新模式对人才培养的新要求，中国铁道出版社有限公司邀请我与鲍洁教授共同策划组织了"'十四五'高等职业教育新形态一体化教材"，尤其是我国知名计算机教育专家谭浩强教授、全国高等院校计算机基础教育研究会会长黄心渊教授对课程建设和教材编写都提出了重要的指导意见。这套教材在设计上把握了如下几个原则：

1. 价值引领、育人为本。牢牢把握教材建设的政治方向和价值导向，充分体现党和国家的意志，体现鲜明的专业领域指向性，发挥教材的铸魂育人、关键支撑、固本培元、文化交流等功能和作用，培养适应创新型国家、制造强国、网络强国、数字中国、智慧社会需要的不可或缺的高层次、高素质技术技能型人才。

2. 内容先进、突出特性。充分发挥高等职业教育服务行业产业优势，及时将行业、产业的新技术、新工艺、新规范作为内容模块，融入教材中去。并且为强化学生职业素养养成和专业技术积累，将专业精神、职业精神和工匠精神融入教材内容，满足职业教育的需求。此外，为适应项目学习、案例学习、模块化学习等不同学习方式要求，注重以真实生产项目、典型工作任务、案例等为载体组织教学单元的教材、新型活页式、工作手册式等教材，力求教材反映人才培养模式和教学改革方向，有效激发学生学习兴趣和创新潜能。

3. 改革创新、融合发展。遵循教育规律和人才成长规律，结合新一代信息技术发展和产业变革对人才的需求，加强校企合作、深化产教融合，深入

推进教材建设改革。加强教材与教学、教材与课程、教材与教法、线上与线下的紧密结合，信息技术与教育教学的深度融合，通过配套数字化教学资源，满足教学需求和符合学生特点的新形态一体化教材。

4. 加强协同、锤炼精品。准确把握新时代方位，深刻认识新形势新任务，激发教师、企业人员内在动力。组建学术造诣高、教学经验丰富、熟悉教材工作的专家队伍，支持科教协同、校企协同、校际协同开展教材编写，全面提升教材建设的科学化水平，打造一批满足学科专业建设要求，能支撑人才成长需要、经得起实践检验的精品教材。

按照教育部关于职业院校教材的相关要求，充分体现工业和信息化领域相关行业特色，以高职专业和课程改革为基础，编写信息技术课程、专业群平台课程、专业核心课程等所需教材。本套教材计划出版 4 个系列，具体为：

1. 信息技术课程系列。教育部发布的《高等职业教育专科信息技术课程标准（2021 年版）》给出了高职计算机公共课程新标准，新标准由必修的基础模块和由 12 项内容组成的拓展模块两部分构成。拓展模块反映了新一代信息技术对高职学生的新要求，各地区、各学校可根据国家有关规定，结合地方资源、学校特色、专业需要和学生实际情况，自主确定拓展模块教学内容。在这种新标准、新模式、新要求下构建了该系列教材。

2. 电子信息大类专业群平台课程系列。高等职业教育大力推进专业群建设，基于产业需求的专业结构，使人才培养更适应现代产业的发展和职业岗位的变化。构建具有引领作用的专业群平台课程和开发相关教材，彰显专业群的特色优势地位，提升电子信息大类专业群平台课程在高职教育中的影响力。

3. 新一代信息技术类典型专业课程系列。以人工智能、大数据、云计算、移动通信、物联网、区块链等为代表的新一代信息技术，是信息技术的纵向升级，也是信息技术之间及其与相关产业的横向融合。在此技术背景下，围绕新一代信息技术专业群（专业）建设需要，重点聚焦这些专业群（专业）缺乏教材或者没有高水平教材的专业核心课程，完善专业教材体系，支撑新专业加快发展建设。

4. 本科专业课程系列。在厘清应用型本科、高职本科、高职专科关系，明确高职本科服务目标，准确定位高职本科基础上，研究高职本科电子信息类典型专业人才培养方案和课程体系，在培养高层次技术技能型人才方面，组织编写该系列教材。

新时代，职业教育正在步入创新发展的关键期，与之配合的教育模式以及相关的诸多建设都在深入探索。本套教材建设按照“选优、选精、选特、选新”的原则，发挥高等职业教育领域的院校、企业的特色和优势，调动高水平教师、企业专家参与，整合学校、行业、产业、教育教学资源，充分认识到教材建设在提高人才培养质量中的基础性作用，集中力量打造与我国高等职业教育高质量发展需求相匹配、内容和形式创新、教学效果好的课程教材体系，努力培养德智体美劳全面发展的高层次、高素质技术技能人才。

本套教材内容前瞻、体系灵活、资源丰富，是值得关注的一套好教材。

国家职业教育指导咨询委员会委员
北京高等学校高等教育学会计算机分会理事长
全国高等院校计算机基础教育研究会荣誉副会长

高林

2021 年 8 月

# 前　言

党的二十大报告提出："推动战略性新兴产业融合集群发展，构建新一代信息技术、人工智能、生物技术、新能源、新材料、高端装备、绿色环保等一批新的增长引擎。"随着信息技术飞速发展和广泛应用，其已成为经济社会转型发展的主要驱动力，是建设创新型国家、制造强国、网络强国、数字中国、智慧社会的基础支撑。

高等职业教育专科信息技术课程是各专业学生必修或限定选修的公共基础课程。学生通过学习本课程，能够增强信息意识、提升计算思维、促进数字化创新与发展能力、树立正确的信息社会价值观和责任感，为其职业发展、终身学习和服务社会奠定基础。

本书系方风波教授主持的全国高校计算机基础教育研究会课题"信息技术基础（WPS 版）活页式教材开发"主要研究成果，也是该团队编写的首批"十四五"职业教育国家规划教材及 2021 年全国高校计算机基础教育研究会优秀教材《信息技术基础（微课版）》（第二版）之配套书。本书着力从以下七个方面凸显职业教育类型特点：一是全面贯标，参照教育部《高等职业教育信息技术课程标准（2021 年版）》编写；二是体例优化，依照工作手册式教材要求重组课程内容，将教、学、做、练、评融为一体；三是课证融通，融入"1+X"WPS 办公应用职业技能等级证书相关内容；四是形式创新，以新型活页式教材形式编写出版，以便于教材内容随信息技术发展和产业升级及时动态更新；五是"校企双元"开发，由高职院校长期从事信息技术基础教学的一线教师及来自北京金山办公软件股份有限公司、武汉讯方信息技术有限公司等知名 IT 企业的技术主管、工程师联合编写；六是融入思政，强化学生职业素养养成和专业技术积累，将专业精神、职业精神和工匠精神等思政元素融入教材；七是立体配套，通过手机扫描嵌入本书各章节的二维码，即可观看视频学习，同时本书还配有线上课程及配套实训与习题教程，以便于开展线上线下混合式教学。

全书共分七章，每章均由实训和习题组成，实训部分精选了与学习、工作、生活相关的实训内容，从加强学生的基本技能、培养学生分析和解决问题能力的角度出发，让学生在完成实训内容的基础上内化知识、提升技能。习题部分内容丰富，知识性强，编排上既考虑课程教学的需要，同时又兼顾计算机等级考试和计算机职业资格鉴定考试的要求，基本覆盖必需的知识点和技能点，力求做到能力培养与考级考证相结合。附录 A 习题参考答案便于学生对照练习及自我纠错。软件版本升级为 Windows 10+WPS 2019。

本书由钱亮、方风波、董兵波任主编，杨利、孙重巧、彭岚、郑泳、江霖、刘妮玲任副主编，吴勇刚、胡荣、张宏宪、袁方、王科、张宁、田岭、张魏、黄玲、李金凤、田萌、陈文、龚佳鹏、龚五堂、余泽禹、姚恺荣、吴鹏、张洁、包玉坤、刘利、何黎明、黄敏、宋仔标、谭娇、雷三承等参加编写，参与本书编写相关工作的还有王辉、李军、王君、叶芳、陈书敏、朱佳、周晓荔、申德凤、王凯、张青等。全书由钱亮负责统稿和定稿。

本书在编写过程中参考了部分教材和资料，在此向所有作者表示衷心感谢！

由于编者水平和经验有限，加之编写时间仓促，书中难免有遗漏或不足之处，敬请广大专家、读者不吝赐教，以便再版时修订和完善。

编　者

2024 年 4 月

# 目录

# 配套资源索引

## 微课

| 序号 | 项目名称 | 资源名称 | 页码 |
| --- | --- | --- | --- |
| 1 | 第 2 章　Windows 10 操作系统基础 | 为文件夹创建桌面快捷方式 | 2-14 |
| 2 | | 搜索文件或文件夹 | 2-17 |
| 3 | | 隐藏文件夹 | 2-25 |
| 4 | 第 3 章　WPS 文字 2019 | 创建WPS文字模板 | 3-3 |
| 5 | | “学习报告”的制作 | 3-4 |
| 6 | 第 4 章　WPS 表格 2019 | 数据输入 | 4-3 |
| 7 | | 工作表的操作 | 4-4 |
| 8 | | 单元格的编辑 | 4-5 |
| 9 | | 格式化工作表 | 4-10 |
| 10 | | 打印 | 4-13 |
| 11 | | 用公式处理数据 | 4-17 |
| 12 | | 使用函数处理数据 | 4-18 |
| 13 | | 建立第一季度工资报表 | 4-20 |
| 14 | | 排序和筛选 | 4-23 |
| 15 | | 创建图表 | 4-27 |
| 16 | | 工作簿、工作表的保密 | 4-29 |
| 17 | 第 5 章　WPS 演示 2019 | 创建“古诗欣赏”演示文稿 | 5-3 |
| 18 | | 创建幻灯片母版 | 5-4 |
| 19 | | 修饰标题幻灯片 | 5-6 |
| 20 | | 修饰“送友人”幻灯片 | 5-7 |
| 21 | | 修饰“山居秋暝”幻灯片 | 5-7 |
| 22 | | 制作“单选题”幻灯片 | 5-9 |
| 23 | | 给演示文稿添加背景音乐 | 5-9 |
| 24 | | 为标题幻灯片添加动画效果 | 5-13 |
| 25 | | 为“送友人”幻灯片添加动画效果 | 5-13 |
| 26 | | 在“单选题”幻灯片中添加形状 | 5-14 |
| 27 | | 为“单选题”幻灯片设置动画效果 | 5-15 |
| 28 | | 为幻灯片添加切换效果 | 5-15 |
| 29 | | 制作目录幻灯片 | 5-16 |
| 30 | | 为目录幻灯片设置超链接 | 5-16 |
| 31 | | 为内容幻灯片添加“返回目录”动作按钮 | 5-16 |
| 32 | 第 6 章　信息检索 | 华为浏览器设置 | 6-4 |
| 33 | | 检索满足公司专业设计要求的显示器 | 6-11 |
| 34 | | 截词检索视频 | 6-19 |
| 35 | | 通过专利平台进行信息检索 | 6-25 |
| 36 | | 通过商标平台进行信息检索 | 6-26 |

# 第1章 信息素养与社会责任

计算机是信息技术的重要组成部分。本章的实训内容为设置BIOS、指法练习、数制与信息编码。涉及计算机的底层CMOS设置、计算机BIOS参数设置、输入法规范化标准化练习、计算机识别的信息编码与机器语言的转换、汉字编码的基本概念。

## 1.1 【实训1】设置BIOS

### 实训目标

知识目标：

（1）能进入CMOS设置主菜单。

（2）能进行标准CMOS设置。

（3）能完成BIOS主要参数的设置。

能力目标：

（1）熟悉计算机启动CMOS界面。

（2）掌握计算机的BIOS参数设置方法。

二十大报告
知识点链接1

素质目标：

（1）通过示范案例的相关设置，培养学生良好的规范化、标准化的使用习惯，养成耐心、严谨的工作态度。

（2）学生能操作不同的CMOS界面，培养学生的复用性、模块化思维能力。

（3）熟悉党的二十大报告中与信息技术相关的论述，增强实现科技自立自强的信心。

### 实训要求

（1）完成计算机的BIOS默认值装入设置。

（2）完成模拟BIOS相关参数设置。

### 技术分析

在本次实训中，需要运用的技能点有：

学习笔记

（1）进入 CMOS 设置主菜单。

（2）标准 CMOS 设置。

（3）BIOS 特性设置。

（4）密码设置。

（5）保存设置。

## 实例演示

（1）开机时按住【Delete】键，进入到计算机的 BIOS 设置界面标准 CMOS 设置，如图 1-1 所示。

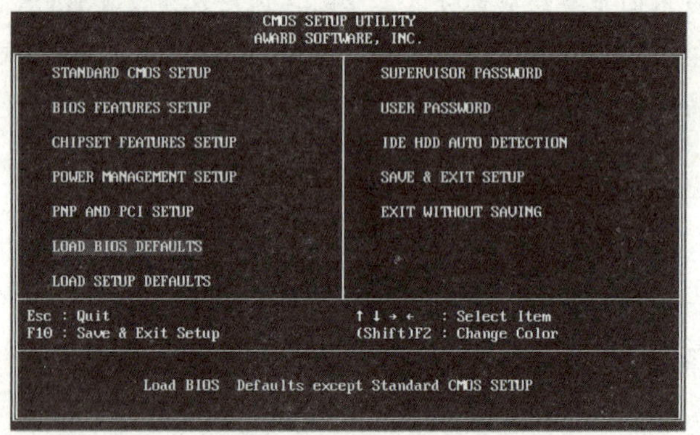


图 1-1　BIOS 设置界面

（2）选择 LOAD BIOS DEFAULTS 选项（装入 BIOS 默认值），主机板的 CMOS 中有一个出厂时设定的值。若 CMOS 内容被破坏，则要使用该项进行恢复。由于 BIOS 默认设定值可能关掉了所有用来提高系统的性能参数，因此使用它容易找到主机板的安全值和除去主板的错误。该项设定只影响 BIOS 和 Chipset 特性的选定项，不会影响标准的 CMOS 设定。

（3）移动光标到屏幕的该项然后按下【Y】键，屏幕显示是否要装入 BIOS 默认设定值，回 答 Y 即装入，回答 N 即不装入，如图 1-2 所示。选择完后，返回主菜单。

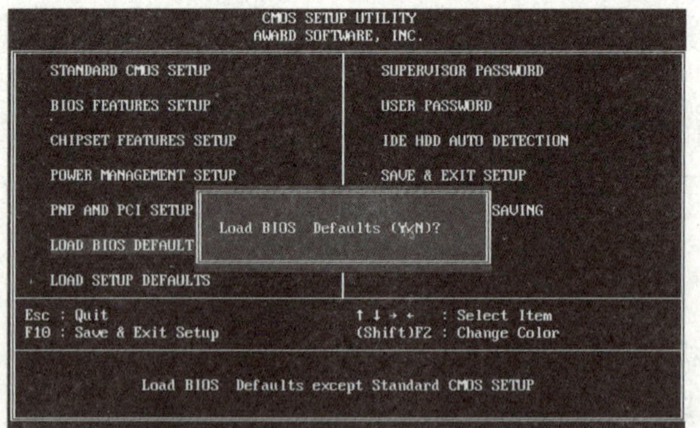


图 1-2　装入 BIOS 默认值

（4）更改设置后，选 SAVE & EXIT SETUP 项保存修改的内容，以便使所修改的内容生效。

## 实训步骤

操作记录

### 1. 开机进入 CMOS 设置主菜单

AWARD BIOS 是目前兼容机中应用较为广泛的一种 BIOS，里面的信息为英文，如果有关信息设置不当的话，将会影响整台主机的性能。

当计算机启动出现开机启动界面时按【Delete】键，出现 BIOS 设置程序主菜单，如图 1-3 所示。

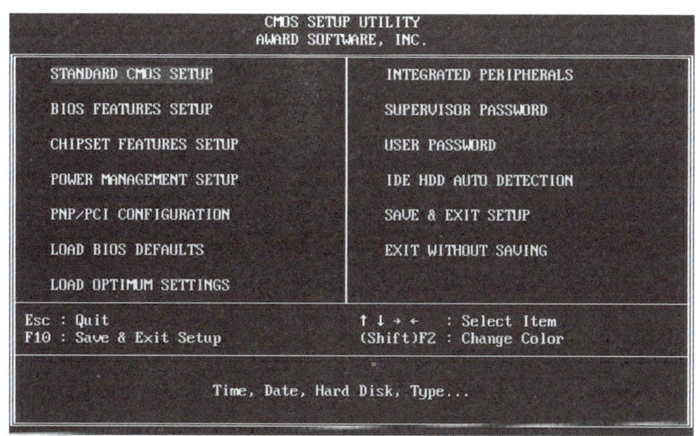


图 1-3　BIOS 设置程序主菜单

### 2. 标准 CMOS 设置

在图 1-3 所示的主界面中，选择 STANDARD CMOS SETUP 项后按【Enter】键，即可进入标准 CMOS 设置界面，如图 1-4 所示。该界面中，可设置系统的基本硬件配置、系统日期、时间等系统参数，其中关于内存的一些基本参数是系统自动配置的。进行某一项目的设置时，将光标通过方向键移至该项，按【Page Down】和【Page Up】键改变设置内容，然后按【Esc】键退出本项设置即可。

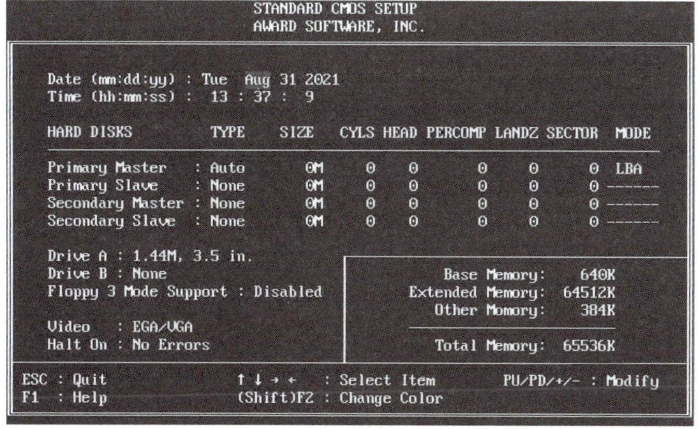


图 1-4　标准 CMOS 设置界面

标准 CMOS 设置项目包括系统日期和时间显示模式等内容。

设置系统日期及时间：将光标通过方向键移至 Date <mm:dd:yy> 项，设置当前计算机的系统日期，格式为“星期、月、日、年”，用户只需通过【Page Up】和【Page Down】键调整日期值，系统会自动换算星期值。

将光标通过方向键移至 Time <hh:mm:ss> 项，这里以 24 小时制设置系统时间，格式为“时：分：秒”。

### 3. BIOS 特性设置

BIOS 特性设置主要用于改善系统的性能，这是 BIOS 设置中最重要的一项。在图 1-2 所示的界面中选择 BIOS FEATURES SETUP 项并按【Enter】键，即可进入 BIOS 特性设置界面，如图 1-5 所示。

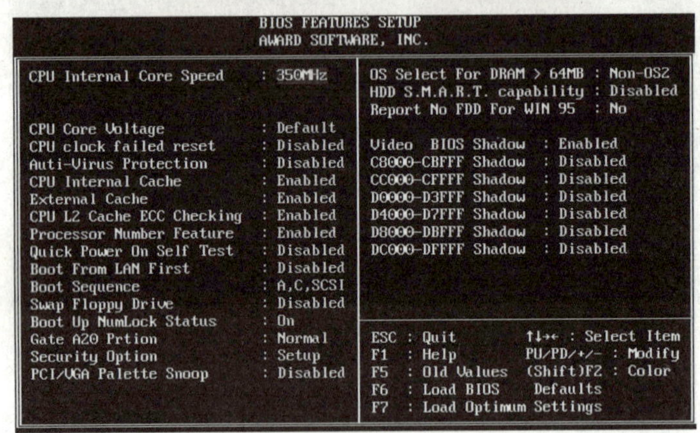


图 1-5　BIOS 特性设置界面

在此项设置中，主要进行计算机启动顺序的设置。

这里找到 Boot Sequence，按 PU/PD/+/- 按键进行启动顺序修改，当前为“A,C,SCSI”，可修改为“C,A,SCSI”。

在 BIOS 特性设置中，其他需要注意的主要设置项目说明如下：

（1）Quick Power On Self Test（快速开机自检）。当计算机加电开机时，主板上的 BIOS 会执行一连串的检查测试，检查的对象是系统和周边设备。当设定为 Enabled（启动）时，这个项目在系统电源开启之后，可加速 POST（Power On Self Test）的程序。BIOS 会在 POST 过程中缩短或是跳过一些检查项目，从而加速启动等待的时间。

（2）Boot From LAN First（网络启动优先）优先从网卡网络启动系统。

（3）Boot Up NumLock Status（启动时数字小键盘的状态）。

设置为 On 时，开机后键盘右侧的数字小键盘设定为数字输入模式。设置 Off 时，开机后，键盘右侧的数字小键盘设定为方向键盘模式。

（4）Security Option（密码设定选项）。此选项为计算机的开机密码设置，有不同的权限级别，共有两个选项可以选择：System 和 Setup。

### 4. 密码设置

BIOS 的密码可分为系统管理员密码和使用者密码（一般用户密码）两种，如图 1-6 所示。

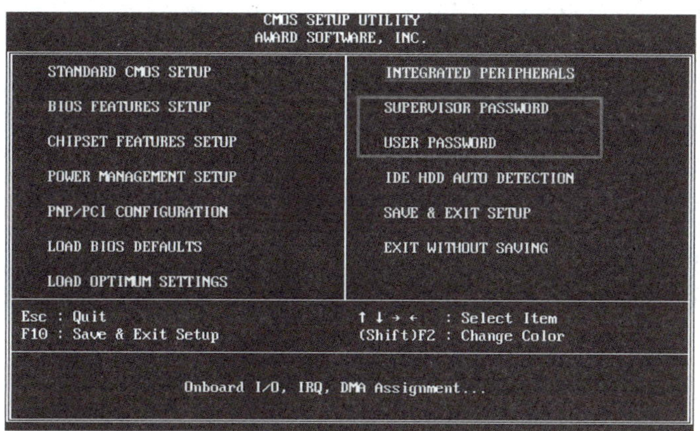


图 1-6　密码设置主界面

（1）SUPERVISOR PASSWORD（系统管理员密码）：针对系统开机及 BIOS 设置的防护。

（2）USER PASSWORD（使用者密码）：针对系统开机时的口令设置。

这两项的设置也相当简单，即在 BIOS 设置的主界面中分别选择 SUPERVISOR PASSWORD 或 USER PASSWORD 项后，按【Enter】键进入 Enter Password 界面，如图 1-7 所示，此时输入想要设置的密码并按【Enter】键，界面提示 Confirm Password，如图 1-8 所示，此时再重复输入密码以进行确认，输入完成后按【Enter】键即完成密码的设置。

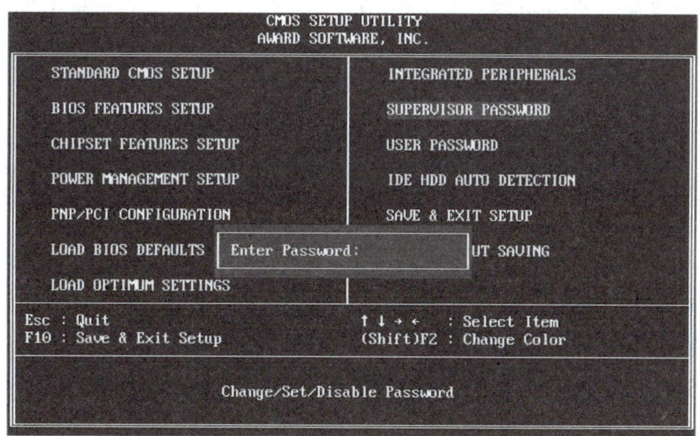


图 1-7　Enter SUPERVISOR PASSWORD 界面

**说明：**

如果两次输入的密码不一样，则密码设置不成功。输入的密码长度最长为 8 个数字或符号，而且有大小之分。管理员密码无法取消，只有使用者密码才可以取消；若要取消使用者密码，在重新打开密码提示框时直接按两次【Enter】键即可。

提高安全意识

操作记录

CMOS SETUP UTILITY
AWARD SOFTWARE, INC.
STANDARD CMOS SETUP
BIOS FEATURES SETUP
CHIPSET FEATURES SETUP
POWER MANAGEMENT SETUP
PNP/PCI CONFIGURATION
LOAD BIOS DEFAULTS
LOAD OPTIMUM SETTINGS
INTEGRATED PERIPHERALS
SUPERVISOR PASSWORD
USER PASSWORD
IDE HDD AUTO DETECTION
SAVE & EXIT SETUP
UT SAVING
Confirm Password:
Esc : Quit
F10 : Save & Exit Setup
↑ ↓ → ← : Select Item
(Shift)F2 : Change Color
Change/Set/Disable Password

图 1-8 Confirm Password 界面

## 5. 保存设置并退出

在完成 BIOS 设置后，若想让设置的内容有效，则必须将所做的设置进行保存并重新启动计算机。在图 1-9 所示的主菜单中有两个设置选项：

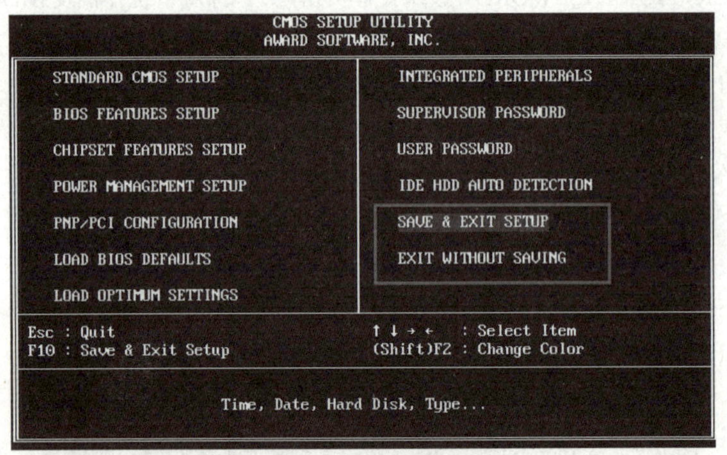


图 1-9 保存设置界面

（1）SAVE & EXIT SETUP：保存并退出或者按【F10】键。

（2）EXIT WITHOUT SAVING：不保存退出。

至此，CMOS 的设置完成，重新启动计算机后即可正常工作。如果没有特殊情况，一般 CMOS 设置不必改动。

这里仅仅介绍了 CMOS 设置中的部分常用项目，对于普通的计算机用户而言，这些常用项目的设置已足够使用，但如果想让计算机工作在更优化的状态下，还需要很多其他项目的设置，有兴趣的读者可自行研究。

## 实训任务考评

### 设置 BIOS 考评记录

<table>
<tr><td colspan="2">学生姓名</td><td></td><td>班级</td><td></td><td colspan="2">任务评分</td><td colspan="2"></td></tr>
<tr><td colspan="2">实训地点</td><td></td><td>学号</td><td></td><td colspan="2">完成日期</td><td colspan="2"></td></tr>
<tr><td rowspan="19">实训实现步骤</td><td>序号</td><td colspan="4">考 核 内 容</td><td colspan="2">标准分</td><td>评分</td></tr>
<tr><td>01</td><td colspan="4">基础操作：进入 CMOS 设置主菜单</td><td colspan="2">10</td><td></td></tr>
<tr><td rowspan="4">02</td><td colspan="4">标准 CMOS 设置：</td><td colspan="2">25</td><td></td></tr>
<tr><td colspan="4">（1）设置系统日期及时间</td><td colspan="2">10</td><td></td></tr>
<tr><td colspan="4">（2）接口设备的设置</td><td colspan="2">10</td><td></td></tr>
<tr><td colspan="4">（3）软盘驱动器的设置</td><td colspan="2">5</td><td></td></tr>
<tr><td rowspan="4">03</td><td colspan="4">BIOS 特性设置：</td><td colspan="2">25</td><td></td></tr>
<tr><td colspan="4">（1）快速开机自检</td><td colspan="2">5</td><td></td></tr>
<tr><td colspan="4">（2）启动时数字小键盘的状态</td><td colspan="2">5</td><td></td></tr>
<tr><td colspan="4">（3）硬盘引导顺序</td><td colspan="2">15</td><td></td></tr>
<tr><td rowspan="3">04</td><td colspan="4">密码设置：</td><td colspan="2">10</td><td></td></tr>
<tr><td colspan="4">（1）系统管理员密码</td><td colspan="2">5</td><td></td></tr>
<tr><td colspan="4">（2）使用者密码</td><td colspan="2">5</td><td></td></tr>
<tr><td>05</td><td colspan="4">保存设置并退出</td><td colspan="2">10</td><td></td></tr>
<tr><td rowspan="5">06</td><td colspan="4">职业素养：</td><td colspan="2">20</td><td></td></tr>
<tr><td colspan="4">自主学习：能结合实训任务自学知识点</td><td colspan="2">5</td><td></td></tr>
<tr><td colspan="4">创新精神：操作完成不同版本的 BIOS 设置</td><td colspan="2">5</td><td></td></tr>
<tr><td colspan="4">实操记录：清晰、完整、准确、规范、工整等</td><td colspan="2">5</td><td></td></tr>
<tr><td colspan="4">学习反思：复述巩固知识点、反思实操内容等</td><td colspan="2">5</td><td></td></tr>
<tr><td colspan="2">自我评语</td><td colspan="7"></td></tr>
<tr><td colspan="2">教师评语</td><td colspan="7"></td></tr>
</table>

完成情况

存在问题

## 1.2 【实训2】指法练习

### 实训目标

| 知识目标： |
|---|
| （1）掌握正确的击键姿势。<br>（2）掌握基本键指法和键盘指法分区。<br>（3）掌握各种字符的输入方法。 |
| 能力目标： |
| 熟练使用计算机，需从输入开始。本实训主要练习指法，并能进行盲打。 |
| 素质目标： |
| 通过示范，培养学生良好的规范化、标准化的打字习惯，养成耐心、严谨的工作态度。 |

### 实训要求

（1）完成主键盘和小键盘的指法练习。

（2）完成基准键指法练习。

（3）完成其他字符键指法练习。

（4）完成综合指法练习。

### 技术分析

在本次实训中，需要运用的技能点有：

（1）正确的姿势。

（2）标准击键法步骤。

（3）基本键位。

### 实例演示

毅力、专注力、强化思维

#### 1. 指法练习

初学键盘输入时，首先必须注意的是击键的姿势，如果初学时姿势不当，就不能做到准确快速地输入，也容易疲劳，正确的姿势如下：

（1）身体应保持笔直，稍偏于键盘右方，全身自然放松。

（2）将全身重量置于椅子上，座椅要调节到便于手指操作的高度，使肘部与台面大致平行，两脚平放，切勿悬空，下肢宜直，与地面和大腿形成90°。

（3）上臂自然下垂，上臂和肘靠近身体，两肘轻轻贴于腋边，手指微曲，轻放于规定的基准键位上，手腕平直。人与键盘的距离可移动椅子或键盘的位置来调节，以调节到人能

学习笔记

保持正确的击键姿势为佳。

（4）显示器宜放在键盘的正后方，与眼睛相距不少于 50 cm，输入原稿前，先将键盘右移 5 cm，再将原稿紧靠键盘左侧放置，以便阅读。

### 2. 击键指法

（1）字键的击法步骤：

① 手腕平直，手臂要保持静止，全部动作仅限于手指部分。

② 手指要保持弯曲，稍微拱起，指尖后的第一关节形似弧形，分别轻放在字键的中央。

③ 输入时，手抬起，用要击键的手指去击键（不是摸键），其余手指保持原来位置。击打后手指要借键盘的弹力及时缩回，不可停留在击打的键上，否则被击字键会连续在屏幕显示。

输入过程中，要用相同的节拍用力适度地击打字键，不可用力过猛。

（2）熟练掌握打字的基本键位：

基本键位是指位于键盘第三行的八个字母键，即【A】【S】【D】【F】【J】【K】【L】和【;】键。在开始击键之前，各手指的正确放置方法如图 1-10 所示。

图 1-10　基本键指法

只要时间允许，双手除拇指以外的八个手指应尽量放在基本键位上。

（3）掌握键盘指法分区：

上述讲的八个基本键位与手指的对应关系必须牢记在心，不能出错。若手指偏离了基准键位置，必须及时纠正。在键盘指法练习中，只有严格执行击键步骤，才能达到较高的击键水平。

在熟练掌握基本键位的基础上，对于其他字母、数字、符号都采用与八个基本键的键位相对应的位置来记忆，键盘的指法分区如图 1-11 所示，凡两斜线范围内的键，都必须由规定的手的同一个手指来击打，这样既方便，又便于记忆。例如，用击【F】键的左手食指击【R】键，用击【K】键的右手中指击打【I】键等。值得注意的是，每个手指击打这些键后，只要时间允许都应立即回到原来的基本键位上，这也是达到熟练和快速击键的关键。

（4）空格的击法步骤：

右手从基本键位上迅速垂直向上抬 1～2 cm，大拇指横着向下击打【Space】键并立即弹起，便输入了一个空格。

（5）换行键的击法步骤：

需要进行操作时，抬起右手小指击一次【Entcr】键，击后右手立即退回到相应的基本键位上，手指收回过程中要保持弯曲，以免碰到【;】键。

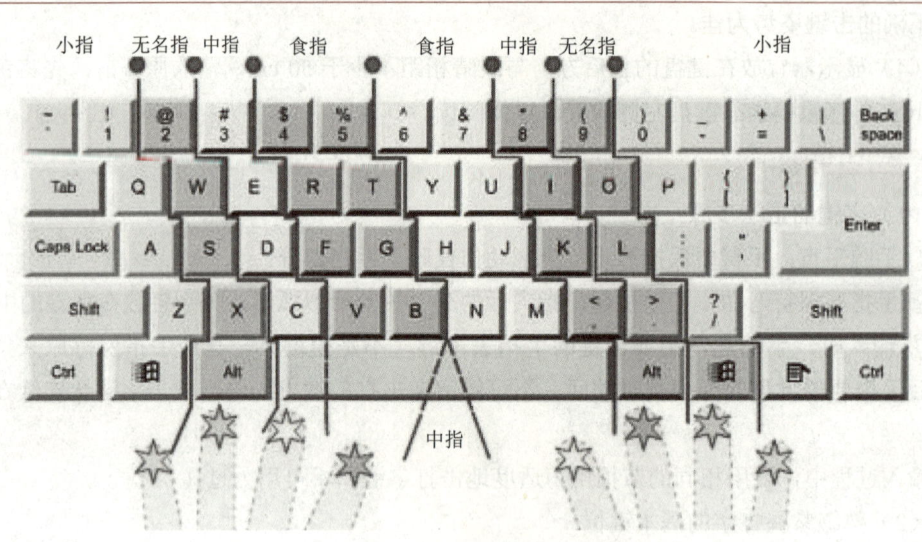


图 1-11　键盘的指法分区图

（6）大写字母键的击法步骤：

① 连续大写的指法：将键盘上的大写锁定键【Caps Lock】按下后，就可以按照键盘指法分区的击键方式连续输入大写字母。

② 首字母大写操作：首先按住【Shift】键，用另一手相应的手指击要输入的字母键，随后释放【Shift】键，再继续击打首字母后的字母。

（7）数据录入的击法步骤：

① 西文、数字混合录入指法：把手放在基本键位上，依靠左、右手指敏锐和准确的键位感，来衡量数字键离基本键位的距离和方位，每次要弹击数字键时，掌心略抬高，击键的手指要伸直，击键要短促、轻快、有弹性，力度适当，节奏均匀，任一手指击键后立即返回基本键盘位。

② 纯数字录入指法有两种方式：

- 将双手直接放在主键盘的第二排数字键上，与基本键位相对称，用相应的手指弹击数字键。
- 如果需要成批输入数字，可通过小键盘输入，先用右手弹击小键盘上的数字锁定键【Num Lock】，使小键盘上的数字键转成数字录入状态，此时小键盘上方的 Num Lock 指示灯变亮，然后将右手食指放在 4 键上，无名指放在 6 键上。食指移动的键盘范围是 7、4、1、0；无名指的移动范围是 9、6、3 和 *；中指的移动范围是 8、5、2、圆点和 /。

（8）编辑键的使用：

输入一段英文字母，用【Esc】【Delete】【Backspace】【Ins】【Insert】键进行取消、删除和插入操作。

（9）符号键的击法步骤：

符号键绝大部分处于上档键位上，因此，录入符号时先按住【Shift】键，再击相应的双

字符键，即可输出相应的符号。击完后各手指立即返回相应的基本位上。

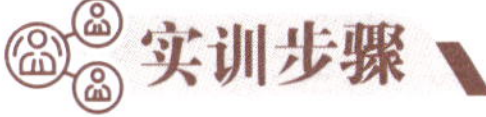

## 实训步骤

### 单项指法

（1）主键盘和小键盘的指法练习：

①【Caps Lock】键：先输入 26 个小写字母，再依次输入 26 个大写字母。

a b c d e f g h i j k l m n o p q r s t u v w x y z

A B C D E F G H I J K L M N O P Q R S T U V W X Y Z

②【Shift】键：输入以下字符。

~ ! @ # $ % ^ & * （ ） — ＋ <> ？ “ ：

③【Num Lock】键：用右边小键盘输入以下数字。

0 1 2 3 4 5 6 7 8 9 9 9 9 9 9 9 9 9

（2）基准键指法练习：

ffff jjjj dddd kkkk ssss llll aaaa ;;;;

;;;; llll kkkk jjjj ffff dddd ssss aaaa

aaaa ssss dddd ffff jjjj kkkk llll ;;;;

assk assk assk assk asdf asdf asdf asdf

dada dada kjkj kjkj fall fall kjlo kjlo

ljad ljad lkas lkas lass lass jkfd jkfd

（3）其他字符键指法练习：

ded ded kik kik fde fde ill ill sall sall

kill kill laks laks sell sell deal deal said

fgf jhj had had half half glad glad high high

ghios gioh iouiu giuop giio hiii edge edge shall shall

ftfrt ftry ftrhi frytj ftrjui frtru fyru ally lllay llauy

star star shut shut shut stay stay dark dark falt falt

full full fury fury juryu jury year year year dusk dusk

sws sws sws lol lol ;p;p ;p ;p ;p;p aqa aqa will will

pass pass quit quit swell swell swell equal equal equall

told told world world hold hold wait wait

fvf fvf fbf fbf jmj jmj bank bank milk milk

moves moves build build gives gives beg beg

dcd dcd sxs sxs aza aza car car six six

size size exit exit cold cold fox fox act act

; ? ; ; ? ; （—） （—） ><><><<=? <=? >+ >+

（4）综合指法练习：

① 英文输入练习，输入下面文本框内所示的内容，见图 1-12。

CAUTION !

Static electricity can severely damage electronic parts. Take these precautions:

1） Before touching any electronic parts, drain the static electricity from your body. You can do this by touching the internal metal frame of your computer while it's unplugged.

2） Don't remove a card from the anti-static container it shipped in until you're ready to install it. When you remove a card from your computer, place it back in its container.

3） Don't let your clothes touch any electronic parts.

4） When handling a card, hold it by its edges, and avoid touching its circuitry.

图 1-12　英文输入练习

② 中文输入练习，输入图 1-13 所示的内容。

Internet/Intranet 网络框架上的关键应用系统

（1）进入核心业务操作的 Intranet

虽然在网络上开展储运业务不如网络银行那么吸引人，然而它却为跨地区企业的业务系统提供了一种同样的模式，即处于总部办公大楼以外的分支机构、客户、供应商在整个业务流程中占据不同的角色，只有基于 Intranet 框架上的业务系统才有可能把所有这些角色迅速纳入企业信息系统中，从而提高效率，进行所谓的业务流程和供应链重整。

（2）进入关键管理环节的 Intranet：从内部邮件传递到基于消息系统的管理流程控制

在 Intranet 框架上，定向的消息传递可以实现企业对关键管理环节的全过程控制，特别是消息传递，它不是部门对部门，而是个人对个人，把每一个重要的工作环节责任落实到具体的个人，把重要的指标控制落实到经营过程而不是结果，这种意义上的协同工作将在减少企业管理层次的同时增强企业对关键环节的控制能力。

（3）进入知识管理的 Intranet：从统计报表到 Web 上的 OLAP

通过基于 Intranet 的网络框架，企业可以充分利用业务系统中未经“人为加工”的原始数据资源，形成数据仓库，并在此基础上通过数据挖掘、分析统计、预测为各个层次的决策人提供决策支持，把实际上一直存在的大量业务数据资源转化为真正的“知识”。

图 1-13　练习

## 实训任务考评

完成情况

### 指法练习考评记录

<table>
<tr><td>学生姓名</td><td colspan="2"></td><td>班级</td><td></td><td>任务评分</td><td></td></tr>
<tr><td>实训地点</td><td colspan="2"></td><td>学号</td><td></td><td>完成日期</td><td></td></tr>
<tr><td rowspan="13">实训实现步骤</td><td>序号</td><td colspan="3">考 核 内 容</td><td>标准分</td><td>评分</td></tr>
<tr><td>01</td><td colspan="3">基础操作：打开 WPS 文档</td><td>10</td><td></td></tr>
<tr><td rowspan="3">02</td><td colspan="3">英文输入练习：完成指定的英文输入</td><td>30</td><td></td></tr>
<tr><td colspan="3">（1）完成度</td><td>10</td><td></td></tr>
<tr><td colspan="3">（2）内容准确度</td><td>20</td><td></td></tr>
<tr><td rowspan="3">03</td><td colspan="3">中文输入练习：完成指定的中文输入</td><td>40</td><td></td></tr>
<tr><td colspan="3">（1）完成度</td><td>15</td><td></td></tr>
<tr><td colspan="3">（2）内容准确度</td><td>25</td><td></td></tr>
<tr><td rowspan="5">04</td><td colspan="3">职业素养：</td><td>20</td><td></td></tr>
<tr><td colspan="3">自主学习：能结合实训任务自学知识点</td><td>5</td><td></td></tr>
<tr><td colspan="3">创新精神：套用所学操作完成不同的打字练习</td><td>5</td><td></td></tr>
<tr><td colspan="3">实操记录：清晰、完整、准确、规范、工整等</td><td>5</td><td></td></tr>
<tr><td colspan="3">学习反思：复述巩固知识点、反思实操内容等</td><td>5</td><td></td></tr>
<tr><td>自我评语</td><td colspan="6"></td></tr>
<tr><td>教师评语</td><td colspan="6"></td></tr>
</table>

存在问题

# 1.3 【实训 3】数制与信息编码（扩展）

## 实训目标

学习笔记

**知识目标：**

（1）掌握二进制数与十进制数的转换。

（2）掌握字符与编码规则。

（3）了解汉字编码的基本概念。

能力目标：

（1）能够进行二进制数与十进制数的转换。

（2）能够使用 ASCII 码表编写字符的二进制数。

素质目标：

（1）培养学生的探索精神和实践能力。

（2）增强学生的自我学习意识、团队协作学习的精神。

（3）能够利用计算机理论知识解决实际生活中的相关问题。

## 实训要求

（1）完成十进制数转换为二进制数练习。

（2）完成二进制数转换为十进制数练习。

## 技术分析

在本次实训中，需要运用的技能点有：

（1）数制转换。

（2）西文字符编码。

（3）Unicode 编码。

## 实例演示

思政元素

准确性
和可靠性

### 常用数制间的转换

（1）将 $r$ 进制转换为十进制。

将 $r$ 进制（如二进制、八进制和十六进制等）按位权展开并求和，便可得到等值的十进制数。

例：将 $(10010.011)_2$ 转换为十进制数。

$$(10010.011)_2 = 1\times2^4+0\times2^3+0\times2^2+1\times2^1+0\times2^0+0\times2^{-1}+1\times2^{-2}+1\times2^{-3} = (18.375)_{10}$$

例：将 $(22.3)_8$ 转换为十进制数。

$$(22.3)_8 = 2\times8^1 + 2\times8^0 + 3\times8^{-1} = (18.375)_{10}$$

例：将 $(32CF.4B)_{16}$ 转换为十进制数。

$$(32CF.4B)_{16} = 3\times16^3+2\times16^2+12\times16^1+15\times16^0+4\times16^{-1}+11\times16^{-2}$$
$$= 3\times16^3+2\times16^2+12\times16^1+15\times16^0+4\times16^{-1}+11\times16^{-2}$$
$$= (13007.292969)_{10}$$

（2）将十进制转换为 $r$ 进制数。

将十进制转换为 $r$ 进制（如二进制、八进制和十六进制等）的方法如下：

学习笔记

整数的转换采用“除以 $r$ 取余”法，将待转换的十进制数连续除以 $r$，直到商为 0，每次得到的余数按相反的次序（即第一次除以 $r$ 所得到的余数排在最低位，最后一次除以 $r$ 所得到的余数排在最高位）排列起来就是相应的 $r$ 进制数。

小数的转换采用“乘以 $r$ 取整”法，将被转换的十进制纯小数反复乘以 $r$，每次相乘乘积的整数部分若为 1，则 $r$ 进制数的相应位为 1；若整数部分为 0，则相应位为 0，由高位向低位逐次进行，直到剩下的纯小数部分为 0 或达到所要求的精度为止。

对具有整数和小数两部分的十进制数，要用上述方法将其整数部分和小数部分分别进行转换，然后用小数点连接起来。

例：将 $(18.38)_{10}$ 转换为二进制数。

先将整数部分“除以 2 取余”。

| 除以 2 | 商 | 余数 | 低位 |
|---|---|---|---|
| 18÷2 | 9 | 0 | ↓ |
| 9÷2 | 4 | 1 | ↓ |
| 4÷2 | 2 | 0 | ↓ |
| 2÷2 | 1 | 0 | ↓ |
| 1÷2 | 0 | 1 | 高位 |

因此，$(18)_{10} = (10010)_2$。

再将小数部分“乘以 2 取整”。

| 乘以 2 | 整数部分 | 纯小数部分 | 高位 |
|---|---|---|---|
| 0.38×2 | 0 | 0.76 | ↑ |
| 0.76×2 | 1 | 0.52 | ↑ |
| 0.52×2 | 1 | 0.04 | ↑ |
| 0.04×2 | 0 | 0.08 | ↑ |
| 0.08×2 | 0 | 0.16 | 低位 |

因此，$(0.38)_{10} = (0.01100)_2$。

最后得出转换结果：$(18.38)_{10} = (10010.01100)_2$。

（3）八进制、十六进制与二进制之间的转换。

由于 $8 = 2^3$，$16 = 2^4$，所以 1 位八进制数相当于 3 位二进制数，1 位十六进制数相当于 4 位二进制数。

① 二进制数转换为八进制数或十六进制数。具体方法是：以小数点为界向左和向右划分，小数点左边（整数部分）从右向左每 3 位（八进制）或每 4 位（十六进制）一组构成 1 位八进制或十六进制数，位数不足 3 位或 4 位时最左边补 0；小数点右边（小数部分）从左向右每 3 位（八进制）或每 4 位（十六进制）一组构成 1 位八进制或十六进制数，位数不足 3 位或 4 位时最右边补 0。

例：将 $(10010.0111)_2$ 转换为八进制。

学习笔记

$(10010.0111)_2$ =（010）（010）.（011）（100）

2　2　.　3　4

因此，$(10010.0111)_2 = (22.34)_8$。

例：将 $(10010.0111)_2$ 转换为十六进制数。

$(10010.0111)_2$ =（0001）（0010）.（0111）

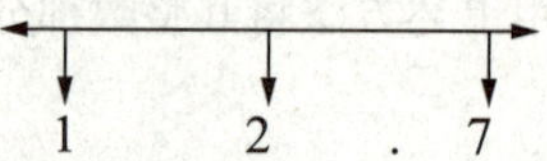


因此，$(10010.0111)_2 = (12.7)_{16}$。

② 八进制数或十六进制数转换为二进制数。具体方法是：把 1 位八进制数用 3 位二进制数表示，把 1 位十六进制数用 4 位二进制数表示。

例：将 $(22.34)_8$ 转换为二进制数。

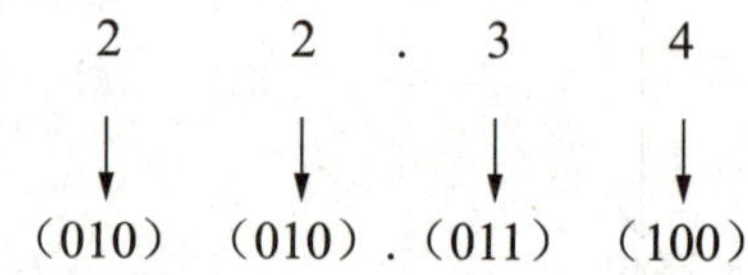


因此，$(22.34)_8 = (10010.0111)_2$。

例：将 $(12.7)_{16}$ 转换为二进制数。

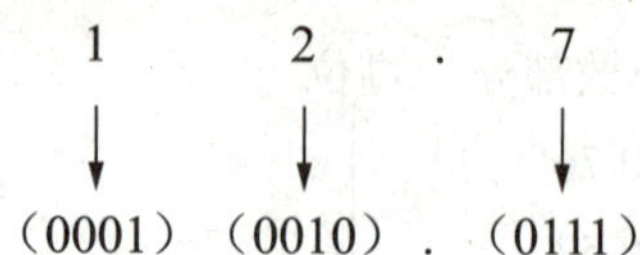


因此，$(12.7)_{16} = (10010.0111)_2$。

以上介绍了常用数制间的转换方法。其实，使用 Windows 操作系统提供的计算器可以很方便地解决整数的数制转换问题。方法是：

① 选择“开始”→“所有程序”→“附件”→“计算器”命令，启动计算器。

② 选择“查看”→“程序员”命令。

③ 单击原来的数制。

④ 输入要转换的数字。

⑤ 单击要转换的某种数制，得到转换结果。

## 实训步骤

操作记录

### 1. 数制的概念

数制（number system）又称计数法，是人们用一组统一规定的符号和规则来表示数的方法。计数法通常使用的是进位计数制，即按进位的规则进行计数。在进位计数制中有“基数”和“位权”两个基本概念。

操作记录

基数（radix）是进位计数制中所用的数字符号的个数。例如，十进制的基数为 10，逢十进一；二进制的基数为 2，逢二进一。

位权是在进位计数制中，把基数的若干次幂称为位权，幂的方次随该位数字所在的位置而变化，整数部分从最低位开始依次为 0，1，2，3，4……小数部分从最高位开始依次为 -1，-2，-3，-4……

例如，十进制数 1234.567 可以写成：

$$1\,234.567 = 1\times10^3 + 2\times10^2 + 3\times10^1 + 4\times10^0 + 5\times10^{-1} + 6\times10^{-2} + 7\times10^{-3}$$

在计算机内部，信息都是采用二进制的形式进行存储、运算、处理和传输的。二进制的运算法则非常简单，例如：

| 求和法则 | 求积法则 |
|---|---|
| $0+0=0$ | $0\times0=0$ |
| $0+1=1$ | $0\times1=0$ |
| $1+0=1$ | $1\times0=0$ |
| $1+1=10$ | $1\times1=1$ |

### 2. 几种常用的数制

日常生活中人们习惯使用十进制，有时也使用其他进制。例如，计算时间采用六十进制，1 h 为 60 min，1 min 为 60 s；在计算机科学中也经常涉及二进制、八进制、十进制和十六进制等；但在计算机内部，不管什么类型的数据都使用二进制编码的形式来表示。下面介绍几种常用的数制：二进制、八进制、十进制和十六进制。

（1）常用数制的特点。

表 1-1 列出了几种常用数制的特点。

表 1-1 常用数制的特点

| 数制 | 基数 | 数码 | 进位规则 |
|---|---|---|---|
| 十进制 | 10 | 0，1，2，3，4，5，6，7，8，9 | 逢十进一 |
| 二进制 | 2 | 0，1 | 逢二进一 |
| 八进制 | 8 | 0，1，2，3，4，5，6，7 | 逢八进一 |
| 十六进制 | 16 | 0，1，2，3，4，5，6，7，8，9，A，B，C，D，E，F | 逢十六进一 |

（2）常用数制的对应关系。

常用数制的对应关系见表 1-2。

表 1-2 常用数制的对应关系

| 十进制 | 二进制 | 八进制 | 十六进制 |
|---|---|---|---|
| 0 | 0000 | 0 | 0 |
| 1 | 0001 | 1 | 1 |
| 2 | 0010 | 2 | 2 |
| 3 | 0011 | 3 | 3 |

操作记录

续表

| 十进制 | 二进制 | 八进制 | 十六进制 |
|---|---|---|---|
| 4 | 0100 | 4 | 4 |
| 5 | 0101 | 5 | 5 |
| 6 | 0110 | 6 | 6 |
| 7 | 0111 | 7 | 7 |
| 8 | 1000 | 10 | 8 |
| 9 | 1001 | 11 | 9 |
| 10 | 1010 | 12 | A |
| 11 | 1011 | 13 | B |
| 12 | 1100 | 14 | C |
| 13 | 1101 | 15 | D |
| 14 | 1110 | 16 | E |
| 15 | 1111 | 17 | F |

（3）常用数制的书写规则。

为了区分不同数制的数，常采用以下两种方法进行标识：

① 字母后缀：

二进制数用 B（binary）表示。

八进制数用 O（octonary）表示。为了避免与数字 0 混淆，字母 O 常用 Q 代替。

十进制数用 D（decimal）表示。十进制数的后缀 D 一般可以省略。

十六进制数用 H（hexadecimal）表示。

例如，10011B、237Q、8079D 和 45ABFH 分别表示二进制、八进制、十进制和十六进制。

② 括号外面加下标。例如，$(10011)_2$、$(237)_8$、$(8079)_{10}$ 和 $(45ABF)_{16}$ 分别表示二进制、八进制、十进制和十六进制。

### 3. 西文字符编码

在计算机中使用的字符主要有英文字母、各种标点符号、运算符号等，这些所有的字符也都以二进制的形式表示。但是用二进制表示字符信息时，字符与二进制的计算毫无关系，计算机仅用一个二进制数表示一个字符，字符不同则对应的二进制数也不同。使用哪个二进制数代表哪个字符，完全是人为规定的，对所有符号的规定就构成了字符编码。

把所有字符和它们一一对应的二进制数写在一个表格中，就是字符编码表。

计算机中使用最普遍的编码是美国国家标准信息交换码，又称 ASCII 码（American national standard code for information interchange）。ASCII 码是用 7 位二进制数进行编码的，从二进制数的 0000000 到 1111111（相当于十进制数的 0 到 127）共 128 个数，即能够表示 128 个字符，这些字符包括 26 个大写和 26 个小写的英文字母、0～9 这 10 个阿拉伯数字、32 个专用符号和 34 个控制字符。每个字符对应的二进制数见表 1-3。

操作记录

表 1-3　ASCII 码表

| $b_3 b_2 b_1 b_0$ | $b_6 b_5 b_4$ | | | | | | | |
|---|---|---|---|---|---|---|---|---|
| | **000** | **001** | **010** | **011** | **100** | **101** | **110** | **111** |
| 0000 | NUL | DLE | (Space) | 0 | @ | P | ` | p |
| 0001 | SOH | DC1 | ! | 1 | A | Q | a | q |
| 0010 | STX | DC2 | “ | 2 | B | R | b | r |
| 0011 | ETX | DC3 | # | 3 | C | S | c | s |
| 0100 | EOT | DC4 | $ | 4 | D | T | d | t |
| 0101 | ENG | NAK | % | 5 | E | U | e | u |
| 0110 | ACK | SYN | & | 6 | F | V | f | v |
| 0111 | BEL | ETB | ’ | 7 | G | W | g | w |
| 1000 | BS | CAN | ( | 8 | H | X | h | x |
| 1001 | HT | EM | ) | 9 | I | Y | i | y |
| 1010 | LF | SUB | * | : | J | Z | j | z |
| 1011 | VT | ESC | + | ; | K | [ | k | { |
| 1100 | FF | FS | , | < | L | \ | l | \| |
| 1101 | CR | GS | – | = | M | ] | m | } |
| 1110 | SO | RS | . | > | N | ^ | n | ~ |
| 1111 | SI | US | / | ? | O | _ | o | DEL |

例如，大写英文字母 A 的 ASCII 编码是 1000001，小写英文字母 a 的 ASCII 编码是 1100001，数字 0 的 ASCII 编码是 0110000。需要注意的是，在 ASCII 码表中字符的顺序是按 ASCII 码值从小到大排列的，这样便于记住常用字符的 ASCII 码值。为了便于记忆，也可以记住相应的 ASCII 码十进制值或十六进制值。

作为 ASCII 编码的字符，理论上占 7 个二进制位，但是由于很多计算机是以 8 个二进制位的存储空间作为一个存储单元，所以实际上计算机在存储这些字符时给每个字符分配一个单元，即 8 个二进制位的存储空间，ASCII 编码占 8 位中的后 7 位，并规定最高位统一补数字 0。

在计算机中，每 8 位二进制的存储空间称为 1 字节（1 B）。

### 4. 汉字编码

汉字信息在计算机内部处理时要被转化为二进制代码，这就需要对汉字进行编码。相对于 ASCII 码，汉字编码有许多困难，如汉字量大、字形复杂、存在大量一音多字和一字多音的现象。

汉字编码技术首先要解决的是汉字输入、输出以及在计算机内部的编码问题，不同的处理过程使用不同的处理技术，有不同的编码形式。汉字编码处理过程如图 1-14 所示。

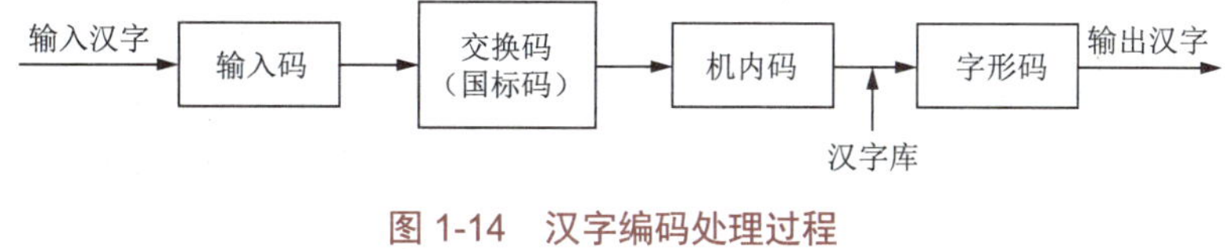


图 1-14　汉字编码处理过程

操作记录

（1）输入码。

汉字输入码又称“外码”，是为了将汉字通过键盘输入计算机而设计的代码，其表现形式多为字母、数字和符号。输入码与输入法有关。不同的输入法生成输入码的方法不同。代表性的输入法有拼音输入法、五笔字型输入法、自然码输入法、智能 ABC 等。

（2）交换码。

汉字交换码是汉字信息处理系统之间或通信系统之间传输信息时，对每一个汉字所规定的统一编码。汉字交换码的国家标准是 GB/T 2312—1980，又称“国标码”。“国标码”收录包括简化汉字 6 763 个和非汉字图形字符 682 个（包括中外文字母、数字和符号），该编码表分为 94 行、94 列。每一行称为一个“区”，每一列称为一个“位”。这样，就组成了 94 个区（01 ～ 94），每个区内有 94 个位（01 ～ 94）的汉字字符集。每个汉字由它的区码和位码组合形成“区位码”，作为唯一确定一个汉字或汉字符号的代码。例如，汉字“东”的区位码为“2211”（即在 22 区的第 11 位）。

“区位码”划分为 4 组，具体如下：

1 ～ 15 区为图形符号区，其中，1 ～ 9 区为标准区，10 ～ 15 区为自定义符号区。

16 ～ 55 区为一级常用汉字区，共有 3 755 个汉字，该区的汉字按拼音排序。

56 ～ 87 区为二级非常用汉字区，共有 3 008 个汉字，该区的汉字按部首排序。

89 ～ 94 区为用户自定义汉字区。

（3）机内码。

汉字的机内码是供计算机系统内部进行存储、加工处理、传输使用的汉字编码，它是国标交换码在计算机内部的表示，是在区位码的基础上演变而来的。由于区码和位码的范围都在 01 ～ 94 内，如果直接采用它作为机内码，就会与 ASCII 码发生冲突，因此对汉字的机内码进行了变换，变换规则为：

高位内码＝区码 +20H+80H

低位内码＝位码 +20H+80H

汉字机内码、国标码和区位码三者之间的关系为：区位码（十进制）的两个字节分别转换为十六进制后加 20H 得到对应的国标码；国标码的两个字节的最高位分别加 1，即汉字交换码（国标码）的两个字节分别加 80H 得到对应的机内码。

例如，将汉字“啊”的区位码（1601）转换成机内码为 B0A1H。

（4）字形码。

① 矢量字体。矢量字体（vector font）中的每一个字形是通过数学曲线来描述的，它包含了字形边界上的关键点、连线的导数信息等，字体的渲染引擎通过读取这些数学矢量，然后进行一定的数学运算来进行渲染。这类字体的优点是字体实际尺寸可以任意缩放而不变形、变色。矢量字体主要包括 Type1、TrueType、OpenType 等几类。

矢量字库保存的是对每一个汉字的描述信息，比如一个笔画的起始、终止坐标，半径、弧度等。在显示、打印这一类字库时，要经过一系列的数学运算才能输出结果，但是这一类字库保存的汉字理论上可以被无限地放大，笔画轮廓仍然能保持圆滑，打印时使用的字库均为此类字库。

② 点阵字体。汉字字形码是汉字字库中存储的汉字字形的数据化信息，目前汉字信息处理系统中产生汉字字形的方式大多数是以点阵的方式形成汉字。输出汉字时，必须将汉字的机内码转换成以点阵形式表示的字形码。通常汉字的点阵有16×26、24×24、32×32、48×48、64×64、96×96、128×128 等。例如，如果一个汉字是由 16×16 个点阵组成的，则一个汉字占16 行，每行上有 16 个点，通常每一个点用一个二进制的位来表示，值“0”表示暗，值“1”表示亮。因此，一个 16×16 的点阵字库，存储每个汉字的字形信息需要 16×16 个二进制位，共 32 字节（32 B）。显然点阵密度越大，汉字输出的质量也就越好。图 1-15所示为汉字“嘉”的 16×16 点阵字形。

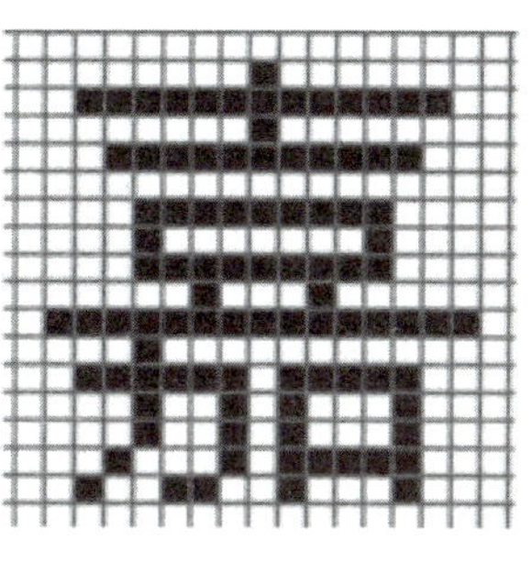

图 1-15　点阵字形

点阵字体的优点是显示速度快，不像矢量字体需要计算；其最大的缺点是不能放大，一旦放大后会使字形失真，文字边缘会出现马赛克式的锯齿形状。

Windows 使用的字库也为以上两类，在 Windows 操作系统安装分区根目录下的 Fonts 文件夹中，如果字体扩展名为 .FON，表示该文件为点阵字体文件，扩展名为 .TTF 的文件为矢量字体文件。

### 5. Unicode 编码

Unicode 字符集编码（universal multiple-octet coded character set）是通用多八位编码字符集的简称，支持世界上超过 650 种语言的国际字符集。Unicode 允许在同一服务器上混合使用不同语言组的不同语言。它是由一个名为 Unicode 学术学会（unicode consortium）的机构制定的字符编码系统，支持现今世界各种不同语言的书面文本的交换、处理及显示。它为每种语言中的每个字符设定了统一并且唯一的二进制编码，以满足跨语言、跨平台进行文本转换、处理的要求。

Unicode 标准始终使用十六进制数字，而且在书写时在前面加上前缀“U+”，例如，字母“A”的编码为 004116，所以“A”的编码书写为“U+0041”。

UTF-8 是 Unicode 的一个使用方式。UTF-8 便于不同的计算机之间使用网络传输不同语言和编码的文字，使得双字节的 Unicode 能够在现存的处理单字节的系统上正确传输。UTF-8 使用可变长度字节来存储 Unicode 字符，例如，ASCII 字母继续使用 1 B 存储，重音文字、希腊字母或西里尔字母等使用 2 B 来存储，而常用的汉字就要使用 3 B，辅助平面字符则使用 4 B。

UTF-32、UTF-16 和 UTF-8 是 Unicode 标准的编码字符集的字符编码方案，UTF-16 使用一个或两个未分配的 16 位代码单元的序列对 Unicode 代码点进行编码；UTF-32 即将每一个Unicode 代码点表示为相同值的 32 位整数。

完成情况

存在问题

## 实训任务考评

### 数制与信息编码考评记录

<table>
<tr><td>学生姓名</td><td colspan="2"></td><td>班级</td><td></td><td>任务评分</td><td></td></tr>
<tr><td>实训地点</td><td colspan="2"></td><td>学号</td><td></td><td>完成日期</td><td></td></tr>
<tr><td rowspan="7">实训实现步骤</td><td>序号</td><td colspan="3">考核内容</td><td>标准分</td><td>评分</td></tr>
<tr><td>01</td><td colspan="3">完成本章习题 2</td><td>80</td><td></td></tr>
<tr><td rowspan="5">02</td><td colspan="3">职业素养：</td><td>20</td><td></td></tr>
<tr><td colspan="3">自主学习：能结合实训任务自学知识点</td><td>5</td><td></td></tr>
<tr><td colspan="3">创新精神：所学操作完成不同的进制转换</td><td>5</td><td></td></tr>
<tr><td colspan="3">实操记录：清晰、完整、准确、规范、工整等</td><td>5</td><td></td></tr>
<tr><td colspan="3">学习反思：复述巩固知识点、反思实操内容等</td><td>5</td><td></td></tr>
<tr><td>自我评语</td><td colspan="6"></td></tr>
<tr><td>教师评语</td><td colspan="6"></td></tr>
</table>

## 习 题 1

### 一、单项选择题

1. 下列叙述正确的是（　　）。
   A. 世界上第一台电子计算机 ENIAC 首次实现了“存储程序”方案
   B. 按照计算机的规模，人们把计算机的发展过程分为四个时代
   C. 微型计算机最早出现于第三代计算机中
   D. 冯·诺依曼提出的计算机体系结构奠定了现代计算机的结构理论基础
2. 下列设备中属于输入设备的是（　　）。
   A. 扫描仪　　B. 显示器　　C. 投影仪　　D. 音箱
3. 下列不属于可执行文件的是（　　）。
   A. Game.exe　　B. CMD.com　　C. Book1.txt　　D. Play.bat

4. 互联网精神不包括（　　）。

A. 开放　　B. 平等　　C. 共享　　D. 创新

5. 下列不是可信计算机组成成员的是（　　）。

A. 操作系统的安全内核

B. 其他有关的固件、硬件和设备

C. 负责系统管理的人员

D. Internet 网

6. 以下（　　）不是金山 WPS 的主要特性。

A. 与 Office 高度兼容　　B. 安装容量小

C. 具有很大的中文特色　　D. 安全性能好

7. 下列（　　）的特点是信息量很大，索引数据库规模大，更新较快，因特网上新的或更新的页面常在短时间内被检索到。

A. 多媒体型　　B. 文摘型　　C. 目录型　　D. 全文检索型

8. 下列属于应用软件的是（　　）。

A. Windows　　B. Android　　C. 抖音　　D. Linux

9. 复制的快捷键是（　　）。

A. 【Ctrl+C】　　B. 【Ctrl+V】　　C. 【Ctrl+X】　　D. 【Ctrl+A】

10. 信息的特性不包括（　　）。

A. 时效性　　B. 中介性　　C. 普遍性　　D. 独有性

11. 普通计算机不具备的特点：（　　）。

A. 具有人类思维

B. 具有记忆和逻辑判断能力

C. 能自动运行、支持人机交互

D. 有高速运算的能力

12. U 盘避免感染计算机病毒的一种有效方法：（　　）。

A. U 盘远离电磁场

B. 定期对 U 盘作格式化处理

C. 对 U 盘加上写保护

D. 禁止与有病毒的其他 U 盘放在一起

13. E-mail 是指（　　）。

A. 报文的传送

B. 电报、电话、电传等通信方式

C. 无线和有线的总称

D. 利用计算机网络及时地向特定对象传送文字、声音、图像或图形的一种通信方式

14. 1946 年诞生的世界上公认的第一台电子计算机是（　　）。

A. APPLE　　B. EDVAC　　C. ENIAC　　D. Thinkpad

15. 硬盘属于（　　）。

A. 输出设备　　B. 外部存储器

C. 内部存储器　　D. 只读存储器

16. 计算机按性能可以分为超级计算机、大型计算机、小型计算机、微型计算机和（　　）。

A. 服务器　　B. 掌中设备　　C. 工作站　　D. 笔记本

17. 2017 年 6 月 1 日起《中华人民共和国网络安全法》正式实施，规定贩卖（　　）条个人信息可入罪。

A. 50　　B. 100　　C. 500　　D. 1000

18. 国际标准书号的简称是（　　）。

A. ISSN　　B. CSBN　　C. ISBN　　D. ISO

19. 在计算机内部，用来传送、存储的数据或指令以（　　）形式进行。

A. 二进制码　　B. 拼音简码　　C. 八进制码　　D. 五笔字型码

20. 所谓的“第五代计算机”是指（　　）。

A. 多媒体计算机　　B. 神经网络计算机

C. 生物细胞计算机　　D. 人工智能计算机

## 二、多项选择题

21. 信息素养类型包括（　　）、学术素养等。

A. 数字素养　　B. 计算机素养

C. 网络素养　　D. 数据素养

22. 路由器的作用：（　　）。

A. 连接不同网络

B. 选择信息发送路径

C. 放大信号

D. 转换信号

23. 数据库备份主要包括（　　）。

A. 冷备份　　B. 热备份　　C. 物理备份　　D. 逻辑备份

24. 搜索引擎的特点是（　　）。

A. 使用方便　　B. 信息量大　　C. 易于记忆　　D. 检索方式多样

25. 对信息素质的理解正确的是（　　）。

A. 信息素质是利用大量的信息工具及主要信息源使问题得到解答的技能

B. 信息素质是终身学习的一种基本人权

C. 信息素质是个人投身信息社会的一个先决条件

D. 信息素质是促进人类发展的全球性政策

26. 信息意识包括人对信息的（　　）等。

A. 感受力　　B. 注意力　　C. 判断力　　D. 分析力

27. 信息资源的类型大体包括（　　）。

A. 口语信息资源　　B. 文献信息资源

C. 实物信息资源　　D. 体语信息资源

28. 下面关于信息化社会基本特征的描述，正确的有（　　）。

A. 信息、知识、智力日益成为社会发展的决定力量

B. 信息技术、信息产业、信息经济日益成为科技、经济、社会发展的主导因素

C. 信息劳动者、脑力劳动者、知识分子的作用日益增大

D. 信息网络成为社会发展的基础设施

29. 信息伦理失范常见现象有（　　）。

A. 网络舆论伦理失范　　B. 信息侵权

C. 信息污染　　D. 信息犯罪

30. 操作系统的功能有处理器管理和（　　）。

A. 存储器管理　　B. 设备管理　　C. 文件管理　　D. 作业管理

## 三、判断题

1. 标准 MPEG-7 是我国提供的用来描述多媒体内容的一套标准化的工具。（　　）

2. 软件（software）被广泛认可的比较规范的定义是：一系列按照特定顺序组织的计算机指令的集合。（　　）

3. 逆查法是由远及近的检索文献方法。（　　）

4. 知识管理的目的是将组织内的知识从不同的来源中萃取主要的资料加以储存、记忆，使其可以被组织中的成员所使用，提高企业的竞争优势。（　　）

5. 物联网需要自动控制、信息传感、射频识别、无线通信及计算机技术等，物联网的研究将带动整个产业链或者推动产业链的共同发展。（　　）

6. 《图书馆学百科全书》认为：广义的情报检索包括情报的检索与存储，而狭义的情报检索仅指后者。（　　）

7. 智能搜索引擎是结合了人工智能技术的新一代搜索引擎，它使因特网信息检索从基于关键词提高到基于知识或概念，并对知识有一定的理解和处理能力，能够实现分词技术、同义词技术、概念搜索、短语识别及机器翻译技术等。（　　）

8. 百度另一大特点是利用网民的智慧构建起全球最大的中文社区。（　　）

9. 搜索引擎网站的主要资源是描述互联资源的索引数据库和分类目录，为人们提供一种因特网信息资源。（　　）

10. 计算机一般不需要更新系统。（　　）

11. 我国目前已制定出个人信息保护法。（　　）

12. 万维网的普及标志着人类进入互联网时代。（　　）

13. 操作系统是管理计算机硬件，并为上层应用软件提供接口的系统软件，是计算机系统的核心，数据库系统、应用软件都运行在操作系统之上，因此操作系统安全是整个计算机系统安全的基石和关键。（　　）

14. 公开密钥与私有密钥是一对，如果用公开密钥对数据进行加密，只有用对应的私有密钥才能解密；如果用私有密钥对数据进行加密，那么只有用对应的公开密钥才能解密。

（　　）

15. 市场上几乎所有的操作系统均已发现有安全漏洞，并且越流行的操作系统发现的问题越多。（ ）

16. 安全扫描工具通常也分为基于服务器和基于网络的扫描器。（ ）

17. 电子商务系统在开发的时候不需要考虑与企业其他系统的兼容性。（ ）

18. 消费者认为虚拟财产拥有真实价值，虚拟物品的价值与物质世界中的有形物品一样是真实的。（ ）

19. 进入信息时代后，数据的范畴不断扩大，全民随时随地都在生产数据。（ ）

20. 网络基础环境包括 Internet、Intranet 和 Extranet 三个部分。（ ）

# 答题卡 1

<table>
<tr><td>学生姓名</td><td></td><td>班级</td><td></td><td>学号</td><td></td></tr>
<tr><td>选择题</td><td></td><td>判断题</td><td></td><td>总分</td><td></td></tr>
<tr><td colspan="6">第一题　单项选择题（每小题 2 分，共 40 分）</td></tr>
<tr><td colspan="3">1.【A】【B】【C】【D】</td><td colspan="3">11.【A】【B】【C】【D】</td></tr>
<tr><td colspan="3">2.【A】【B】【C】【D】</td><td colspan="3">12.【A】【B】【C】【D】</td></tr>
<tr><td colspan="3">3.【A】【B】【C】【D】</td><td colspan="3">13.【A】【B】【C】【D】</td></tr>
<tr><td colspan="3">4.【A】【B】【C】【D】</td><td colspan="3">14.【A】【B】【C】【D】</td></tr>
<tr><td colspan="3">5.【A】【B】【C】【D】</td><td colspan="3">15.【A】【B】【C】【D】</td></tr>
<tr><td colspan="3">6.【A】【B】【C】【D】</td><td colspan="3">16.【A】【B】【C】【D】</td></tr>
<tr><td colspan="3">7.【A】【B】【C】【D】</td><td colspan="3">17.【A】【B】【C】【D】</td></tr>
<tr><td colspan="3">8.【A】【B】【C】【D】</td><td colspan="3">18.【A】【B】【C】【D】</td></tr>
<tr><td colspan="3">9.【A】【B】【C】【D】</td><td colspan="3">19.【A】【B】【C】【D】</td></tr>
<tr><td colspan="3">10.【A】【B】【C】【D】</td><td colspan="3">20.【A】【B】【C】【D】</td></tr>
<tr><td colspan="6">第二题　多项选择题（每小题 3 分，共 30 分）</td></tr>
<tr><td colspan="6">21.【A】【B】【C】【D】</td></tr>
<tr><td colspan="6">22.【A】【B】【C】【D】</td></tr>
<tr><td colspan="6">23.【A】【B】【C】【D】</td></tr>
<tr><td colspan="6">24.【A】【B】【C】【D】</td></tr>
<tr><td colspan="6">25.【A】【B】【C】【D】</td></tr>
<tr><td colspan="6">26.【A】【B】【C】【D】</td></tr>
<tr><td colspan="6">27.【A】【B】【C】【D】</td></tr>
<tr><td colspan="6">28.【A】【B】【C】【D】</td></tr>
<tr><td colspan="6">29.【A】【B】【C】【D】</td></tr>
<tr><td colspan="6">30.【A】【B】【C】【D】</td></tr>
<tr><td colspan="6">第三题　判断题（每小题 1.5 分，共 30 分）</td></tr>
<tr><td colspan="3">1.【T】【F】</td><td colspan="3">11.【T】【F】</td></tr>
<tr><td colspan="3">2.【T】【F】</td><td colspan="3">12.【T】【F】</td></tr>
<tr><td colspan="3">3.【T】【F】</td><td colspan="3">13.【T】【F】</td></tr>
<tr><td colspan="3">4.【T】【F】</td><td colspan="3">14.【T】【F】</td></tr>
<tr><td colspan="3">5.【T】【F】</td><td colspan="3">15.【T】【F】</td></tr>
<tr><td colspan="3">6.【T】【F】</td><td colspan="3">16.【T】【F】</td></tr>
<tr><td colspan="3">7.【T】【F】</td><td colspan="3">17.【T】【F】</td></tr>
<tr><td colspan="3">8.【T】【F】</td><td colspan="3">18.【T】【F】</td></tr>
<tr><td colspan="3">9.【T】【F】</td><td colspan="3">19.【T】【F】</td></tr>
<tr><td colspan="3">10.【T】【F】</td><td colspan="3">20.【T】【F】</td></tr>
</table>

# 习 题 2

## 一、单项选择题

1. 在信息时代，计算机的应用非常广泛，主要有如下几大领域：科学计算、信息处理、过程控制、计算机辅助工程、家庭生活和（　　）。

A. 现代教育　B. 军事应用　C. 电子商务　D. 以上都不是

2. 冯·诺依曼计算机工作原理的设计思想是（　　）。

A. 程序设计　B. 程序存储　C. 程序编制　D. 算法设计

3. 微型计算机硬件系统中最核心的部件是（　　）。

A. 硬盘　B. CPU　C. 内存储器　D. I/O 设备

4. 下列不属于微型计算机主要性能指标的是（　　）。

A. 字长　B. 内存容量　C. 重量　D. 时钟频率

5. 用 MIPS 为单位衡量计算机的性能，它指的是计算机的（　　）。

A. 传输速率　B. 存储器容量　C. 字长　D. 运算速度

6. 在衡量计算机的主要性能指标中，字长是（　　）。

A. 计算机运算部件一次能够处理的二进制数据位数

B. 8 位二进制数长度

C. 计算机的总线宽度

D. 存储系统的容量

7. 微型计算机中的 386、486 或 586 指的是计算机中的（　　）。

A. 存储容量　B. 运算速度　C. 显示器型号　D. CPU 的类型

8. 下列设备中，属于计算机输出设备的是（　　）。

A. 扫描仪　B. 键盘　C. 绘图仪　D. 鼠标

9. 下列叙述中，正确的是（　　）。

A. 存储在任何存储器中的信息，断电后都不会丢失

B. 操作系统是只对硬盘进行管理的程序

C. 硬盘装在主机箱内，因此硬盘属于主存

D. 硬盘驱动器属于外围设备

10. 下列设备中，既能向主机输入数据又能接收主机输出数据的设备是（　　）。

A. 打印机　B. 显示器　C. 软盘驱动器　D. 光笔

11. CRT 指的是（　　）。

A. 阴极射线管显示器　B. 液晶显示器

C. 等离子显示器　D. 以上说法都不对

12. 下列技术指标中，主要影响显示器显示清晰度的是（　　）。

A. 对比度　B. 亮度　C. 刷新率　D. 分辨率

13. 下列外围设备中，属于输入设备的是（　　）。

A. 显示器　　B. 绘图仪　　C. 鼠标　　D. 打印机

14. 下列设备中，不是多媒体计算机必须具有的设备是（　　）。

A. 声卡　　B. 视频卡　　C. 光盘驱动器　　D. UPS 电源

15. 激光打印机的特点是（　　）。

A. 噪声较大　　B. 速度快、分辨率高

C. 采用击打式　　D. 以上说法都不是

16. 计算机的价格由（　　）来决定。

A. 计算机的崭新程度　　B. 计算机中所安装的组件

C. 购买计算机时附加的选项（如服务）　　D. 以上都正确

17. 计算机病毒主要造成（　　）的损坏。

A. U 盘　　B. 磁盘驱动器　　C. 硬盘　　D. 程序和数据

18. 对待计算机软件正确的态度是（　　）。

A. 计算机软件不需要维护

B. 计算机软件只要能复制得到就不必购买

C. 受法律保护的计算机软件不能随便复制

D. 计算机软件不必有备份

19. 为了防止计算机硬件的突然故障或病毒入侵对数据的破坏，对于重要的数据文件和工作资料在每天工作结束后通常应（　　）。

A. 直接保存在硬盘之中　　B. 用专用设备备份

C. 打印出来　　D. 压缩后存储到硬盘中

20. 下列（　　）键可重命名一个文件夹。

A. 【F1】　　B. 【F5】　　C. 【F3】　　D. 【F2】

21. 一条计算机指令中规定其执行功能的部分称为（　　）。

A. 源地址码　　B. 操作码　　C. 目标地址码　　D. 数据码

22. 下列软件中，属于系统软件的是（　　）。

A. WPS　　B. 记事本　　C. DOS　　D. 抖音

23. 交互式操作系统允许用户频繁地与计算机对话，下列不属于交互式操作系统的是（　　）。

A. Windows 系统　　B. DOS 系统　　C. 分时系统　　D. 批处理系统

24. 软件可分为系统软件和（　　）软件。

A. 高级　　B. 专用　　C. 应用　　D. 通用

25. 目前各部门广泛使用的人事档案管理、财务管理等软件，按计算机应用分类，应属于（　　）。

A. 实时控制　　B. 科学计算　　C. 计算机辅助工程　　D. 数据处理

26. 计算机可以直接执行的语言是（　　）。

A. 自然语言　　B. 汇编语言　　C. 计算机语言　　D. 高级语言

27. 将高级语言编写的程序翻译成计算机语言程序，采用的两种翻译方式是（　　）。
A. 编译和解释　B. 编译和汇编　C. 编译和连接　D. 解释和汇编
28. 用户使用计算机高级语言编写的程序，通常称为（　　）。
A. 源程序　B. 汇编程序　C. 二进制代码程序　D. 目标程序
29. 下面（　　）是系统软件。
A. DOS 和 WPS　B. 抖音
C. DOS 和 Windows　D. Windows 和 MIS
30. 操作系统的接口是（　　）。
A. 主机与外围设备　B. 用户与计算机
C. 系统软件与应用软件　D. 高级语言与低级语言
31. DOS 系统的磁盘目录结构采用的是（　　）。
A. 表格结构　B. 索引结构　C. 网状结构　D. 树状结构
32. 下列带有通配符的文件名中，能代表文件 ABC.PRG 的是（　　）。
A. ?.?　B. ?BC.*　C. A?.*　D. *BC.?
33. 为解决某一特定问题而设计的指令序列称为（　　）。
A. 文档　B. 语言　C. 程序　D. 系统
34. Linux 是一种（　　）。
A. 数据库管理系统　B. 操作系统
C. 字处理系统　D. 鼠标驱动程序
35. C 语言编译器是一种（　　）。
A. 系统软件　B. 计算机操作系统
C. 字处理系统　D. 源程序
36. CAD 软件可用来绘制（　　）。
A. 机械零件图　B. 建筑设计图　C. 服装设计图　D. 以上都对
37. 某公司的工资管理程序属于（　　）。
A. 应用软件　B. 系统软件　C. 文字处理软件　D. 工具软件
38. CAM 软件可用于计算机（　　）。
A. 辅助测试　B. 辅助制造　C. 辅助教学　D. 辅助设计
39. CAI 软件可用于计算机（　　）。
A. 辅助测试　B. 辅助制造　C. 辅助教学　D. 辅助设计
40. 汉字系统中，汉字字库中存放的是汉字的（　　）。
A. 内码　B. 外码　C. 字形码　D. 国标码
41. 在 16×16 点阵字库中，每个汉字的字模信息占用的存储字节数是（　　）。
A. 8　B. 64　C. 32　D. 16
42. 一个 48×48 点的汉字字形码需要用（　　）个字节存储。
A. 44　B. 288　C. 256　D. 384

43. 在 32×32 点阵字库中，每个汉字的字模信息占用的存储字节数是（　　）。

A. 256　　B. 64　　C. 32　　D. 128

44. 根据国标 GB/T 2312—1980 的规定，二级汉字编码的个数是（　　）。

A. 7 145　　B. 7 445　　C. 3 755　　D. 3 008

45. 根据国标 GB/T 2312—1980 的规定，汉字以及各种符号划分为（　　）个区。

A. 90　　B. 67　　C. 94　　D. 100

46. 根据国标 GB/T 2312—1980 的规定，总计有各类符号和一、二级汉字编码（　　）个。

A. 7 145　　B. 7 445　　C. 3 755　　D. 3 008

47. 国标 GB/T 2312—1980 字符集中，一级汉字排序的方式按（　　）。

A. 偏旁部首　　B. 拼音和偏旁部首

C. 拼音　　D. 以上都不对

48. 按 16×16 点阵存放国标 GB/T 2312—1980 中一级汉字（共 3 755 个）的汉字库，大约需占（　　）存储空间。

A. 1 MB　　B. 512 KB　　C. 256 KB　　D. 128 KB

49. 存储 400 个 24×24 点阵汉字字形所需的存储容量是（　　）。

A. 255 KB　　B. 28.125 KB　　C. 37.5 KB　　D. 75 KB

50. 下列字符中，其 ASCII 码值最大的是（　　）。

A. 9　　B. D　　C. a　　D. y

51. 在计算机中采用二进制，是因为（　　）。

A. 可降低硬件成本　　B. 两个状态的系统稳定性高

C. 二进制的运算法则简单　　D. 上述三个原因

52. 若在一个非零无符号二进制整数右边加两个零形成一个新的数，则新数的值是原数值的（　　）。

A. 四倍　　B. 二倍　　C. 四分之一　　D. 二分之一

53. 下列叙述中，正确的是（　　）。

A. 字节通常用“bit”来表示

B. 目前广泛使用的处理器的字长为 5 个字节

C. 计算机存储器中将 8 个相邻的二进制位作为一个单位，这种单位称为字节

D. 微型计算机的字长并不一定是字节的倍数

54. 在表示存储容量时，1 MB 表示 2 的（　　）次方。

A. 10　　B. 11　　C. 20　　D. 19

55. 字符的 ASCII 编码在计算机中的表示方法准确的描述应是（　　）。

A. 使用 8 位二进制代码，最低位为 1

B. 使用 8 位二进制代码，最高位为 0

C. 使用 8 位二进制代码，最低位为 0

D. 使用 8 位二进制代码，最高位为 1

56. 6 位无符号二进制数据表示的最大十进制整数是（　　）。

A. 64　　B. 63　　C. 32　　D. 31

57. 存储容量 1 GB 等于（　　）。

A. 1 024 B　　B. 1 024 KB　　C. 1 024 MB　　D. 128 MB

58. 在表示存储器容量时，KB 的准确含义是（　　）。

A. 1 000 位　　B. 1 024 字节　　C. 512 字节　　D. 2 048 位

59. 十进制数 121 转换成无符号二进制数是（　　）。

A. 01110101　　B. 01111001　　C. 10011110　　D. 01111000

60. 为了避免混淆，十六进制数在书写时常在后面加的字母是（　　）。

A. H　　B. O　　C. D　　D. B

61. 与十六进制数（BC）等值的二进制数是（　　）。

A. 10111011　　B. 10111100　　C. 11001100　　D. 11001011

62. 16 个二进制位可表示整数的范围是（　　）。

A. 0 ~ 65 535　　B. –32 768 ~ 32 767

C. –32 768 ~ 32 768　　D. –32 768 ~ 32 767 或 0 ~ 65 535

63. 与十进制数 291 等值的十六进制数为（　　）。

A. 123　　B. 213　　C. 231　　D. 132

64. 下列一组数据中最大的数是（　　）。

A. $(457)_8$　　B. $(1C6)_{16}$　　C. $(100110110)_2$　　D. $(367)_{10}$

65. 执行下列二进制逻辑乘运算（即逻辑与运算）01011001 ∧ 10100111，其运算结果是（　　）。

A. 00000000　　B. 11111111　　C. 00000001　　D. 11111110

66. 执行下列二进制算术加运算 11001001+00100111，其运算结果是（　　）。

A. 11101111　　B. 11110000　　C. 00000001　　D. 10100010

67. 下列叙述中，正确的是（　　）。

A. 假若 CPU 向外输出 20 位地址，则它能直接访问的存储空间可达 1 MB

B. PC 在使用过程中突然断电，SRAM 中存储的信息不会丢失

C. PC 在使用过程中突然断电，DRAM 中存储的信息不会丢失

D. 外存储器中的信息可以直接被 CPU 处理

68. 下列叙述中错误的是（　　）。

A. 微型计算机不受强磁场的干扰

B. U 盘写保护以后，其上的信息不能删除

C. 在使用别人的 U 盘时通常要先检查是否有病毒

D. 微型计算机机房湿度不宜过大

69. 下面常用术语的叙述中，错误的是（　　）。

A. 光标是显示屏上指示位置的标志

B. 汇编语言是一种面向计算机的低级程序设计语言，用汇编语言编写的源程序计算机能直接执行

C. 总线是计算机系统中各部件之间传输信息的公共通路

D. 读写磁头是既能从磁表面存储器读出信息又能把信息写入磁表面存储器的装置

70. 通常所说的计算机病毒是指（　　）。

A. 细菌感染　　B. 被损坏的程序

C. 生物病毒感染　　D. 特制的具有破坏性的程序

## 二、判断题

1. 计算机与其他计算工具的本质区别是能存储数据和程序。（　　）

2. 硬盘上的信息可直接进入 CPU 进行处理。（　　）

3. 计算机操作过程中突然断电，RAM 和 ROM 中保存的信息全部丢失。（　　）

4. 在计算机中，任何外围设备都可以直接与主机进行信息交换。（　　）

5. 在计算机应用领域中，会计电算化属于科学计算应用领域。（　　）

6. 新磁盘必须进行格式化后才能使用。（　　）

7. 键盘和显示器是计算机不可缺少的外围设备，简称 I/O 设备。（　　）

8. 显示器上所显示的内容既有计算机运行的结果也有用户从键盘输入的内容，所以显示器既是输入设备又是输出设备。（　　）

9. 运算器又称算术逻辑部件，简称 ALU。（　　）

10. 显示适配器是系统总线和显示器之间的接口。（　　）

11. 键盘上【Ctrl】键是起控制作用的，它必须与其他键同时按下才能起作用。（　　）

12. 硬件系统是指微型计算机主机箱中的所有设备。（　　）

13. 系统软件是从市场上买来的软件，而应用软件是用户自己编写的软件。（　　）

14. 计算机可以直接执行用高级语言编写的程序。（　　）

15. 计算机病毒只会破坏磁盘上的程序。（　　）

16. 计算机病毒是一种程序代码，目的是破坏和干扰计算机系统正常运行。（　　）

17. 计算机病毒可以利用系统、应用软件的漏洞进行传播。（　　）

18. 安装了防火墙软件的计算机就不会被病毒干扰和破坏。（　　）

19. 在计算机内，多媒体数据最终是以特殊的压缩码形式保存的。（　　）

20. 触摸屏是一种快速实现人机对话的工具。（　　）

# 答题卡 2

| 学生姓名 | | 班级 | | 学号 | |
|---|---|---|---|---|---|
| 选择题 | | 判断题 | | 总分 | |

| 第一题　单项选择题（每小题 1 分，共 70 分） | |
|---|---|
| 1.【A】【B】【C】【D】 | 36.【A】【B】【C】【D】 |
| 2.【A】【B】【C】【D】 | 37.【A】【B】【C】【D】 |
| 3.【A】【B】【C】【D】 | 38.【A】【B】【C】【D】 |
| 4.【A】【B】【C】【D】 | 39.【A】【B】【C】【D】 |
| 5.【A】【B】【C】【D】 | 40.【A】【B】【C】【D】 |
| 6.【A】【B】【C】【D】 | 41.【A】【B】【C】【D】 |
| 7.【A】【B】【C】【D】 | 42.【A】【B】【C】【D】 |
| 8.【A】【B】【C】【D】 | 43.【A】【B】【C】【D】 |
| 9.【A】【B】【C】【D】 | 44.【A】【B】【C】【D】 |
| 10.【A】【B】【C】【D】 | 45.【A】【B】【C】【D】 |
| 11.【A】【B】【C】【D】 | 46.【A】【B】【C】【D】 |
| 12.【A】【B】【C】【D】 | 47.【A】【B】【C】【D】 |
| 13.【A】【B】【C】【D】 | 48.【A】【B】【C】【D】 |
| 14.【A】【B】【C】【D】 | 49.【A】【B】【C】【D】 |
| 15.【A】【B】【C】【D】 | 50.【A】【B】【C】【D】 |
| 16.【A】【B】【C】【D】 | 51.【A】【B】【C】【D】 |
| 17.【A】【B】【C】【D】 | 52.【A】【B】【C】【D】 |
| 18.【A】【B】【C】【D】 | 53.【A】【B】【C】【D】 |
| 19.【A】【B】【C】【D】 | 54.【A】【B】【C】【D】 |
| 20.【A】【B】【C】【D】 | 55.【A】【B】【C】【D】 |
| 21.【A】【B】【C】【D】 | 56.【A】【B】【C】【D】 |
| 22.【A】【B】【C】【D】 | 57.【A】【B】【C】【D】 |
| 23.【A】【B】【C】【D】 | 58.【A】【B】【C】【D】 |
| 24.【A】【B】【C】【D】 | 59.【A】【B】【C】【D】 |
| 25.【A】【B】【C】【D】 | 60.【A】【B】【C】【D】 |
| 26.【A】【B】【C】【D】 | 61.【A】【B】【C】【D】 |

<table>
<tr><td>27.【A】【B】【C】【D】</td><td>62.【A】【B】【C】【D】</td></tr>
<tr><td>28.【A】【B】【C】【D】</td><td>63.【A】【B】【C】【D】</td></tr>
<tr><td>29.【A】【B】【C】【D】</td><td>64.【A】【B】【C】【D】</td></tr>
<tr><td>30.【A】【B】【C】【D】</td><td>65.【A】【D】【C】【D】</td></tr>
<tr><td>31.【A】【B】【C】【D】</td><td>66.【A】【B】【C】【D】</td></tr>
<tr><td>32.【A】【B】【C】【D】</td><td>67.【A】【B】【C】【D】</td></tr>
<tr><td>33.【A】【B】【C】【D】</td><td>68.【A】【B】【C】【D】</td></tr>
<tr><td>34.【A】【B】【C】【D】</td><td>69.【A】【B】【C】【D】</td></tr>
<tr><td>35.【A】【B】【C】【D】</td><td>70.【A】【B】【C】【D】</td></tr>
<tr><td colspan="2">第二题　判断题（每小题 1.5 分，共 30 分）</td></tr>
<tr><td>1.【T】【F】</td><td>11.【T】【F】</td></tr>
<tr><td>2.【T】【F】</td><td>12.【T】【F】</td></tr>
<tr><td>3.【T】【F】</td><td>13.【T】【F】</td></tr>
<tr><td>4.【T】【F】</td><td>14.【T】【F】</td></tr>
<tr><td>5.【T】【F】</td><td>15.【T】【F】</td></tr>
<tr><td>6.【T】【F】</td><td>16.【T】【F】</td></tr>
<tr><td>7.【T】【F】</td><td>17.【T】【F】</td></tr>
<tr><td>8.【T】【F】</td><td>18.【T】【F】</td></tr>
<tr><td>9.【T】【F】</td><td>19.【T】【F】</td></tr>
<tr><td>10.【T】【F】</td><td>20.【T】【F】</td></tr>
</table>

# 第2章 Windows 10 操作系统基础

Windows 10 是由微软公司开发，基于图形界面的操作系统，因其直观、形象的用户界面和简单的操作方法，成为目前应用最广泛的一种操作系统。

本章主要介绍 Windows 10 界面、文件管理、磁盘管理、任务栏和资源管理器等基本操作方法。

## 2.1 【实训 1】熟悉 Windows 10 界面

### 实训目标

**知识目标：**

（1）了解 Windows 10 的窗口，知道什么是分辨率。

（2）了解桌面显示设置窗口相关设置参数。

（3）了解 Windows 10 中各种对话框、菜单、工具栏、滚动条、文本框等。

**能力目标：**

（1）能通过显示设置窗口，使用对话框中的各种常用工具，如菜单、工具栏、滚动条、文本框、列表框、下拉列表框、数值设置框、单选按钮、复选框的使用。

（2）会设置桌面的背景图片、屏幕保护程序、窗口的外观样式和显示器选用的分辨率。

二十大报告
知识点链接2

**素质目标：**

（1）通过计算机的基本操作训练，培养学生规范化、标准化的使用习惯，养成耐心、严谨的工作态度。

（2）通过引导学生套用所学操作，设置不同的计算机软件、硬件属性，培养学生的复用性、模块化思维能力。

### 实训要求

（1）通过对个性化和显示的各种设置，了解 Windows 10 窗口、图标、对话框等的设置

方法。本实训从安装 Windows 10 开始，让桌面显示常用的图标，以便将来工作方便；练习把桌面上的图标设置得稍大一些，以便于轻松观察屏幕上的信息；设置一幅个性化的桌面背景；为屏幕设置屏幕保护程序。

（2）练习使用“开始”菜单打开资源管理器窗口，并利用窗口中的菜单栏进行操作。

（3）打开多个窗口，调整窗口大小、位置和叠放次序。

## 技术分析

本次实训中，需要运用的技能点有：

（1）设置显示属性。

（2）“开始”菜单的操作。

（3）窗口的基本操作。

## 实例演示

### 1. 设置显示属性

（1）启动系统，输入密码登录后，显示出如图 2-1 所示的界面，桌面以一幅图片作为背景，最下面是任务栏。任务栏最左边的■图标是“开始”按钮，最右边是“通知区域”。

图 2-1　Windows 10 桌面

（2）在桌面空白位置右击，弹出快捷菜单，单击“查看”→“中等图标”命令，如图 2-2 所示，执行后可看到桌面的图标明显变大。

（3）右击桌面的空白位置，弹出图 2-2 所示的快捷菜单，单击“个性化”命令，打开图 2-3 所示的“个性化”设置窗口。

（4）单击左窗格的“主题”菜单，设置窗口跳转到“主题”窗口，在相关设置区域单击“桌面图标设置”按钮，弹出“桌面图标设置”对话框，如图 2-4 所示，依次选中“桌面图标”选项区域中的几个复选框，然后单击“确定”按钮关闭对话框。

学习笔记

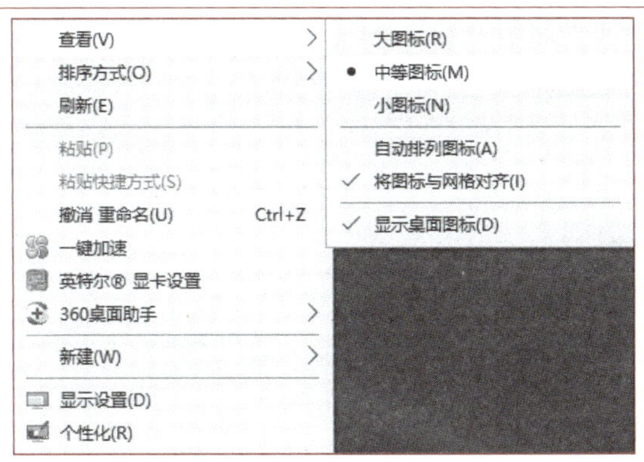


图 2-2　快捷菜单

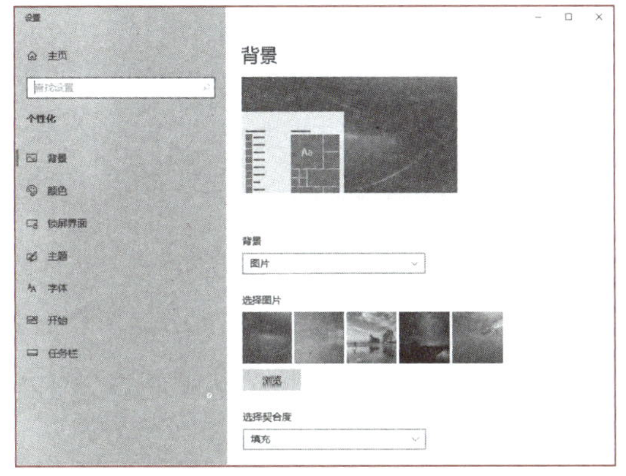


图 2-3　“个性化”设置窗口

图 2-4　“桌面图标设置”对话框

（5）在图 2-5 所示的“选择图片”区域选择图片，也可以单击“浏览”按钮，在弹出的对话框中选中图片，更改桌面的背景。

（6）继续单击“锁屏界面”菜单，如图 2-6 所示，在“锁屏界面”窗口中单击“屏幕保护程序设置”，弹出“屏幕保护程序设置”对话框。在“屏幕保护程序”下拉列表框中选中“变幻线”选项，如图 2-7 所示，然后单击“确定”按钮。

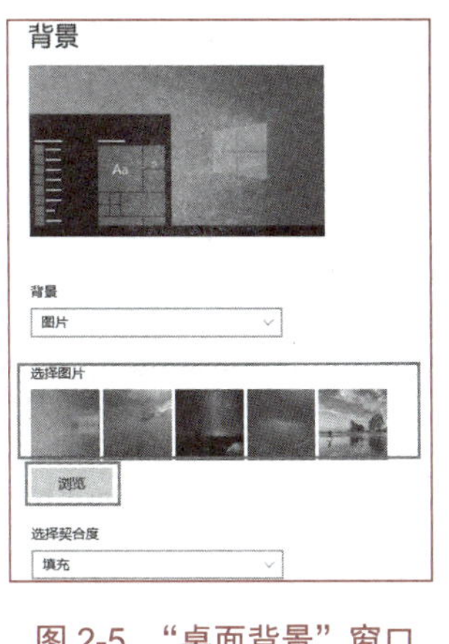


图 2-5　“桌面背景”窗口

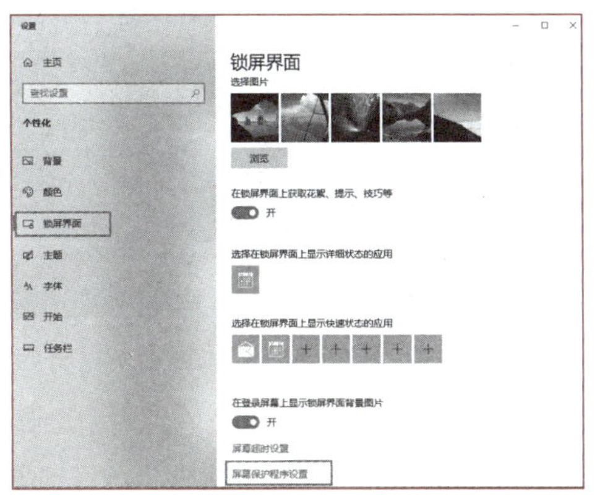


图 2-6　“锁屏界面”窗口

学习笔记

（7）单击图 2-2 中的“显示设置”选项，进入图 2-8 所示的窗口，选中缩放与布局中“125%”选项，可调整桌面图标和窗口字体大小。

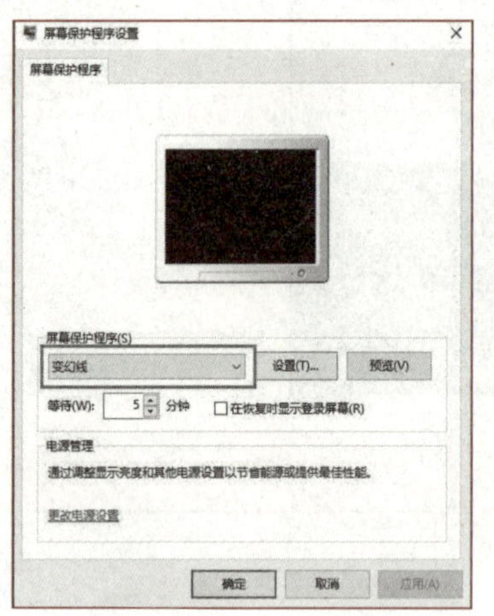


图 2-7 “屏幕保护程序设置”对话框

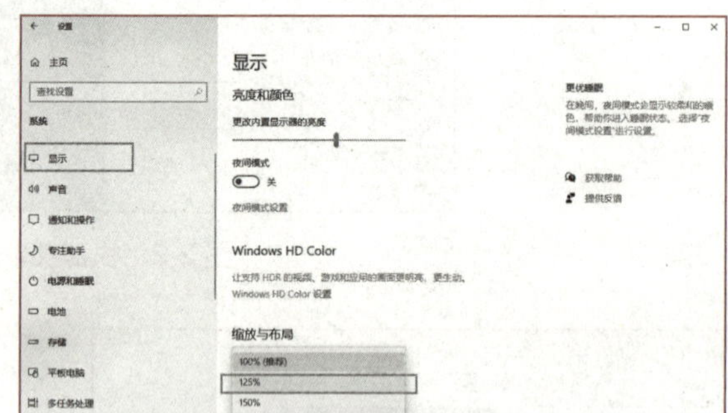


图 2-8 “显示”窗口

## 2. “开始”菜单的操作

（1）单击桌面左下方“开始”按钮或按键盘上的 键，弹出图 2-9 所示的“开始”菜单。在“开始”菜单的左侧分别是用户账户、文档、图片、设置、电源；中间部分是所有的应用列表，最常用的应用位列在最前面，然后按照应用的首字母排序。“开始”菜单的右侧为磁贴区，可以将常用的程序放到磁贴区，便于打开相关软件。

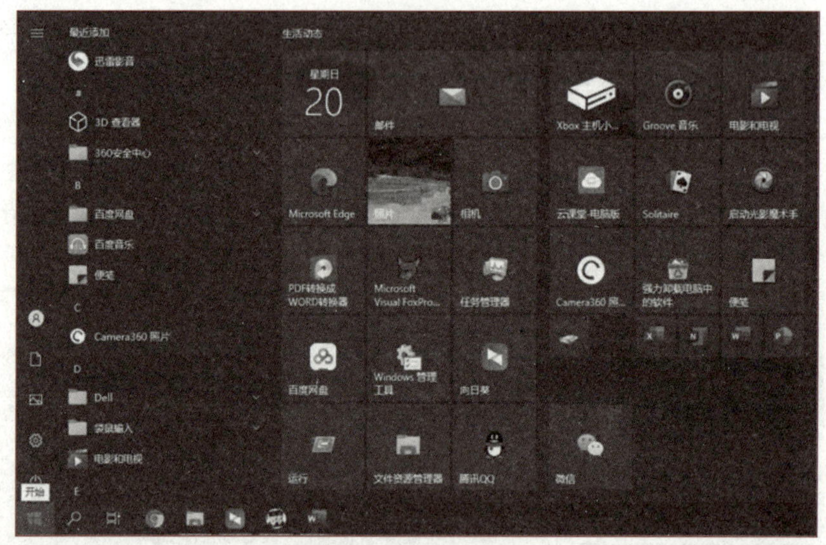


图 2-9 “开始”菜单

（2）鼠标移到“开始”菜单上方，右击，弹出图 2-10 所示的菜单，单击不同的选项可对计算机进行不同的操作，单击“文件资源管理器”命令，或者双击桌面的“此电脑”图标，都可以打开图 2-11 所示的“此电脑”窗口。

学习笔记

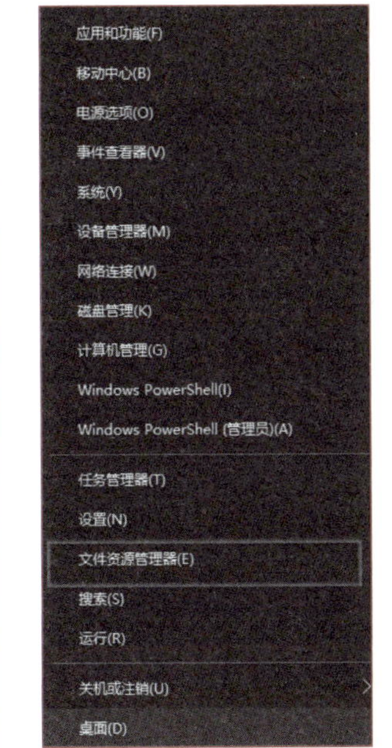


图 2-10　“开始”按钮右键的菜单

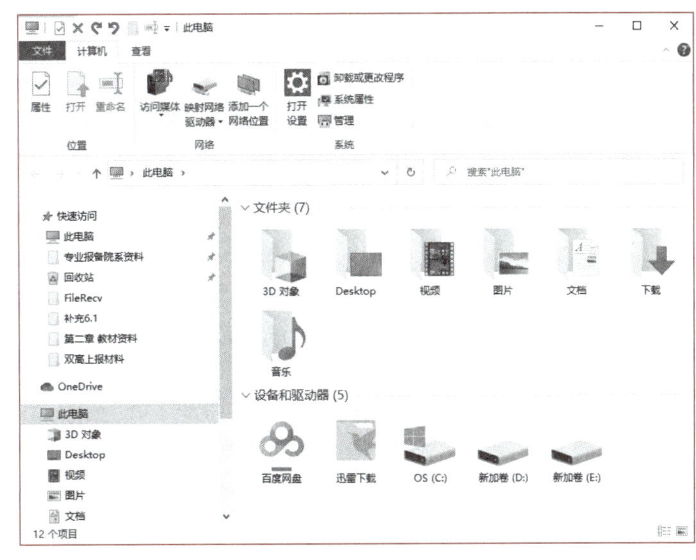


图 2-11　“此电脑”窗口

## 实训步骤

### 窗口基本操作

（1）参照上面的方法打开“此电脑”窗口。

（2）如果窗口占满屏幕，此时单击窗口右上角的“还原”按钮，窗口缩小；再单击“最大化”按钮，窗口重新占满屏幕。

（3）单击“最小化”按钮，窗口缩小到任务栏上，成为一个小标签，再单击任务栏上的对应标签，可以看到窗口又重新显示到屏幕原来位置。

（4）将鼠标指针指向窗口最上面的标题栏上，单击不放松，略微拖动鼠标，可以看到窗口随着拖动调整位置。

（5）将鼠标指针指向窗口的任一边框位置，待鼠标指针成为↔或↕形状时，沿指针方向拖动，可以看到随着拖动窗口的边框调整了位置，实际效果是调整了窗口的高度或宽度。

（6）将鼠标指针指向窗口四角任一位置上，待鼠标指针成为↘或↗形状时，沿指针方向拖动，可以看到随着拖动窗口的一个角调整位置，实际效果是调整了窗口的大小。

（7）双击桌面上的“控制面板”图标，打开“控制面板”窗口，然后将其窗口调整成大约占半个屏幕大小。

（8）通过调整上述两个窗口的大小，使其成为图 2-12 所示的两个窗口重叠的效果。

（9）练习单击下层窗口露出的部分，可以调整两个窗口的叠压关系，能使最下面的窗口成为当前窗口。

（10）右击任务栏中间的空白位置，弹出快捷菜单，如图 2-13 所示，单击“并排显示窗口”命令，观察屏幕上窗口的摆放样式，如图 2-14 所示。

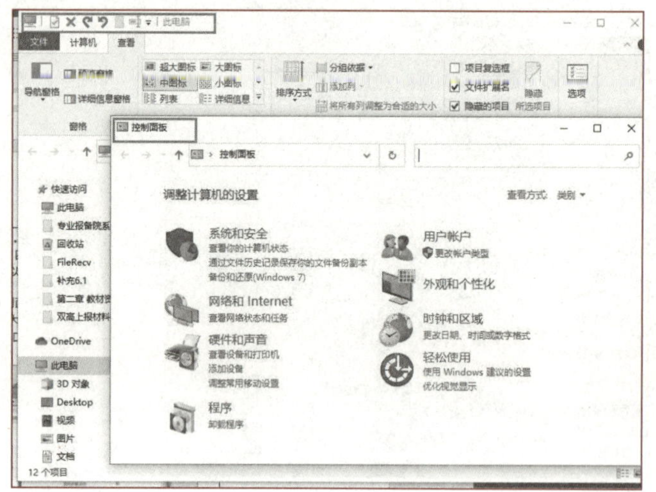


图 2-12　重叠窗口

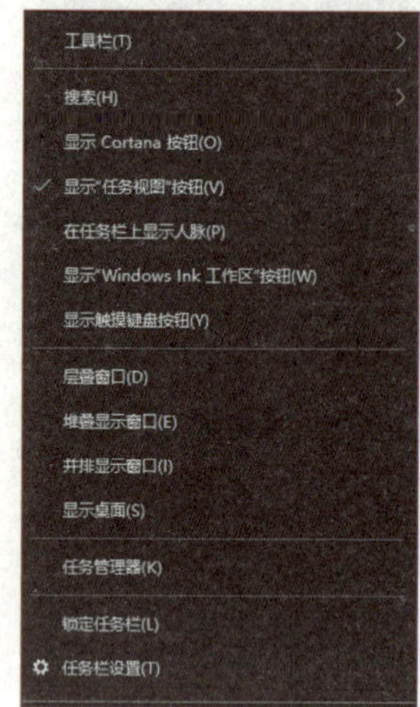


图 2-13　快捷菜单

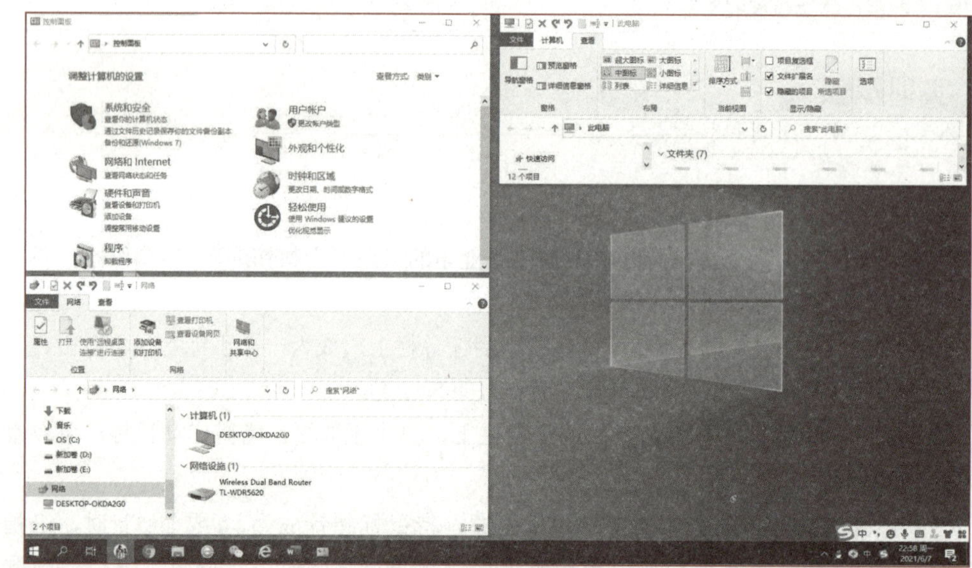

图 2-14　并排显示窗口

（11）参照上一步骤的方法，分别单击快捷菜单中的“层叠窗口”“堆叠显示窗口”命令，观察执行各个命令的效果。为了同时把所有窗口最小化，可单击“显示桌面”命令。

（12）依次单击窗口右上角的“关闭”按钮，将窗口关闭。

## 实训任务考评

完成情况

### 熟悉 Windows 10 界面考评记录

<table>
<tr><td>学生姓名</td><td colspan="2"></td><td>班级</td><td></td><td>任务评分</td><td></td></tr>
<tr><td>实训地点</td><td colspan="2"></td><td>学号</td><td></td><td>完成日期</td><td></td></tr>
<tr><td rowspan="19">实训实现步骤</td><td>序号</td><td colspan="3">考 核 内 容</td><td>标准分</td><td>评分</td></tr>
<tr><td>01</td><td colspan="3">基础操作：打开计算机，进入桌面</td><td>5</td><td></td></tr>
<tr><td rowspan="4">02</td><td colspan="3">设置显示属性：</td><td>25</td><td></td></tr>
<tr><td colspan="3">（1）设置桌面图标、图标大小、字体大小</td><td>15</td><td></td></tr>
<tr><td colspan="3">（2）桌面背景图片</td><td>5</td><td></td></tr>
<tr><td colspan="3">（3）锁屏界面、屏幕保护</td><td>5</td><td></td></tr>
<tr><td rowspan="4">03</td><td colspan="3">“开始”菜单的操作：</td><td>30</td><td></td></tr>
<tr><td colspan="3">（1）通过“开始”菜单打开应用软件，关闭计算机</td><td>15</td><td></td></tr>
<tr><td colspan="3">（2）通过“开始”的右键菜单打开资源管理器</td><td>5</td><td></td></tr>
<tr><td colspan="3">（3）将应用列表中的软件加入到磁贴区</td><td>10</td><td></td></tr>
<tr><td rowspan="4">04</td><td colspan="3">窗口的基本操作：</td><td>20</td><td></td></tr>
<tr><td colspan="3">（1）调整窗口大小最大化、最小化</td><td>8</td><td></td></tr>
<tr><td colspan="3">（2）层叠、堆叠、并排显示窗口</td><td>10</td><td></td></tr>
<tr><td colspan="3">（3）关闭打开的窗口</td><td>2</td><td></td></tr>
<tr><td rowspan="5">05</td><td colspan="3">职业素养：</td><td>20</td><td></td></tr>
<tr><td colspan="3">自主学习：能结合目标任务自学知识点</td><td>5</td><td></td></tr>
<tr><td colspan="3">创新精神：套用所学操作完成不同任务</td><td>5</td><td></td></tr>
<tr><td colspan="3">实操记录：清晰、完整、准确、规范、工整等</td><td>5</td><td></td></tr>
<tr><td colspan="3">学习反思：复述巩固知识点、反思实操内容等</td><td>5</td><td></td></tr>
<tr><td>自我评语</td><td colspan="6"></td></tr>
<tr><td>教师评语</td><td colspan="6"></td></tr>
</table>

存在问题

学习笔记

## 2.2 【实训 2】Windows 10 文件管理

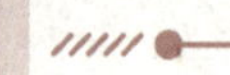

### 实训目标

**知识目标：**

了解“此电脑”窗口和资源管理器窗口的操作界面和资源的组织结构。

**能力目标：**

（1）能打开各种资源窗口。

（2）能对文件、文件夹的管理。

（3）会复制文件、移动文件和重命名文件。

（4）会创建文件夹、删除文件或文件夹。

**素质目标：**

（1）通过计算机的基本操作训练，培养学生规范化、标准化的使用习惯，养成耐心、严谨的工作态度。

（2）通过引导，学生能管理文件，培养学生的复用性、模块化思维能力。

### 实训要求

（1）打开“此电脑”窗口，了解它们的一般知识。

（2）在 D 盘创建一个名为“ABC”的文件夹，再在“ABC”文件夹中创建一个名为“BCD”的文件夹。

（3）将 D 盘“ABC”文件夹中的“BCD”文件夹重命名为“123”。

（4）选中文件是为了对文件进行操作，为了同时对多个文件或文件夹操作，经常要一起选中多个文件或文件夹。

（5）删除 D 盘 ABC 文件夹中的“1”“3”“5”“7”四个文件夹。

（6）把上一步删除的名字为“1”“3”“5”“7”四个文件夹恢复到原来的位置。

（7）将 D 盘“ABC”文件夹中的“1”“3”“5”文件夹复制到“2”文件夹中。

（8）将 D 盘“ABC”文件夹中的“1”“3”“5”文件夹移动到“4”文件夹中。

（9）在 D 盘“ABC”文件夹，每天工作时都要先打开“此电脑”窗口，再通过 D 盘来分别访问它们，为了快速访问“ABC”文件夹，为其在桌面创建快捷方式。

### 技术分析

本次实训中，需要运用的技能点有：

（1）打开各种资源窗口。

（2）管理文件、文件夹。

学习笔记

（3）复制文件、移动文件和重命名文件。

（4）创建文件夹、删除文件或文件夹。

（5）创建桌面快捷方式。

## 实例演示

### 1. 熟悉“此电脑”窗口

（1）双击桌面上的“此电脑”图标，打开“此电脑”窗口。

（2）观察窗口左窗格，主要有“快速访问”“OneDrive”“此电脑”“网络”等主要四个根节点。

（3）单击左窗格“此电脑”左边 › 形状的小按钮，可以展开计算机下层的其他资源，看到包含了多个磁盘、Desktop、视频、文档等，右边显示了同样的内容，如图 2-15 所示。

图 2-15　“此电脑”窗口

如果继续单击下级某个资源左边的三角按钮 ›，还可以继续展开更深一级的文件夹等。计算机中的所有资源都以树状结构组织起来，最上级为“此电脑”。

（4）为了改变图标的显示顺序，可以单击“查看”→“布局”中的相应命令按钮，如图 2-16 所示。

（5）观察窗口中各个图标的显示形式，为了改变图标的显示形式，可以单击图 2-16 中相应的命令。

（6）为了查看 D 盘某个文件夹中存储的信息，单击左边的 D 盘图标，或者在右边窗格中双击 D 盘图标，都可以展开 D 盘，然后在右边双击要查看的文件夹，即可看到该文件夹中存储的全部文件和子文件夹。

学习笔记

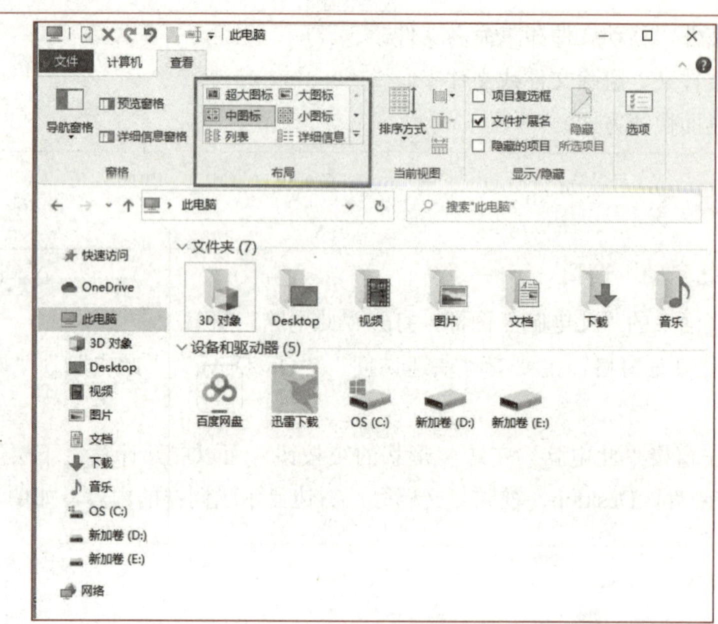


图 2-16 改变图标显示顺序的命令

在不断打开磁盘、文件夹的过程中，窗口的地址栏不断切换相应文件夹的路径，例如，图 2-17 所示打开的某个文件夹，地址栏同时还出现 › 此电脑 › 新加卷 (D:) › 教务处工作 ，以后要回到其上级的某个位置，将鼠标指针指向地址栏上的某个文字项目，单击即可切换到其对应的窗口。

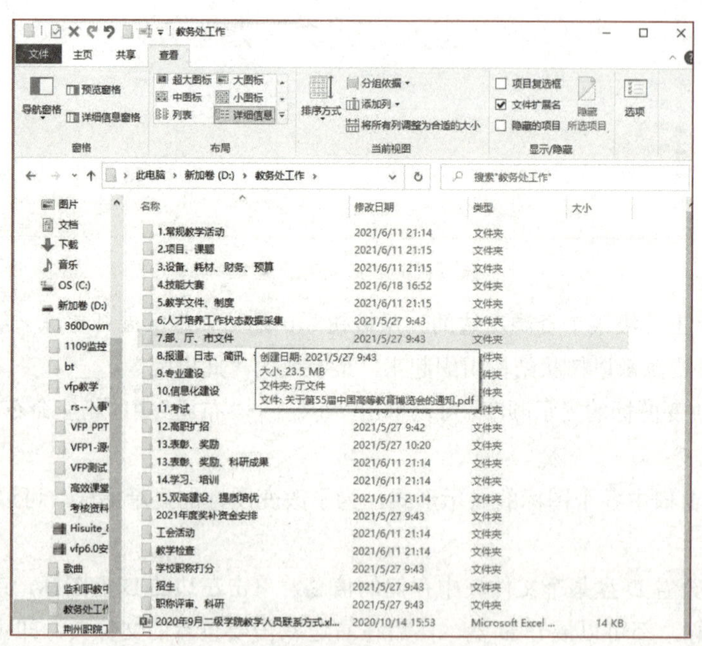


图 2-17 打开的某个文件夹

（7）试重复上述实验，了解“此电脑”窗口中资源的组织结构关系。

学习笔记

（8）观察“此电脑”窗口中的“文件”菜单，主页、共享、查看等工具栏选项卡，单击或双击其中的文件夹，了解如何快速切换到各个磁盘或文件夹的操作方法。

（9）单击窗口右上角的“关闭”按钮 。

## 2. 创建文件夹

（1）双击桌面上的“此电脑”图标，打开“此电脑”窗口。

（2）为在 D 盘创建新文件夹，先双击 D 盘图标打开该盘。

（3）右击 D 盘窗口中的空白位置，弹出快捷菜单，单击“新建”→“文件夹”命令，如图 2-18 所示，在窗口中出现一个名为“新建文件夹”的文件夹，输入“ABC”后按【Enter】键。

图 2-18　快捷菜单

（4）双击刚建立的“ABC”文件夹，打开其窗口，采用步骤（3）的方法，再在“ABC”文件夹中新建一个名字为“BCD”的文件夹。

## 3. 为文件或文件夹重命名

（1）打开“此电脑”窗口，在左窗格中单击 D 盘。

（2）在右窗格中找到并双击“ABC”文件夹，打开“ABC”文件夹。

（3）右击“ABC”文件夹中的“BCD”文件夹，弹出快捷菜单，如图 2-19 所示，单击“重命名”命令。

（4）此时“BCD”文件夹的名字呈蓝色显示，并出现光标，输入新的名字“123”。

（5）按【Enter】键或单击“123”外的任意位置。

学习笔记

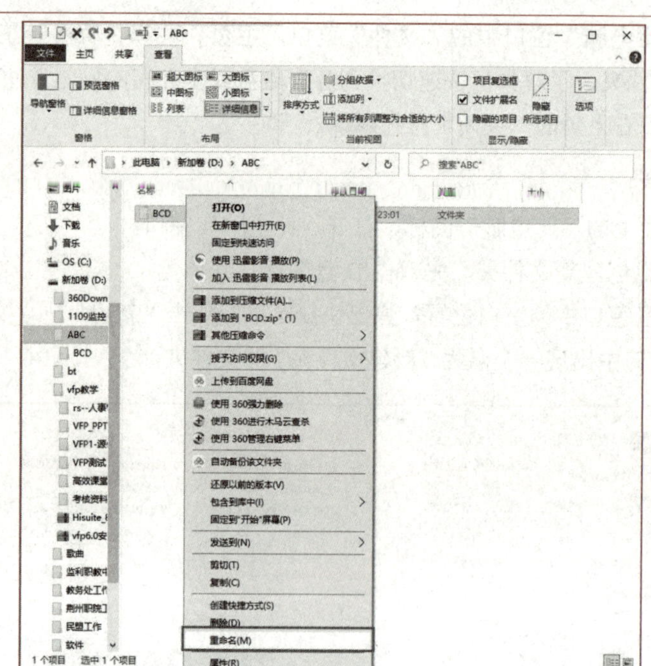


图 2-19　快捷菜单

### 4. 选中文件或文件夹

（1）为了创造实验环境，先在 D 盘的“ABC”文件夹中创建多个文件夹，如图 2-20 所示。

（2）为了选中第 1 ～ 5 个文件夹，先单击第 1 个文件夹，然后按住【Shift】键的同时单击最末一个要选中的文件夹，即第 5 个文件夹，可以看到第 1 ～ 5 个文件夹显示为蓝色，此时同时选中了连续的 5 个文件夹，如图 2-21 所示。

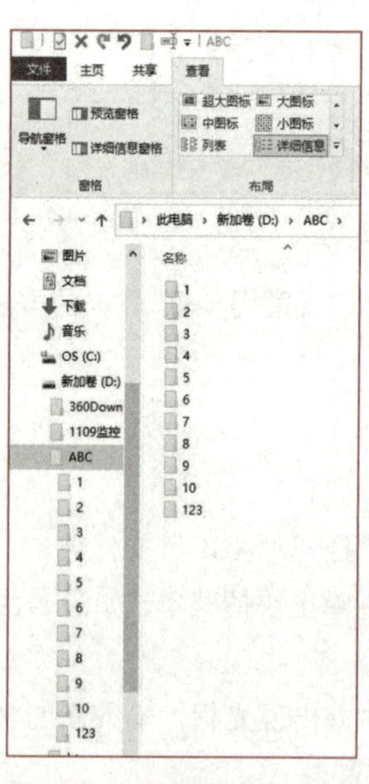


图 2-20　没有选中文件夹

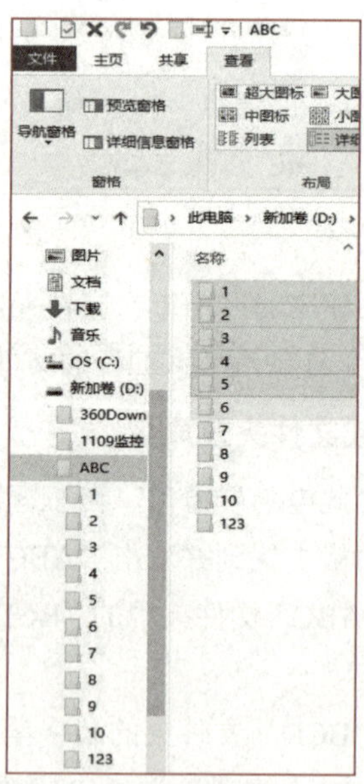


图 2-21　选中连续的 5 个文件夹

学习笔记

（3）为了将所有选中的文件夹取消选中，单击窗口中的空白位置。

（4）为了选中第“1”“3”“5”“7”这四个不连续的文件夹，先单击第 1 个文件夹，然后按住【Ctrl】键的同时单击“3”“5”“7”文件夹，此时同时选中了不连续的四个文件夹，如图 2-22 所示。

（5）单击窗口中的空白位置，取消选中所有的文件夹。

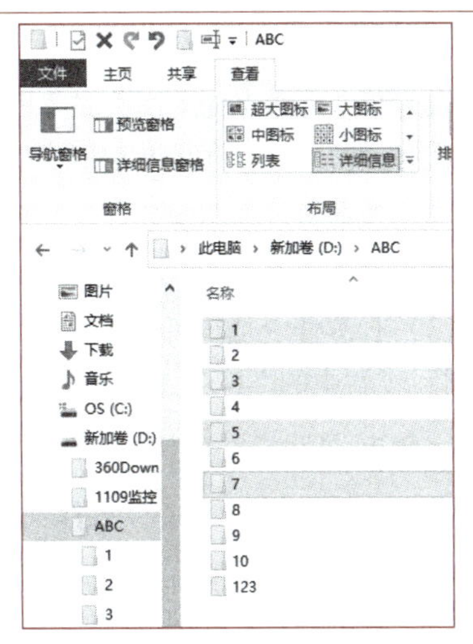

图 2-22　选中不连续的四个文件夹

## 实训步骤

### 1. 删除文件或文件夹

（1）双击桌面上的“此电脑”图标，打开 D 盘的“ABC”文件夹。

（2）选中要删除的“1”“3”“5”“7”四个文件夹。

（3）右击任一选中的文件夹，弹出快捷菜单，单击“删除”命令，弹出图 2-23 所示的“删除多个项目”对话框。

图 2-23　“删除多个项目”对话框

（4）单击“是”按钮，文件夹被删除，此时的“ABC”文件夹如图 2-24 所示。

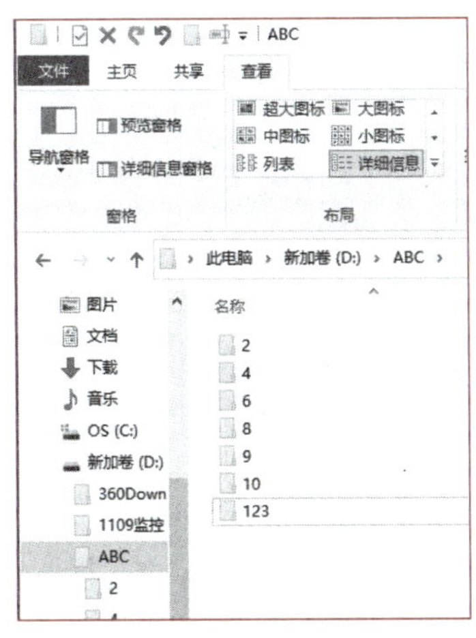

图 2-24　删除四个文件夹后的“ABC”文件夹

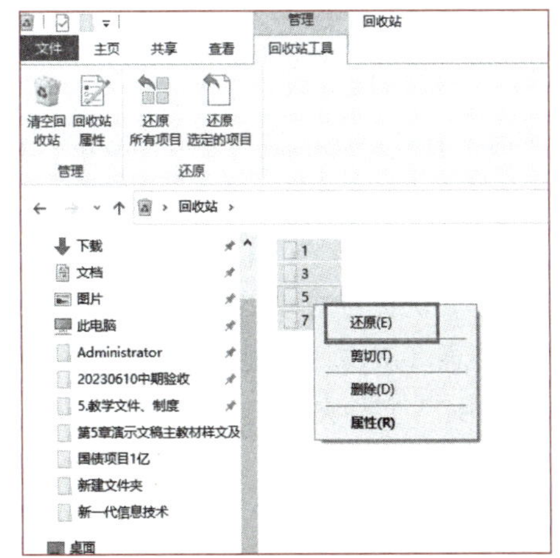


图 2-25　快捷菜单

学习笔记

### 2. 从回收站中恢复被删除的文件夹

（1）双击桌面上的“回收站”图标，打开“回收站”窗口，为了看到文件夹恢复的情况，还可以同时打开D盘中的“ABC”文件夹，将两个窗口并列摆放在屏幕上。

（2）按照在“此电脑”窗口中选中文件的方法，在“回收站”窗口中选中要恢复的“1”“3”“5”“7”四个文件夹。

（3）右击任一选中的文件夹，弹出快捷菜单，如图2-25所示，单击“还原”命令，可以看到回收站中的“1”“3”“5”“7”文件夹消失，它们又出现在D盘的“ABC”文件夹中。

### 3. 复制文件或文件夹

（1）打开D盘“ABC”文件夹。

（2）选中“1”“3”“5”三个文件夹。

（3）右击任意一个选中的文件夹，单击快捷菜单上的“复制”命令，将选中的文件夹先复制到剪贴板上。

（4）双击“2”文件夹，使其处于打开状态。

（5）右击窗口上的空白位置，单击快捷菜单上的“粘贴”命令，此时即可看到“2”文件夹中出现了“1”“3”“5”三个文件夹。

### 4. 移动文件或文件夹

为文件夹创建桌面快捷方式

（1）双击桌面上的“此电脑”图标，然后再打开D盘中的“ABC”文件夹。

（2）同时选中“1”“3”“5”文件夹。

（3）右击任意一个选中的文件夹，单击快捷菜单上的“剪切”命令，将选中的文件夹移到剪贴板上。

（4）双击“4”文件夹，使其处于打开状态。

（5）右击窗口上的空白位置，单击快捷菜单上的“粘贴”命令。

### 5. 创建快捷方式

（1）打开“此电脑”窗口，右击“ABC”文件夹，弹出快捷菜单，单击“发送到”→“桌面快捷方式”命令，如图2-26所示。

创建的快捷方式即出现在桌面上，以后可直接在桌面（双击该快捷方式）快速打开D盘中的“ABC”文件夹。

（2）采用同样的方法为“123”文件夹在桌面上创建一个快捷方式。

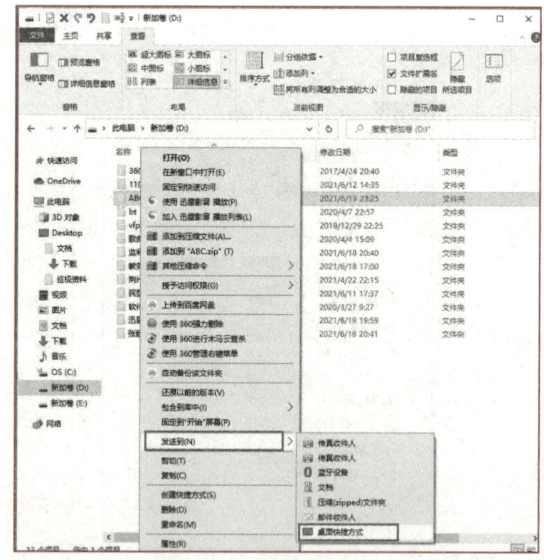

图2-26　创建快捷方式菜单

## 实训任务考评

完成情况

存在问题

### Windows 10 文件管理考评记录

<table>
<tr><td>学生姓名</td><td></td><td>班级</td><td></td><td>任务评分</td><td></td></tr>
<tr><td>实训地点</td><td></td><td>学号</td><td></td><td>完成日期</td><td></td></tr>
<tr><td rowspan="19">实训实现步骤</td><td>序号</td><td colspan="2">考 核 内 容</td><td>标准分</td><td>评分</td></tr>
<tr><td>01</td><td colspan="2">基础操作：<br>打开“此电脑”窗口，观察窗口界面和资源结构</td><td>5</td><td></td></tr>
<tr><td rowspan="4">02</td><td colspan="2">“此电脑”窗口：</td><td>25</td><td></td></tr>
<tr><td colspan="2">（1）通过窗口的左窗格访问文件资源</td><td>15</td><td></td></tr>
<tr><td colspan="2">（2）设置窗口中文件的图标显示形式</td><td>5</td><td></td></tr>
<tr><td colspan="2">（3）通过地址栏快速切换到上一级目录</td><td>5</td><td></td></tr>
<tr><td rowspan="4">03</td><td colspan="2">文件夹的操作：</td><td>30</td><td></td></tr>
<tr><td colspan="2">（1）创建文件夹、重命名文件夹</td><td>15</td><td></td></tr>
<tr><td colspan="2">（2）选中连续、不连续的多个文件夹</td><td>5</td><td></td></tr>
<tr><td colspan="2">（3）删除不连续的多个文件夹，再恢复删除的文件夹</td><td>10</td><td></td></tr>
<tr><td rowspan="4">04</td><td colspan="2">备份、快捷访问文件夹：</td><td>20</td><td></td></tr>
<tr><td colspan="2">（1）复制、粘贴文件夹，移动文件夹</td><td>8</td><td></td></tr>
<tr><td colspan="2">（2）为文件夹创建桌面快捷方式</td><td>10</td><td></td></tr>
<tr><td colspan="2">（3）删除快捷方式</td><td>2</td><td></td></tr>
<tr><td rowspan="5">05</td><td colspan="2">职业素养：</td><td>20</td><td></td></tr>
<tr><td colspan="2">自主学习：能结合目标任务自学知识点</td><td>5</td><td></td></tr>
<tr><td colspan="2">创新精神：套用所学操作完成不同工作任务</td><td>5</td><td></td></tr>
<tr><td colspan="2">实操记录：清晰、完整、准确、规范、工整等</td><td>5</td><td></td></tr>
<tr><td colspan="2">学习反思：复述巩固知识点、反思实操内容等</td><td>5</td><td></td></tr>
<tr><td>自我评语</td><td colspan="5"></td></tr>
<tr><td>教师评语</td><td colspan="5"></td></tr>
</table>

学习笔记

# 2.3 【实训 3】Windows 10 的磁盘管理

## 实训目标

**知识目标：**

（1）掌握磁盘格式化操作。

（2）了解磁盘容量。

**能力目标：**

（1）会设置文件属性。

（2）会搜索文件和文件夹。

（3）会对磁盘进行格式化。

（4）会查看磁盘容量。

（5）会检查和整理硬盘。

**素质目标：**

（1）通过计算机的基本操作训练，培养学生规范化、标准化的使用习惯，养成耐心、严谨的工作态度。

（2）通过引导，学生能管理文件，培养学生的复用性、模块化思维能力。

## 实训要求

（1）将 D 盘“ABC”文件夹中名字为“2”的文件夹隐藏。

（2）在 D 盘下的“教务处工作”文件夹中查找专业论证（人才培养）的 Word 文档资料。

（3）对可移动磁盘进行格式化。

（4）新接触一台计算机，了解和检查各个硬盘情况。

## 技术分析

本次实训中，需要运用的技能点有：

（1）设置文件属性。

（2）搜索文件和文件夹。

（3）对磁盘进行格式化。

（4）查看磁盘容量。

（5）检查和整理硬盘。

## 实例演示

### 1. 设置或查阅文件属性

（1）打开 D 盘中的“ABC”文件夹。

（2）选中“2”文件夹。

（3）单击工具栏上的“属性”按钮，弹出“2 属性”对话框。

（4）选中“隐藏”复选框，如图 2-27 所示。

（5）单击“确定”按钮。

此时看到“2”文件夹的图标比其他文件夹的图标颜色浅且虚，这是由于该文件夹具有隐藏属性造成的，如图 2-28 所示。

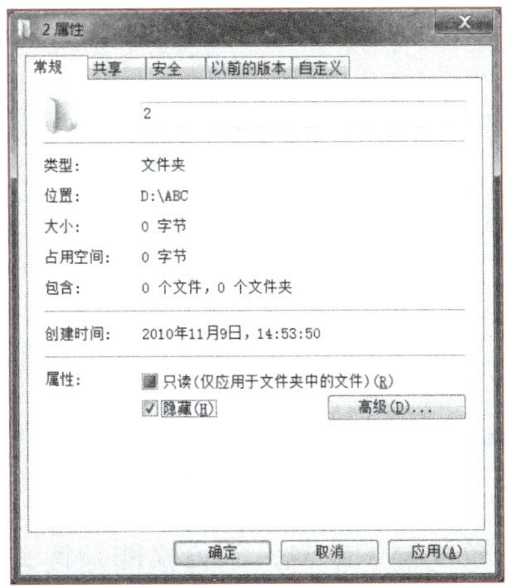


图 2-27 “2 属性”对话框

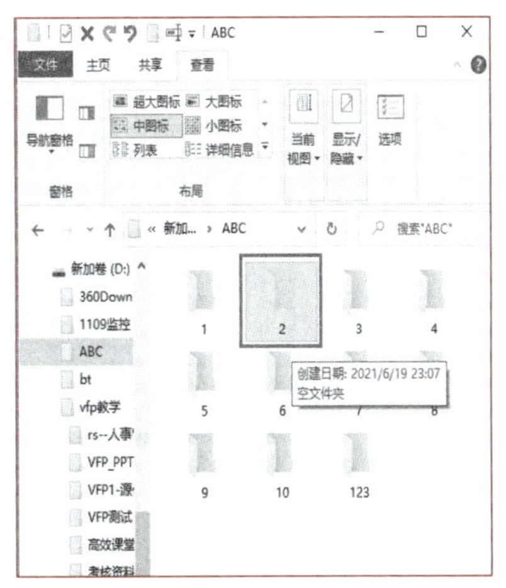


图 2-28 具有隐藏属性的文件夹颜色稍浅

## 2. 搜索文件或文件夹

（1）首先打开 D 盘下的“教务处工作”文件夹，如图 2-29 所示。

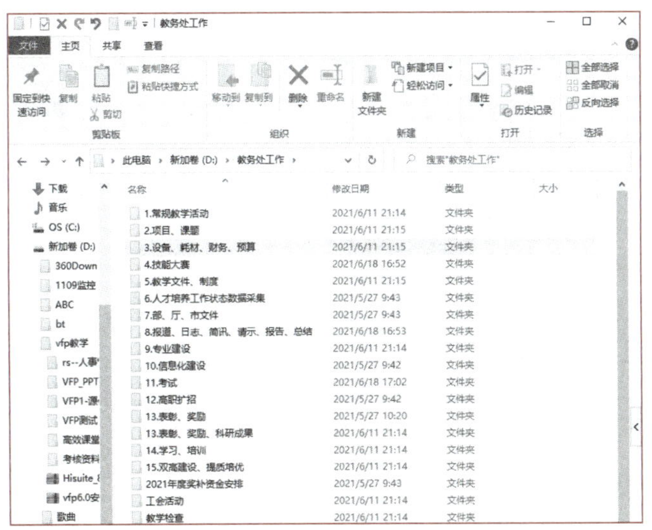


图 2-29 “教务处工作”文件夹窗口

（2）在搜索框中输入“人才培养”四个字，Windows 10 的搜索功能是输入即开始搜索，如图 2-30 所示。

学习笔记

操作视频

搜索文件或文件夹

学习笔记

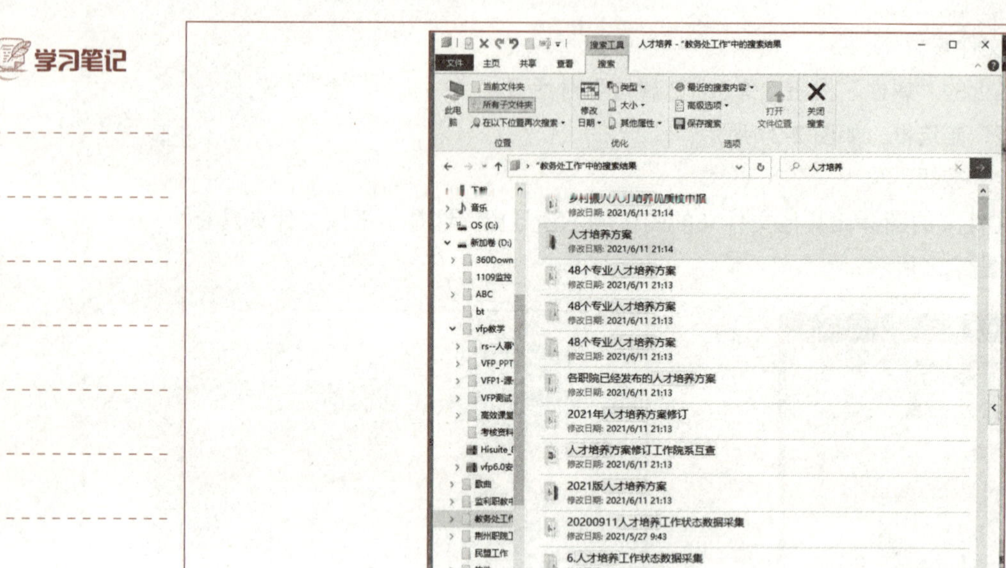

图 2-30　输入了搜索关键字“人才培养”后的窗口

（3）此时可以看到最下面显示搜索到 180 个对象的提示信息，右窗格即是搜索结果。再单击工具栏“搜索”选项卡，然后单击“修改日期”按钮。

（4）弹出日期范围下拉列表，单击符合查询需求的日期范围。选中“本月”选项，即确定了日期范围，如图 2-31 所示。

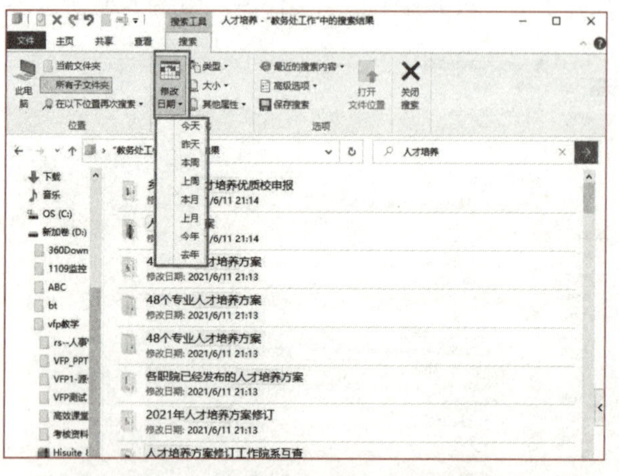

图 2-31　选择搜索的修改日期范围

稍候片刻即可看到下面显示找到的对象，如图 2-32 所示。为了直接打开找到的文件或文件夹，双击该文件或文件夹即可。如果还想知道该文件或文件夹所在的位置，可以右击该文件或文件夹，弹出快捷菜单，如图 2-33 所示，单击“打开文件夹位置”命令，窗口立即切换到该文件所在的文件夹。

学习笔记

图 2-32　搜索结果窗口

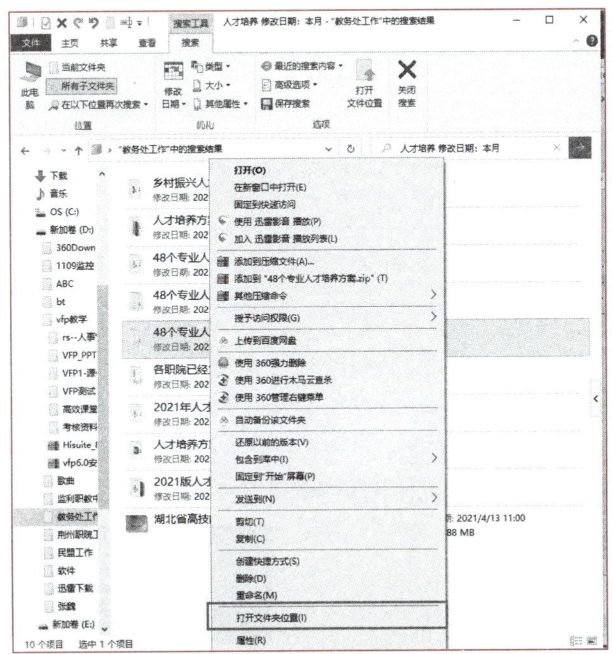

图 2-33　打开该对象所在的文件夹快捷菜单

### 3. 格式化磁盘

（1）打开“此电脑”窗口，然后在主机的 USB 口插入 U 盘，一般情况下稍后即可看到新的移动磁盘（F:）。

（2）右击“可移动磁盘（F:）”，弹出图 2-34 所示的快捷菜单，单击“格式化”命令，弹出如图 2-35 所示的“格式化 可移动磁盘（F:）”对话框。

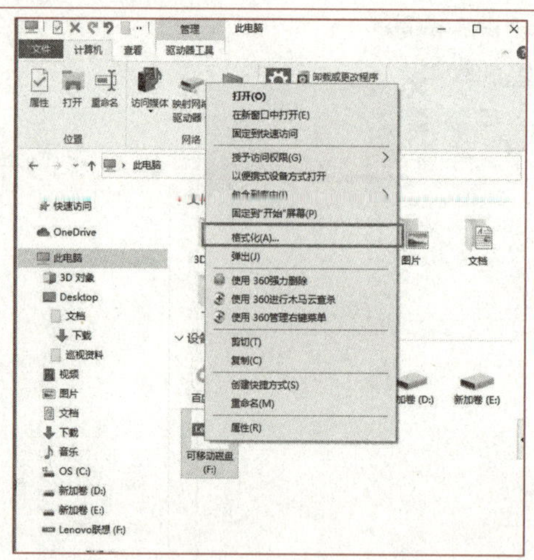

图 2-34　快捷菜单

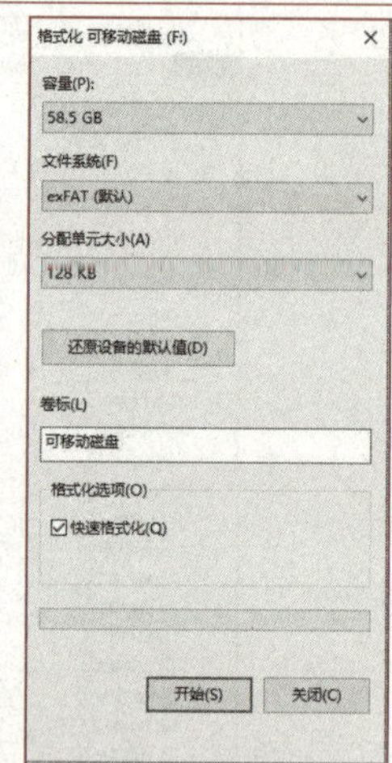


图 2-35　“格式化可移动磁盘（F:）”对话框

（3）为了全面格式化 U 盘，不要选中“快速格式化”复选框，直接单击“开始”按钮。

（4）系统弹出图 2-36 所示的“格式化 可移动磁盘（F:）”警告框，单击“确定”按钮。

系统开始格式化，出现一个进度条，并显示工作进展的进度百分比，待格式化完成后弹出图 2-37 所示的格式化完毕对话框，单击“确定”按钮即可。

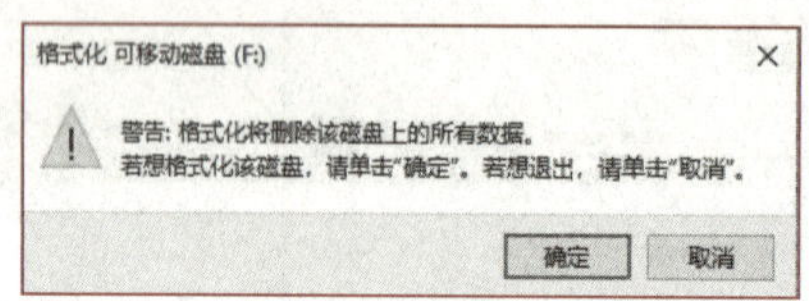


图 2-36　“格式化可移动磁盘”警告框

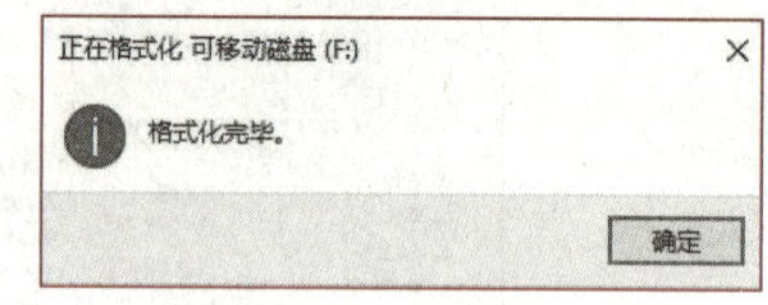


图 2-37　格式化完毕信息框

（5）单击“确定”按钮结束。

**注意：**

格式化或使用完 U 盘后，在拔出 U 盘前，应该在任务栏上右击按钮，执行图 2-38 所示快捷菜单中的“弹出 SG Flash”命令，系统弹出图 2-39 所示的“安全地移除硬件”信息框，停留几秒后自动消失。请注意观察，可移动硬盘的指示灯熄灭后才可安全拔出 U 盘。

图 2-38　弹出优盘快捷菜单

图 2-39　安全移除硬件信息框

## 实训步骤

### 检查和整理磁盘

（1）打开“此电脑”窗口。

（2）右击空白位置，单击快捷菜单中的“查看”→“平铺”命令，即可看到所有磁盘

学习笔记

的总容量、可用的剩余空间，如图 2-40 所示。

（3）为了检查某个磁盘，右击该硬盘，单击快捷菜单中的“属性”命令，弹出“属性”对话框，选择“工具”选项卡，如图 2-41 所示。

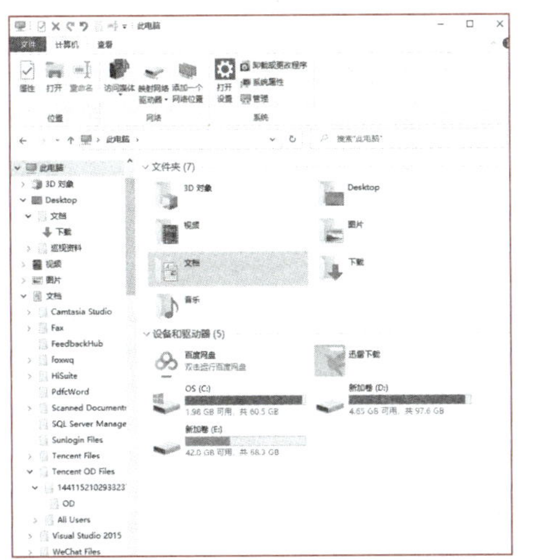

图 2-40　平铺方式查看硬盘数量、容量和可用空间情况

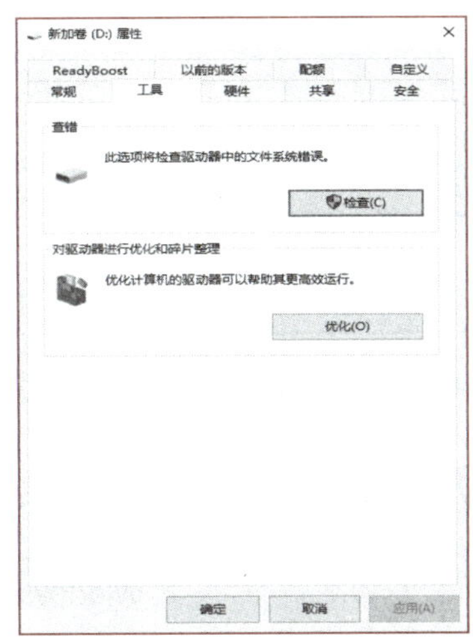


图 2-41　“工具”选项卡

（4）单击“检查”按钮，弹出“错误检查 新加卷（D:）”对话框。为了修复磁盘上的错误，选中 “扫描驱动器”按钮，如图 2-42 所示。

（5）单击“扫描驱动器”按钮，随着检查的进行，进度条不断显示检查的进度。

（6）检查磁盘通常要用较长时间，如果着急其他工作，可以在检查中随时单击“取消”按钮结束检查，以后再继续进行；耐心等待结束后会弹出图 2-43 所示的成功扫描完毕对话框。

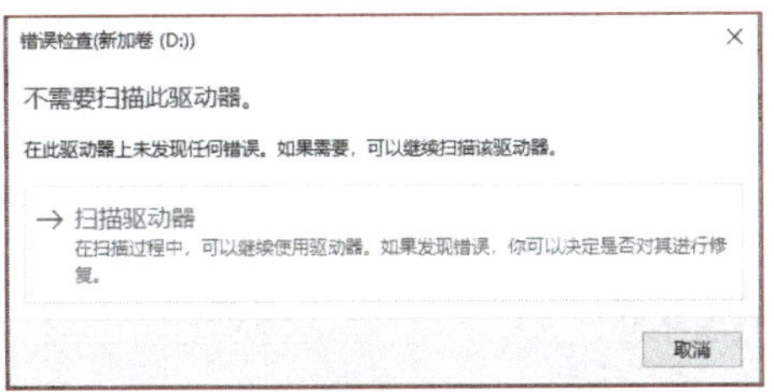


图 2-42　“错误检查 新加卷（D:）”对话框

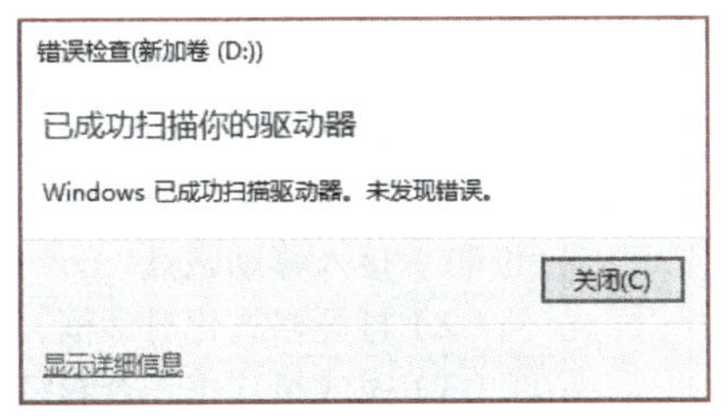


图 2-43　成功扫描完毕对话框

（7）如果想查看磁盘检查的详细情况，单击“显示详细信息”按钮，否则单击“关闭”按钮返回图 2-41 的对话框。

（8）单击图 2-41 所示对话框的“优化”按钮，弹出图 2-44 所示的“优化驱动器”对话框。

（9）选中要整理的硬盘“（D:）”，再单击“优化”按钮，弹出对话框如图 2-45 所示。

（10）磁盘整理通常也会花更多的时间，此时也可以随时单击“停止”按钮结束整理；如果耐心等待结束后会自动返回图 2-45 所示的对话框，然后可以继续对其他磁盘整理碎片。

（11）完成后单击“关闭”按钮。

学习笔记

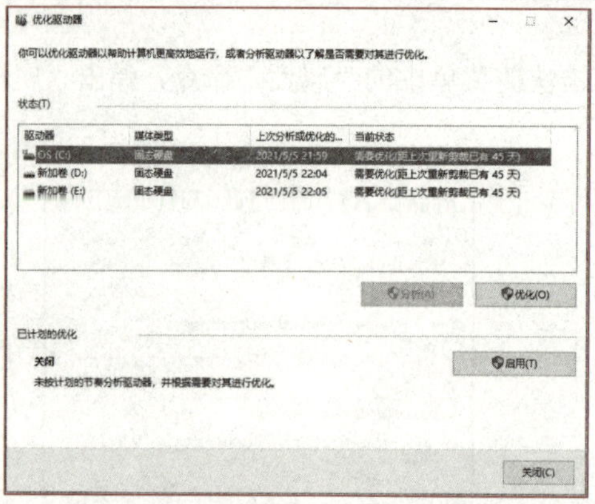

图 2-44 “优化驱动器”对话框 1

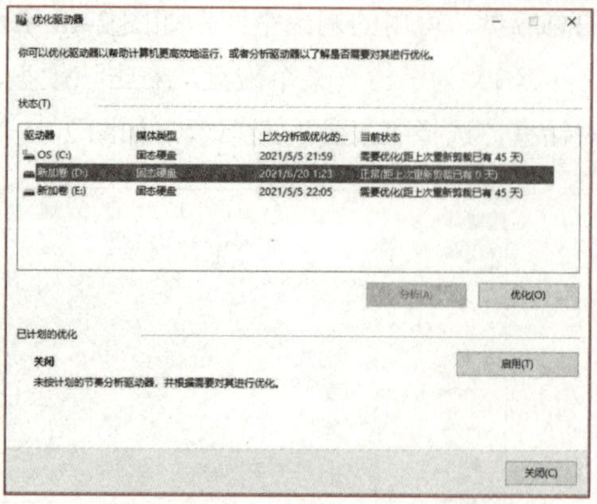

图 2-45 “优化驱动器”对话框 2

## 实训任务考评

完成情况

存在问题

### Windows 10 的磁盘管理考评记录

| 学生姓名 | | 班级 | | 任务评分 | |
|---|---|---|---|---|---|
| 实训地点 | | 学号 | | 完成日期 | |

| | 序号 | 考 核 内 容 | 标准分 | 评分 |
|---|---|---|---|---|
| 实训实现步骤 | 01 | 基础操作：管理磁盘 | 5 | |
| | 02 | 查看、设置文件夹： | 25 | |
| | | （1）打开指定文件夹的属性界面 | 15 | |
| | | （2）查看文件夹的大小、创建时间等 | 5 | |
| | | （3）设置文件夹属性为隐藏 | 5 | |
| | 03 | 搜索文件或文件夹： | 30 | |
| | | （1）搜索文件夹中的指定文件 | 15 | |
| | | （2）搜索一定时间范围内的指定文件 | 5 | |
| | | （3）打开搜索到的文件所在位置 | 10 | |
| | 04 | 格式化移动磁盘： | 20 | |
| | | （1）接入移动磁盘 | 8 | |
| | | （2）打开格式化对话框，设置格式化参数 | 10 | |
| | | （3）完成格式化，查看结果 | 2 | |
| | 05 | 职业素养： | 20 | |
| | | 自主学习：能结合目标任务自学知识点 | 5 | |
| | | 创新精神：套用所学操作完成不同工作任务 | 5 | |
| | | 实操记录：清晰、完整、准确、规范、工整等 | 5 | |
| | | 学习反思：复述巩固知识点、反思实操内容等 | 5 | |
| 自我评语 | | | | |
| 教师评语 | | | | |

学习笔记

# 2.4 【实训 4】任务栏和资源管理器

## 实训目标

知识目标：

了解任务栏、资源管理器。

能力目标：

（1）了解隐藏或显示任务栏，调整任务栏的位置。

（2）掌握调整资源管理器的操作和显示模式。

素质目标：

（1）通过计算机的基本操作训练，培养学生规范化、标准化的使用习惯，养成耐心、严谨的工作态度。

（2）通过引导，学生能套用所学操作，培养学生的复用性、模块化思维能力。

## 实训要求

（1）隐藏任务栏，删除“开始”菜单中的“游戏”组，清除在计算机上玩空当接龙游戏的痕迹。

（2）保持显示所有文件的扩展名，显示所有隐藏的文件或文件夹，使用列表方式查看文件夹中的文件，将文件夹设置为在同一窗口打开。

## 技术分析

（1）隐藏或显示任务栏、调整任务栏的位置。

（2）调整资源管理器的操作和显示模式。

## 实例演示

### 1. 任务栏设置

（1）右击任务栏，单击快捷菜单中的“任务栏设置”命令，如图 2-46 所示。

（2）打开“任务栏”设置窗口，在窗口右侧 “在桌面模式下自动隐藏任务栏”选项中开启该功能，如图 2-47 所示，看到任务栏被隐藏。

以后打开计算机进入桌面时，看到任务栏消失，将鼠标指针指向桌面底部（任务栏）时，任务栏重新弹出；鼠标指针离开任务栏后，任务栏总是自动隐藏。

（3）单击“任务栏在屏幕上的位置”的下拉框，可以设置任务栏在桌面的四个位置“靠左”“顶部”“靠右”“底部”。

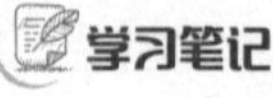

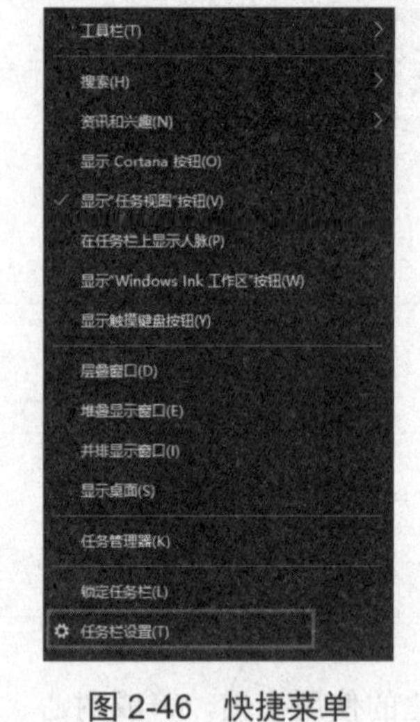


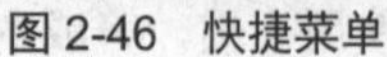


图 2-46　快捷菜单

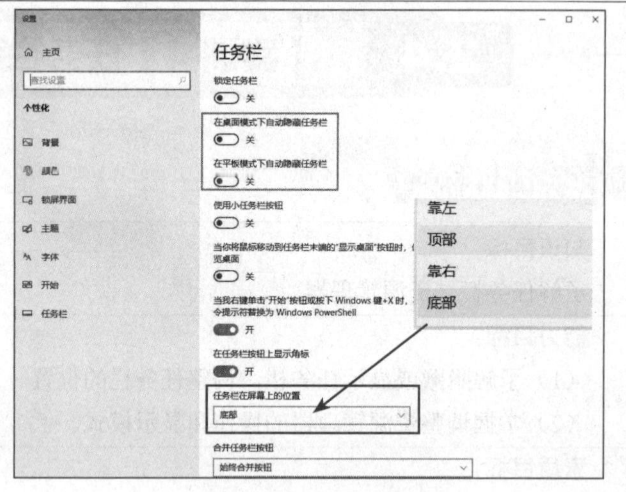


图 2-47　“任务栏”对话框

## 实训步骤

### 设置文件夹选项

（1）打开“此电脑”窗口，单击“查看”→“布局”→“列表”命令，使窗口中的图标预先处于“列表”显示方式。

（2）按图 2-48 所示单击“查看”→“选项”命令，弹出“文件夹选项”对话框。

（3）选择“常规”选项卡，在“浏览文件夹”选项区域中选中“在同一窗口中打开每个文件夹”单选按钮，在“按如下方式单击项目”下选中“通过双击打开项目（单击时选择）”单选按钮，如图 2-48 所示。

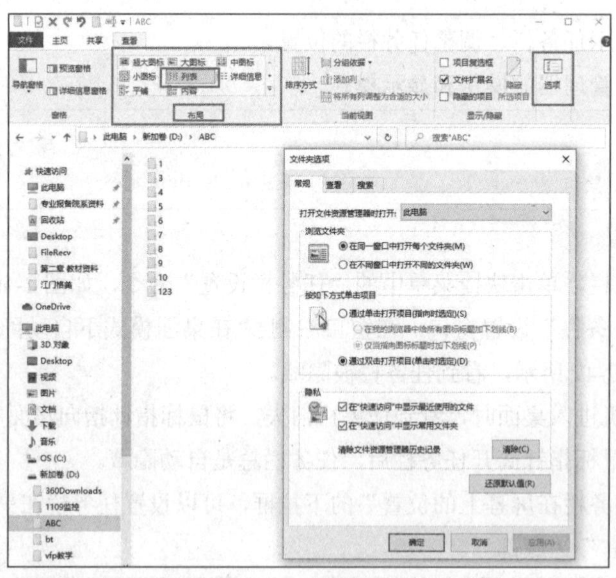

图 2-48　“选项”命令

（4）选择“查看”选项卡，在“高级设置”列表框中拖动垂直滚动条找到并设置如下几个项目：

① 选中“鼠标指向文件夹和桌面项时显示提示信息”复选框。

② 选中“显示驱动器号”复选框。

③ 取消选中“隐藏受保护的操作系统文件（推荐）”复选框。

④ 选中“显示隐藏的文件、文件夹和驱动器”单选按钮。

⑤ 取消选中“隐藏已知文件类型的扩展名”复选框。

⑥ 选中“在文件夹提示中显示文件大小信息”复选框。

最后对话框如图 2-49 所示。

（5）单击最上面“文件夹视图”选项区域中的“重置文件夹”按钮，弹出图 2-50 所示的“文件夹视图”对话框，注意读懂对话框中问题的含义，单击“确定”按钮返回图 2-49 对话框。

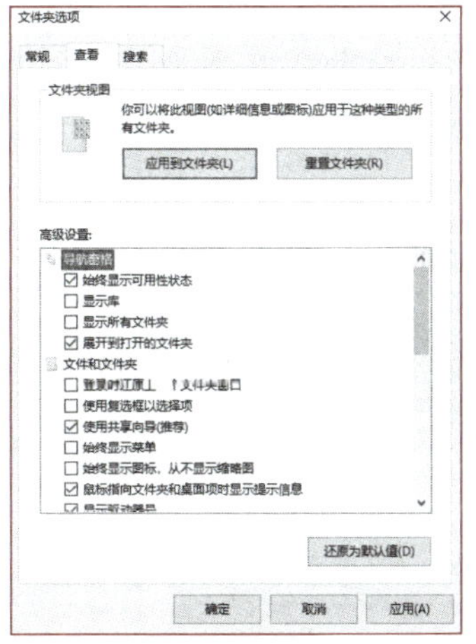


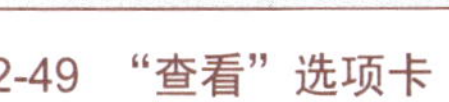


图 2-49 “查看”选项卡

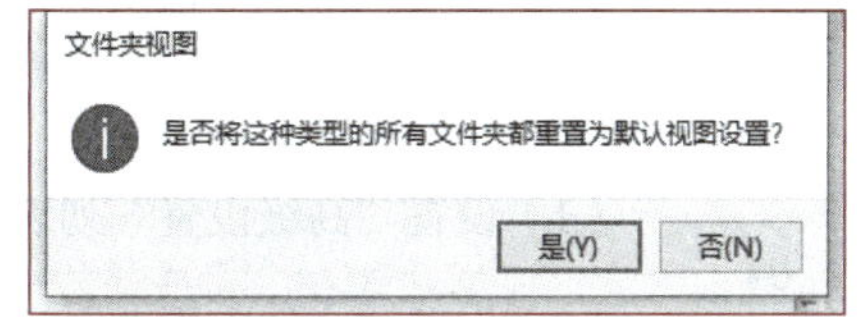


图 2-50 “文件夹视图”对话框

（6）单击“是”按钮关闭对话框。隐藏文件夹“2”显示出来，如图 2-51 所示。

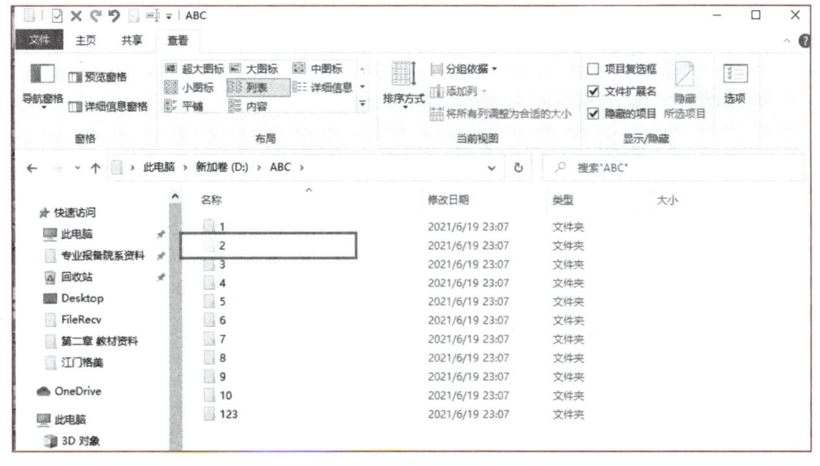


图 2-51 “ABC”文件夹

隐藏文件夹

完成情况

## 实训任务考评

### 任务栏和资源管理器考评记录

<table>
<tr><td colspan="2">学生姓名</td><td></td><td>班级</td><td></td><td>任务评分</td><td></td></tr>
<tr><td colspan="2">实训地点</td><td></td><td>学号</td><td></td><td>完成日期</td><td></td></tr>
<tr><td rowspan="19">实训实现步骤</td><td>序号</td><td colspan="3">考 核 内 容</td><td>标准分</td><td>评分</td></tr>
<tr><td>01</td><td colspan="3">基础操作：设置任务栏和资源管理器</td><td>5</td><td></td></tr>
<tr><td rowspan="4">02</td><td colspan="3">设置任务栏：</td><td>25</td><td></td></tr>
<tr><td colspan="3">（1）打开任务栏设置窗口</td><td>15</td><td></td></tr>
<tr><td colspan="3">（2）隐藏任务栏</td><td>5</td><td></td></tr>
<tr><td colspan="3">（3）设置任务栏在桌面的位置</td><td>5</td><td></td></tr>
<tr><td rowspan="4">03</td><td colspan="3">设置文件夹选项：</td><td>30</td><td></td></tr>
<tr><td colspan="3">（1）设置文件夹（文件）“列表”显示方式</td><td>10</td><td></td></tr>
<tr><td colspan="3">（2）打开“文件夹选项”对话框</td><td>10</td><td></td></tr>
<tr><td colspan="3">（3）设置“常规”选项卡</td><td>10</td><td></td></tr>
<tr><td rowspan="4">04</td><td colspan="3">设置查看选项卡：</td><td>20</td><td></td></tr>
<tr><td colspan="3">（1）设置“高级设置”列表框</td><td>10</td><td></td></tr>
<tr><td colspan="3">（2）设置“文件夹视图”选项区</td><td>8</td><td></td></tr>
<tr><td colspan="3">（3）查看之前被隐藏的文件夹</td><td>2</td><td></td></tr>
<tr><td rowspan="5">05</td><td colspan="3">职业素养：</td><td>20</td><td></td></tr>
<tr><td colspan="3">自主学习：能结合案例目标任务自学知识点</td><td>5</td><td></td></tr>
<tr><td colspan="3">创新精神：套用所学操作完成不同工作表</td><td>5</td><td></td></tr>
<tr><td colspan="3">实操记录：清晰、完整、准确、规范、工整等</td><td>5</td><td></td></tr>
<tr><td colspan="3">学习反思：复述巩固知识点、反思实操内容等</td><td>5</td><td></td></tr>
<tr><td colspan="2">自我评语</td><td colspan="5"></td></tr>
<tr><td colspan="2">教师评语</td><td colspan="5"></td></tr>
</table>

存在问题

# 习　题

## 一、单项选择题

1. Windows 10 是一种（　　）。

A. 工具软件　B. 操作系统　C. 字处理软件　D. 图形软件

2. Windows 10 的整个显示屏幕称为（　　）。

A. 窗口　B. 操作台　C. 工作台　D. 桌面

3. Windows 10 系统安装并启动后，由系统安排在桌面上的图标是（　　）。

A. 资源管理器　B. 回收站　C. Microsoft Word　D. Microsoft Foxpro

4. 图标是 Windows 操作系统中的一个重要概念，表示 Windows 的对象。它可以指（　　）。

A. 文档或文件夹　B. 应用程序

C. 设备或其他的计算机　D. 以上都正确

5. 在 Windows 10 中为了重新排列桌面上的图标，首先应进行的操作是（　　）。

A. 右击桌面空白处　B. 右击"任务栏"空白处

C. 右击已打开窗口的空白处　D. 右击"开始"菜单空白处

6. 删除 Windows 10 桌面上某个应用程序快捷方式的图标，意味着（　　）。

A. 该应用程序连同其图标一起被删除

B. 只删除了该应用程序，对应的图标被隐藏

C. 只删除了图标，对应的应用程序被保留

D. 该应用程序连同其图标一起被隐藏

7. 在 Windows 10 中，用"创建快捷方式"创建的图标（　　）。

A. 可以是任何文件或文件夹　B. 只能是可执行程序或程序组

C. 只能是单个文件　D. 只能是程序文件和文档文件

8. 在 Windows 10 中，任务栏（　　）。

A. 只能改变位置不能改变大小　B. 只能改变大小不能改变位置

C. 既不能改变位置也不能改变大小　D. 既能改变位置也能改变大小

9. 在 Windows 10 中，下列关于任务栏的叙述，错误的是（　　）。

A. 可以将任务栏设置为自动隐藏

B. 任务栏可以移动

C. 通过任务栏上的按钮，可实现窗口之间的切换

D. 在任务栏上，只显示当前活动窗口名

10. 下列叙述中，正确的是（　　）。

A. "开始"菜单只能单击"开始"按钮打开

B. Windows 任务栏的大小是不能改变的

C. "开始"菜单是系统生成的，用户不能再设置它

D. Windows 的任务栏可以放在桌面四个边的任意边上

11. 当鼠标指针移到窗口边框上变为（　　）时，拖动鼠标就可以改变窗口大小。

A. 小手　　B. 双向箭头　　C. 四方向箭头　　D. 十字

12. 在 Windows 10 下，当一个应用程序窗口被最小化后，该应用程序（　　）。

A. 终止运行　　B. 暂停运行

C. 继续在后台运行　　D. 继续在前台运行

13. 在 Windows 10 环境下，实现窗口移动的操作是（　　）。

A. 用鼠标拖动窗口中的标题栏　　B. 用鼠标拖动窗口中的控制按钮

C. 用鼠标拖动窗口中的边框　　D. 用鼠标拖动窗口中的任何部位

14. 右击“此电脑”图标，并在弹出的快捷菜单中选择“属性”命令，可以直接查看（　　）。

A. 系统属性　　B. 控制面板　　C. 硬盘信息　　D. C 盘信息

15. 下列不可能出现在 Windows 10 资源管理器窗口导航窗格的选项是（　　）。

A. 此电脑　　B. Desktop　　C. （C:）　　D. 资源管理器

16. 在 Windows 10 资源管理器窗口的“文件夹列表”中，若已选定了所有文件，如果要取消其中几个文件的选定，应进行的操作是（　　）。

A. 依次单击各个要取消选定的文件

B. 按住【Ctrl】键，再依次单击各个要取消选定的文件

C. 按住【Shift】键，再依次单击各个要取消选定的文件

D. 依次右击各个要取消选定的文件

17. 在 Windows 10 资源管理器的导航窗格中显示的是（　　）。

A. 当前打开的文件夹的内容　　B. 系统的文件夹树

C. 当前打开的文件夹名称及其内容　　D. 当前打开的文件夹名称

18. 在 Windows 10 资源管理器窗口中，对选定的多个对象不能进行的操作是（　　）。

A. 复制　　B. 剪切

C. 删除　　D. 同时对这些对象重命名

19. 在 Windows 10 的资源管理器窗口中，若希望显示文件的名称、类型、大小等信息，则应该选择“查看”菜单中的（　　）命令。

A. 列表　　B. 详细信息　　C. 大图标　　D. 小图标

20（　　），将立即删除选定的文件或文件夹，而不会将它们放入回收站。

A. 按住【Shift】键，再按【Del】键

B. 按【Del】键

C. 单击“文件”→“删除”命令

D. 打开快捷菜单，单击“删除”命令

21. 在中文 Windows 10 默认环境中，为了实现各种输入方式的切换，应按的键是（　　）。

A. 【Shift+ 空格】　　B. 【Ctrl+Shift】

C. 【Ctrl+ 空格】　　D. 【Alt+F6】

22. 在 Windows 10 默认环境中，中英文输入切换键是（　　）。

A. 【Ctrl+Alt】　　B. 【Ctrl+ 空格】

C. 【Shift+ 空格】　　D. 【Ctrl+Shift】

23. 选定多个文件时，当多个文件不处在一个连续的区域内时，就应先按住（　　）键，再逐个单击。

A. 【Ctrl】　B. 【Alt】　C. 【Shift】　D. 【Del】

24. 选定多个文件时，如这多个文件连续成一个区域的，则先选定第一个文件，然后按住（　　）键，再在最后一个文件上单击。

A. 【Ctrl】　B. 【Alt】　C. 【Shift】　D. 【Del】

25. 在 Windows 10 中，下列正确的文件名是（　　）。

A. MY PRKGRAM GROUP.TXT　　B. FILE1 | FILE2

C. B <> D.C　　D. F？ T.DOC

26. 在 Windows 10 中要更改当前计算机的日期和时间，可以（　　）。

A. 单击任务栏上通知区域的时间　　B. 使用“控制面板”的“区域和语言”

C. 使用“附件”　　D. 使用“控制面板”的“系统”

27. 在 Windows 10 中，为保护文件不被修改，可将它的属性设置为（　　）。

A. 只读　B. 存档　C. 隐藏　D. 系统

28. 在 Windows 10 的资源管理器窗口的文件夹列表，若已单击了第一个文件，又按住【Ctrl】键并单击了第 5 个文件，则（　　）。

A. 有 0 个文件被选中　　B. 有 5 个文件被选中

C. 有 1 个文件被选中　　D. 有 2 个文件被选中

29. 在 Windows 10 默认环境下，下列操作中与剪贴板无关的是（　　）。

A. 剪切　B. 复制　C. 粘贴　D. 删除

30. 在 Windows 10 默认环境中，下列（　　）组合键能将选定的文档放入剪贴板中。

A. 【Ctrl+V】　B. 【Ctrl+Z】　C. 【Ctrl+X】　D. 【Ctrl+A】

31. 在 Windows 10 中，若要将当前窗口存入剪贴板中，可以按（　　）组合键。

A. 【Alt+Print Screen】　　B. 【Ctrl+Print Screen】

C. 【Print Screen】　　D. 【Shift+Print Screen】

32. 快捷方式和文件本身的关系是（　　）。

A. 没有明显的关系

B. 快捷方式是文件的备份

C. 快捷方式其实就是文件本身

D. 快捷方式与文件原位置建立了一个链接关系

33. 要关闭正在运行的程序窗口，可以按（　　）组合键。

A. 【Alt+Ctrl】　B. 【Alt+F3】　C. 【Ctrl+F4】　D. 【Alt+ F4】

34. 在几个任务间切换可用（　　）组合键。

A. 【Alt+Tab】　B. 【Shift+Tab】　C. 【Ctrl+Tab】　D. 【Alt+Esc】

35. 在 Windows 10 系统的任何操作过程中都可以使用（　　）键获得帮助。

A. 【F1】　B. 【Ctrl +F1】　C. 【Esc】　D. 【F11】

## 二、判断题

1. 磁盘碎片整理过程不会占用大量的资源，可以经常进行磁盘碎片整理。（ ）
2. 在“磁盘属性”对话框“常规”选项卡中能找到“磁盘清理”选项。（ ）
3. 按【Ctrl+W】的组合键可以关闭当前窗口。（ ）
4. 选中一个文件夹，单击即可打开。（ ）
5. 文件的路径名表示某个文件存放的位置。（ ）
6. 星号（*）只能代替文件名中的一个字符。（ ）
7. 使用【Delete】键删除的文件放进“回收站”中，里面的文件是不能还原的。（ ）
8. 还原一个文件，可以直接将其从“回收站”中用鼠标拖出。（ ）
9. 使用粘贴操作复制文件（夹）的快捷键是【Ctrl+V】。（ ）
10. 按住【Ctrl】键，同时单击要取消的文件，可以取消选中的文件。（ ）
11. ???.com 表示文件名为三个字符，扩展名为 .com 的文件。（ ）
12. Windows 操作系统中，可以对双键鼠标左右键的功能进行设定。（ ）
13. 在 Windows 操作系统中，若要选择多个不连续的操作对象，可通过按住【Shift】键的同时，单击操作对象来实现。（ ）
14. 桌面上每个快捷方式图标，均须对应一个应用程序才可运行。（ ）
15. 在 Windows 中，回收站与剪贴板一样，是内存中的一块区域。（ ）

# 答题卡

| 学生姓名 | | 班级 | | 学号 | |
|---|---|---|---|---|---|
| 选择题 | | 判断题 | | 总分 | |

第一题　单项选择题（每小题 2 分，共 70 分）

1. 【A】【B】【C】【D】
2. 【A】【B】【C】【D】
3. 【A】【B】【C】【D】
4. 【A】【B】【C】【D】
5. 【A】【B】【C】【D】
6. 【A】【B】【C】【D】
7. 【A】【B】【C】【D】
8. 【A】【B】【C】【D】
9. 【A】【B】【C】【D】
10. 【A】【B】【C】【D】
11. 【A】【B】【C】【D】
12. 【A】【B】【C】【D】
13. 【A】【B】【C】【D】
14. 【A】【B】【C】【D】
15. 【A】【B】【C】【D】
16. 【A】【B】【C】【D】
17. 【A】【B】【C】【D】
18. 【A】【B】【C】【D】
19. 【A】【B】【C】【D】
20. 【A】【B】【C】【D】
21. 【A】【B】【C】【D】
22. 【A】【B】【C】【D】
23. 【A】【B】【C】【D】
24. 【A】【B】【C】【D】
25. 【A】【B】【C】【D】
26. 【A】【B】【C】【D】
27. 【A】【B】【C】【D】
28. 【A】【B】【C】【D】
29. 【A】【B】【C】【D】
30. 【A】【B】【C】【D】
31. 【A】【B】【C】【D】
32. 【A】【B】【C】【D】
33. 【A】【B】【C】【D】
34. 【A】【B】【C】【D】
35. 【A】【B】【C】【D】

第二题　判断题（每小题 2 分，共 30 分）

1. 【T】【F】
2. 【T】【F】
3. 【T】【F】
4. 【T】【F】
5. 【T】【F】
6. 【T】【F】
7. 【T】【F】
8. 【T】【F】
9. 【T】【F】
10. 【T】【F】
11. 【T】【F】
12. 【T】【F】
13. 【T】【F】
14. 【T】【F】
15. 【T】【F】

# 第3章 WPS文字2019

WPS 文字是 WPS Office 软件中主要的组件之一，集文字、表格、图形、传真、电子邮件、HTML 和 Web 制作功能于一身，让用户可以方便地处理文字、图形和数据，编辑、排版文档，满足各种文档排版、打印需求，并实现了“所见即所得”的排版功能。掌握 WPS 文字的常用操作是实现无纸化办公的重要手段，从公文的起草、打印到个人工作总结、工作流程图，到电子板报以及其他各种文稿，都可以通过 WPS 文字输入和编辑。

本章从最基本的制作会议通知开始，循序渐进地介绍 WPS 文字在实际工作中经常用到的排版、表格处理和绘图等操作技巧。

## 3.1 【实训 1】学习报告

学习笔记

### 实训目标

知识目标：

（1）熟练使用 WPS 文字创建文档并保存。

（2）熟练使用文字的字体设置。

（3）熟练掌握各种标题的设置方法。

（4）熟练掌握项目符号和编号。

能力目标：

（1）能使用 WPS 文字创建文档并保存，并能在文档中输入各类文字。

（2）能对文字内容结构按需求进行格式化。

（3）能对文档设置项目符号和编号。

素质目标：

（1）通过操作流程，培养学生规范化、标准化的使用习惯，养成耐心、严谨的工作态度。

（2）通过引导，学生能制作学习报告，培养学生的复用性、模块化思维能力。

二十大报告
知识点链接3

学习笔记

## 实训要求

（1）创建学习报告文件。
（2）输入学习报告的内容。
（3）对学习报告进行排版。

## 技术分析

在本次实训中，需要运用的技能点有：
（1）文档的创建：创建文档后不可随意修改文档的扩展名。
（2）使用输入法快速、准确地输入文档内容。
（3）基本的文档编辑方法：设置字体、标题、符号等。

## 实例演示

创建 WPS 文字文档，按照要求输入文档内容。调整标题与正文格式，设置字体样式，完成如图 3-1 所示内容。

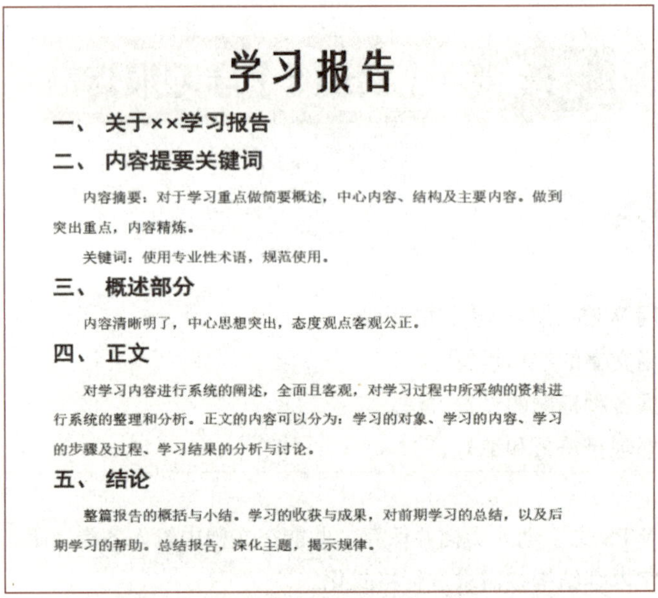

学习报告

一、 关于××学习报告

二、 内容提要关键词

内容摘要：对于学习重点做简要概述，中心内容、结构及主要内容。做到突出重点，内容精炼。

关键词：使用专业性术语，规范使用。

三、 概述部分

内容清晰明了，中心思想突出，态度观点客观公正。

四、 正文

对学习内容进行系统的阐述，全面且客观，对学习过程中所采纳的资料进行系统的整理和分析。正文的内容可以分为：学习的对象、学习的内容、学习的步骤及过程、学习结果的分析与讨论。

五、 结论

整篇报告的概括与小结。学习的收获与成果，对前期学习的总结，以及后期学习的帮助。总结报告，深化主题，揭示规律。

图 3-1 学习报告实例效果

操作记录

## 实训步骤

### 1. 创建学习报告文件

（1）单击“开始”按钮，选择“WPS 文字”命令，即可启动 WPS 文字。
（2）输入文件标题“学习报告”。

选中文本后通过“字体”对话框设置字体。单击“文件”→“格式”→“字体”命令，弹出“字体”对话框，设置其字体格式：方正姚体，小初，加粗，自动，如图 3-2 所示。

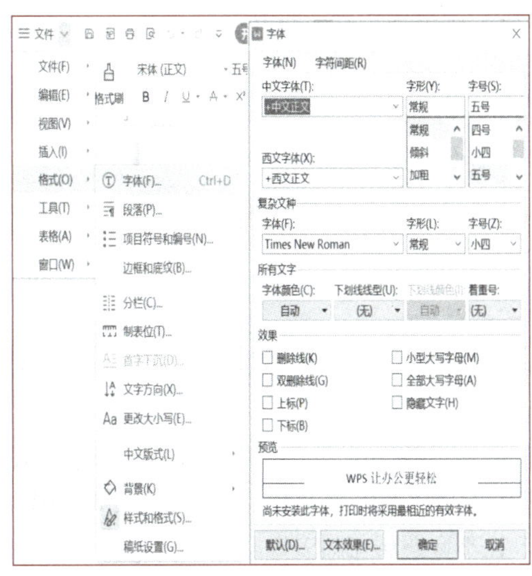


图 3-2　“字体”对话框

（3）按【Ctrl+S】组合键或单击快捷访问工具栏中的“保存”按钮 或单击“文件”菜单→“保存”命令保存新建文档，因该文档第一次保存，弹出“另存文件”对话框，设置文件类型为“WPS 文字模板文件”，确定模板的保存位置，文件名为“学习报告”，单击“保存”按钮，即可将编辑好的文件保存为模板文件，以供今后反复调用。“另存文件”对话框的设置如图 3-3 所示。

图 3-3　“另存为”对话框

操作记录

操作视频

创建WPS文字模板

操作记录

## 2. 输入学习报告内容

（1）启动 WPS 2019，单击“文件”→“打开” 命令，或在快速访问工具栏中单击“打开”按钮，找到“学习报告”存放的位置，打开文档。

（2）输入学习报告的内容。

（3）保存文档。按【Ctrl+S】组合键保存文档，或在快速访问工具栏中单击“保存”按钮，或单击“文件”→“保存”命令保存文档。

（4）关闭文档。按【Ctrl+S】组合键保存文档，选择“文件”→“关闭”命令，或单击该文档标题栏右端的“关闭”按钮。

## 3. 对学习报告排版

（1）打开已建立的文字文档“学习报告 .WPS”。

（2）设置标题格式：

① 拖动鼠标选中“关于 ×× 学习报告”“内容提要关键字”等五个小标题。

② 在“开始”选项卡中选择“黑体”“小二号”，在字形列中选“加粗”按钮。

③ 之后选中 ≡ 按钮，让小标题居左对齐。

操作视频

“学习报告”的制作

（3）设置正文格式。

① 拖动鼠标选定第二行起的除小标题外的所有内容，设置其字体为“宋体”，字号为“小四号”。

② 单击“开始”选项卡，单击“段落”快捷方式，弹出“段落”对话框，设置正文的行间距为固定值 25 磅，字体及段落格式设置效果如图 3-4 和图 3-5 所示。

（4）设置编号。

为了突出重点，使文件整体框架更加清晰，所有内容一目了然，可以对五个小标题进行编号设置。按住【Ctrl】键选定以上五项不连续的内容后右击，弹出快捷菜单，选中“编号”命令，弹出编号列表框，如图 3-6 所示。

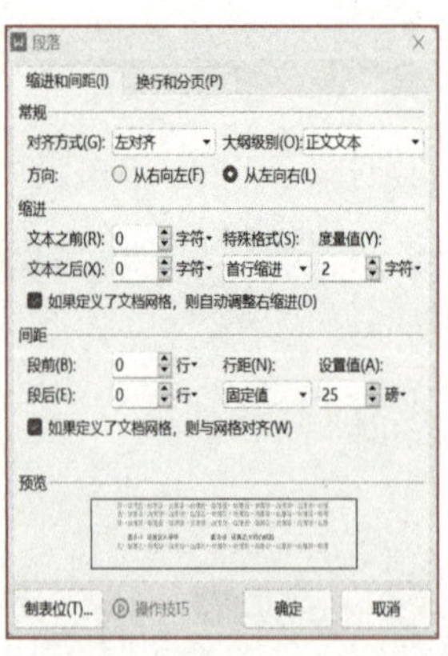

图 3-4　设置正文字体

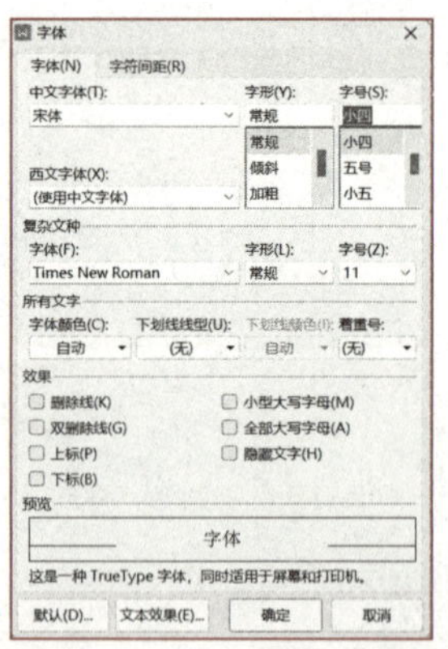

图 3-5　设置正文的行间距

图 3-6　标号设置

（5）保存文件，退出 WPS 文字。

## 实训任务考评

完成情况

### 学习报告考评记录

<table>
<tr><td>学生姓名</td><td></td><td>班级</td><td></td><td>任务评分</td><td></td></tr>
<tr><td>实训地点</td><td></td><td>学号</td><td></td><td>完成日期</td><td></td></tr>
<tr><td rowspan="18">实训实现步骤</td><td>序号</td><td colspan="2">考核内容</td><td>标准分</td><td>评分</td></tr>
<tr><td rowspan="4">01</td><td colspan="2">创建学习报告：</td><td>20</td><td></td></tr>
<tr><td colspan="2">（1）启动 WPS 文字</td><td>5</td><td></td></tr>
<tr><td colspan="2">（2）输入文档题目并设置格式</td><td>10</td><td></td></tr>
<tr><td colspan="2">（3）保存为模板</td><td>5</td><td></td></tr>
<tr><td rowspan="5">02</td><td colspan="2">输入学习报告内容：</td><td>25</td><td></td></tr>
<tr><td colspan="2">（1）找到文件位置并打开</td><td>5</td><td></td></tr>
<tr><td colspan="2">（2）输入学习报告内容</td><td>10</td><td></td></tr>
<tr><td colspan="2">（3）保存文档</td><td>5</td><td></td></tr>
<tr><td colspan="2">（4）关闭文档</td><td>5</td><td></td></tr>
<tr><td rowspan="5">03</td><td colspan="2">内容排版：</td><td>35</td><td></td></tr>
<tr><td colspan="2">（1）打开文件</td><td>5</td><td></td></tr>
<tr><td colspan="2">（2）选中多个标题，根据要求设置格式</td><td>10</td><td></td></tr>
<tr><td colspan="2">（3）正文格式设置</td><td>10</td><td></td></tr>
<tr><td colspan="2">（4）编号的使用</td><td>10</td><td></td></tr>
<tr><td rowspan="5">04</td><td colspan="2">职业素养：</td><td>20</td><td></td></tr>
<tr><td colspan="2">自主学习：能结合案例目标任务自学知识点</td><td>5</td><td></td></tr>
<tr><td colspan="2">创新精神：套用所学操作完成学习报告</td><td>5</td><td></td></tr>
<tr><td></td><td></td><td colspan="2">实操记录：清晰、完整、准确、规范、工整等</td><td>5</td><td></td></tr>
<tr><td></td><td></td><td colspan="2">学习反思：复述巩固知识点、反思实操内容等</td><td>5</td><td></td></tr>
<tr><td>自我评语</td><td colspan="5"></td></tr>
<tr><td>教师评语</td><td colspan="5"></td></tr>
</table>

存在问题

学习笔记

## 3.2 【实训 2】个人简历的制作

### 实训目标

**知识目标：**

（1）熟练掌握表格的创建方法。

（2）熟练掌握数据填充技术。

（3）熟练掌握表格的框线、底纹的设置。

**能力目标：**

（1）能创建基本 WPS 文字中的表格。

（2）会插入规则表格。

（3）能绘制不规则表格。

**素质目标：**

通过示范案例中不同表格的设置方法，培养学生规范化、标准化的使用习惯，养成耐心、严谨的工作态度。

### 实训要求

（1）绘制个人资料表。

（2）设置个人简历格式。

（3）填充个人简历内容。

### 技术分析

在本次实训中，需要运用的技能点有：

（1）在 WPS 文字中创建表格。

（2）能根据需要调整并绘制表格。

（3）设置表格样式，包含底纹、边框等。

### 实例演示

个人简历制作效果如图 3-7 所示。

| 个 人 简 历 | | | | |
|---|---|---|---|---|
| 姓　　名 | | 出生年月 | | 照　　片 |
| 籍　　贯 | | 政治面貌 | | |
| 民　　族 | | 健康状况 | | |
| 学　　历 | | 特长技能 | | |
| 专　　业 | | 毕业时间 | | |
| 毕业院校 | | | | |
| 联系方式 | | | | |
| ◇教育经历 | | | | |
| 学 习 时 间 | 毕 业 院 校 | | 所学专业 | |
| | | | | |
| | | | | |
| | | | | |
| | | | | |
| ◇工作经历 | | | | |
| 工 作 时 间 | 就 职 单 位 | | 就职岗位 | |
| | | | | |
| | | | | |
| | | | | |
| | | | | |
| ◇求职意向 | | | | |
| 期 望 单 位 | 期 望 职 位 | | 到岗时间 | |
| | | | | |
| ◇个人评价 | | | | |
| | | | | |

图 3-7　个人简历示例效果图

## 实训步骤

### 1. 创建 WPS 文字中的表格

（1）确定个人简历（不规则表格）的行数和列数。如何确定不规则表格的行列数是制作不规则表格的关键。行数确定原则：不管行高大小，只要是一行就确定行数为 1；列数确定原则：以表格整体列数的多少确定列数。单击“插入”→“表格”→“插入表格”命令，出现如图 3-8 所示对话框，列数填写 4，行数填写 24。

（2）在“开始”选项卡中，选择边框快捷方式，如图 3-9 所示，选中“所有框线”命令。设置边框样式，单击图 3-9 中“边框和底纹”命令，弹出“边框和底纹”对话框，如图 3-10 所示，在线型中设置边框样式。

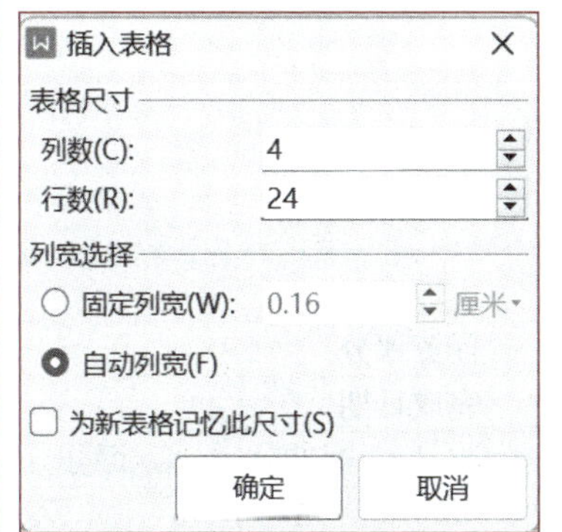


图 3-8　“插入表格”选项卡

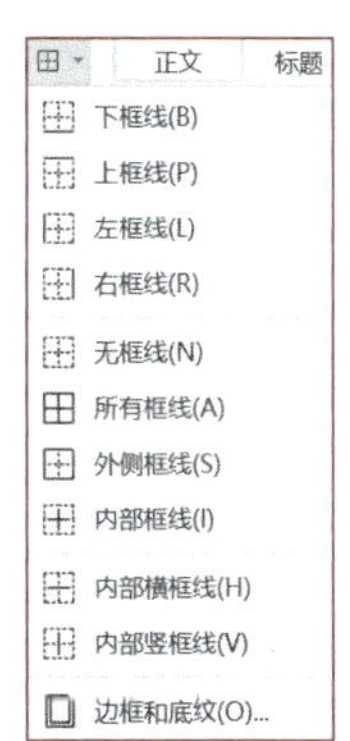


图 3-9　“所有边框”选项卡

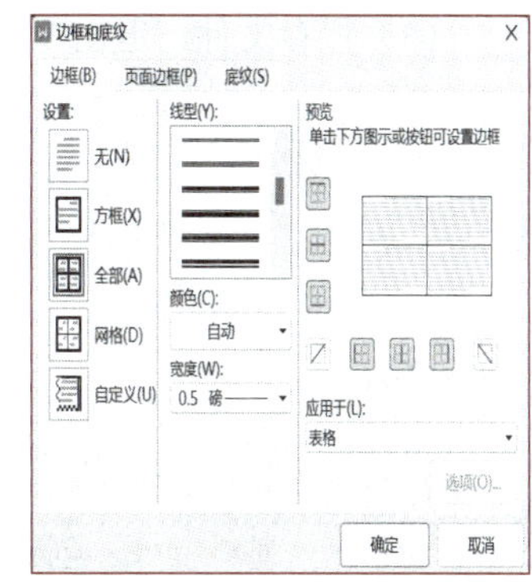


图 3-10　“边框”样式设置

（3）选中第一行四个单元格，右击，出现如图 3-11 所示对话框，选择“合并单元格”命令。输入文字“个人简历”，并设置标题字体格式：华文中宋、小一号，字体颜色为蓝色。

（4）设置其余单元格。合并 2 ～ 6 行第四列单元格，设置存放照片。合并第 7 行 2 ～ 4 列单元格，合并第 8 行 2 ～ 4 列单元格，合并第 9 行 1 ～ 4 列单元格。合并 10 ～ 14 行 1 ～ 4 列所有单元格，对合并后的单元格进行拆分，拆分成 5 行 3 列。按照同样的方法，将表格设置成样表样式。

（5）表格所有框线及文字输入完成后保存文件，退出 WPS 文字。

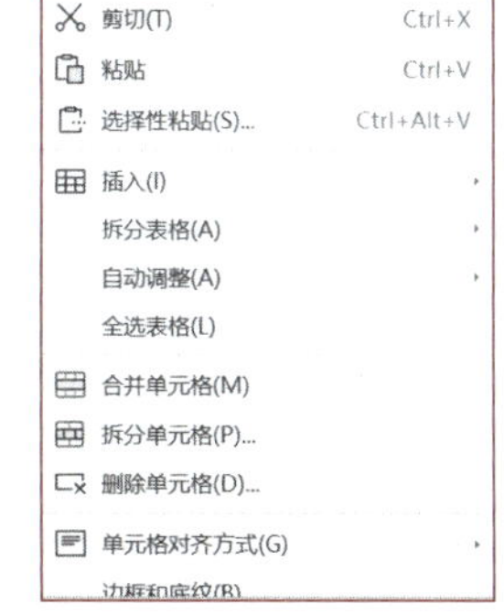


图 3-11　“合并单元格”命令

### 2. 设置个人简历格式

（1）选定整个表格：单击表格左上角的⊞按钮以选定表格，或将光标放入表格中任意处，右击，选中“全选表格”命令。

（2）设置整个表格的双框线型：在“开始”选项卡中，单击“边框和底纹”按钮，弹出“边框和底纹”对话框，在“边框”选项卡中设置 1.5 磅双线的外框线（设置过程应遵循“先定线型、颜色、宽度，后给框线命令”，同时在预览框中模拟显示的原则）。

操作记录

（3）选定“个人简历”部分的最后一行：将光标放入此行单击，可将此行调整至任意位置。

（4）设置“个人简历”部分的最后一行的蓝色双线：按之前的操作路径打开“边框和底纹”对话框，在“边框”选项卡中设置1/2磅蓝色双线的下边框线。设置原则同前。或通过“绘图边框”组依次设置线型为双线、粗细0.5磅、蓝色即可。

### 3. 设置底纹

（1）设置“个人简历”单元格的底纹：选中指定单元格，按上述方法打开“边框和底纹”对话框，在“底纹”选项卡中选中淡蓝色底纹。也可以单击“开始”选项卡中“边框和底纹”快捷方式，在弹出的颜色面板中选中淡蓝色即可。

（2）其他几个单元格的底纹设置方法相似，不再赘述。

（3）保存文件，退出WPS文字。

## 实训任务考评

完成情况

存在问题

### 个人简历考评记录

| 学生姓名 | | 班级 | | 任务评分 | |
|---|---|---|---|---|---|
| 实训地点 | | 学号 | | 完成日期 | |
| 实训实现步骤 | 序号 | 考核内容 | | 标准分 | 评分 |
| | 01 | **基础操作**：创建文档并命名 | | 5 | |
| | 02 | **数据输入**： | | 20 | |
| | | （1）插入表格，设置行列 | | 10 | |
| | | （2）调整行列长度 | | 10 | |
| | 03 | **表格设置**： | | 35 | |
| | | （1）单元格的合并，整体样式 | | 10 | |
| | | （2）边框设置 | | 10 | |
| | | （3）边框样式 | | 10 | |
| | | （4）完善表格 | | 5 | |
| | 04 | **编辑内容**： | | 20 | |
| | | （1）简历内容填充 | | 10 | |
| | | （2）底纹设置 | | 10 | |
| | 05 | **职业素养**： | | 20 | |
| | | 自主学习：能结合案例目标任务自学知识点 | | 5 | |
| | | 创新精神：套用所学操作完成不同工作表 | | 5 | |
| | | 实操记录：清晰、完整、准确、规范、工整等 | | 5 | |
| | | 学习反思：复述巩固知识点、反思实操内容等 | | 5 | |
| 自我评语 | | | | | |
| 教师评语 | | | | | |

学习笔记

# 3.3 【实训 3】制作某大学计算机系“和谐家园”简报

## 实训目标

**知识目标：**

（1）掌握页面设置方法。

（2）掌握自选图的插入和绘制方法。

（3）掌握版面布局的设置。

（4）掌握图文混排。

**能力目标：**

（1）能使用 WPS 文字 2019 进行排版。

（2）能够进行基本的轮廓布局。

（3）能对文本框以及自选图进行绘制。

**素质目标：**

通过此模块进一步熟练文字处理软件 WPS 文字 2019 的绘图画布、艺术字、文本框、图片的操作方法，同时掌握对图形、文本框的自由排版、打印技术，最后形成精美、完整的系部简报。

## 实训要求

（1）制作“和谐家园”简报 A、B 版。

（2）制作“和谐家园”简报 C、D 版并打印简报。

## 技术分析

在本次实训中，需要运用的技能点有：

（1）设置页面，设置页边距以及纸张方向。

（2）绘制文本框或选择自选框实现版面布局。

（3）设置版面报头、主体等。

## 实例演示

（1）简报是传递某方面信息的简短的内部小报，是具有汇报性、交流性和指导性的简短、灵活、快捷的简报，又称“动态”“简讯”“要情”“摘报”“工作通信”“情况反映”“情况交流”“内部参考”等。

（2）实训将通过使用 WPS 文字 2019 制作一份精美的简报。实训完成后效果如图 3-12 和图 3-13 所示。

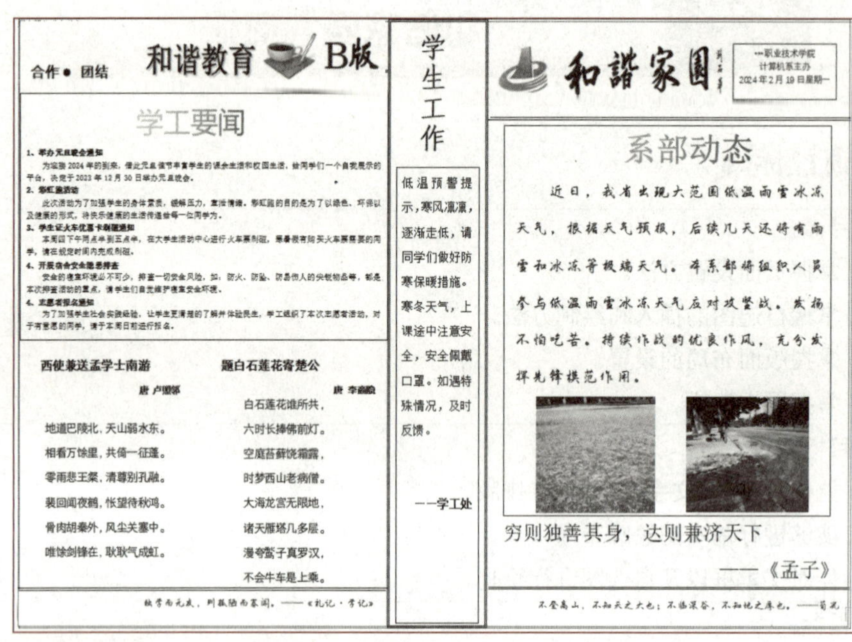

合作 • 团结　和谐教育　B版

学工要闻

1. 举办元旦晚会通知

为迎接 2024 年的到来，借此元旦佳节丰富学生的课余生活和校园生活，给同学们一个自我展示的平台，决定于 2023 年 12 月 30 日举办元旦晚会。

2. 郊红旅活动

3. 学生证火车优惠卡刷磁通知

4. 开展宿舍安全隐患排查

4. 志愿者报名通知

西使兼送孟学士南游
唐 卢照邻
地道巴陵北，天山弱水东。
相看万馀里，共倚一征蓬。
零雨悲王粲，清尊别孔融。
裴回闻夜鹤，怅望待秋鸿。
骨肉胡秦外，风尘关塞中。
唯馀剑锋在，耿耿气成虹。

题白石莲花寄楚公
唐 李商隐
白石莲花谁所共，
六时长捧佛前灯。
空庭苔藓饶霜露，
时梦西山老病僧。
大海龙宫无限地，
诸天雁塔几多层。
漫夸鹙子真罗汉，
不会牛车是上乘。

独学而无友，则孤陋而寡闻。——《礼记·学记》

学生工作

低温预警提示，寒风凛凛，逐渐走低，请同学们做好防寒保暖措施。寒冬天气，上课途中注意安全，安全佩戴口罩。如遇特殊情况，及时反馈。

——学工处

和谐家园

××职业技术学院
计算机系主办
2024 年 2 月 19 日星期一

系部动态

近日，我省出现大范围低温雨雪冰冻天气，根据天气预报，后续几天还将有雨雪和冰冻等极端天气。本系部将组织人员参与低温雨雪冰冻天气应对攻坚战，发扬不怕吃苦、持续作战的优良作风，充分发挥先锋模范作用。

穷则独善其身，达则兼济天下

——《孟子》

不登高山，不知天之高也；不临深谷，不知地之厚也。——荀况

图 3-12 “和谐家园”简报 A、B 版

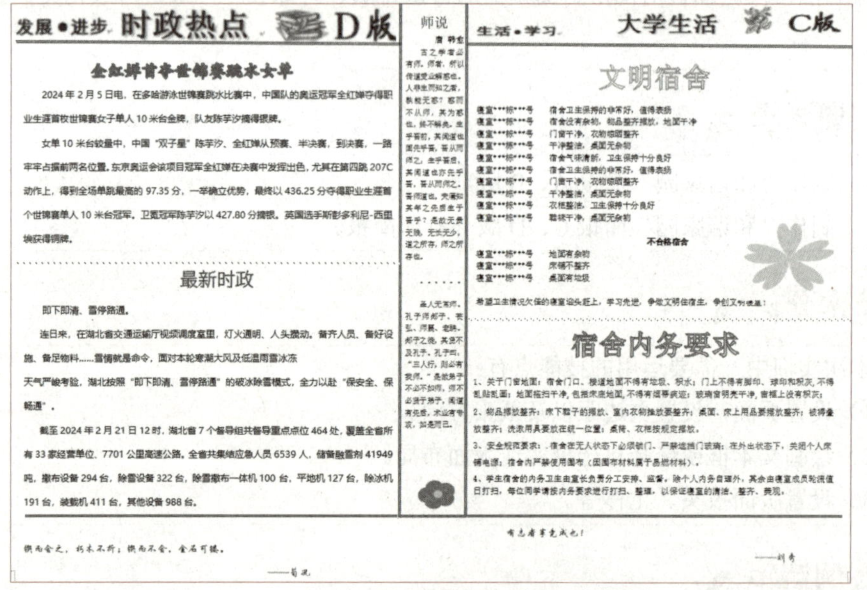

发展 • 进步　时政热点　D版

全红婵首夺世锦赛跳水女单

2024 年 2 月 5 日电，在多哈游泳世锦赛跳水比赛中，中国队的奥运冠军全红婵守得职业生涯首枚世锦赛女子单人 10 米台金牌，队友陈芋汐摘得银牌。

女单 10 米台较量中，中国“双子星”陈芋汐、全红婵从预赛、半决赛，到决赛，一路牢牢占据前两名位置。东京奥运会该项目冠军全红婵在决赛中发挥出色，尤其在第四跳 207C 动作上，得到全场单跳最高的 97.35 分，一举确立优势，最终以 436.25 分夺得职业生涯首个世锦赛单人 10 米台冠军。卫冕冠军陈芋汐以 427.80 分摘银。英国选手斯彭多利尼-西里埃获得铜牌。

最新时政

即下即清、雪停路通。

连日来，在湖北省交通运输厅视频调度室里，灯火通明、人头攒动。备齐人员、备好设施、备足物料……雪情就是命令，面对本轮寒潮大风及低温雨雪冰冻

天气严峻考验，湖北按照“即下即清、雪停路通”的破冰除雪模式，全力以赴“保安全、保畅通”。

截至 2024 年 2 月 21 日 12 时，湖北省 7 个督导组共督导重点点位 464 处，覆盖全省所有 33 家经营单位、7701 公里高速公路。全省共集结应急人员 6539 人，储备融雪剂 41949 吨，撒布设备 294 台，除雪设备 322 台，除雪撒布一体机 100 台，平地机 127 台，除冰机 191 台，装载机 411 台，其他设备 988 台。

锲而舍之，朽木不折；锲而不舍，金石可镂。

——荀况

师说
唐 韩愈

生活 • 学习　大学生活　C版

文明宿舍

寝室***栋***号　宿舍卫生保持的非常好，值得表扬
寝室***栋***号　宿舍没有杂物，物品整齐摆放，地面干净
寝室***栋***号　门窗干净，衣物晾晒整齐
寝室***栋***号　干净整洁，桌面无杂物
寝室***栋***号　宿舍气味清新，卫生保持十分良好
寝室***栋***号　宿舍卫生保持的非常好，值得表扬
寝室***栋***号　门窗干净，衣物晾晒整齐
寝室***栋***号　干净整洁，桌面无杂物
寝室***栋***号　衣柜整洁，卫生保持十分良好
寝室***栋***号　鞋袜干净，桌面无杂物

不合格宿舍

寝室***栋***号　地面有杂物
寝室***栋***号　床铺不整齐
寝室***栋***号　桌面有垃圾

希望卫生情况欠佳的寝室迎头赶上，学习先进，争做文明住宿生，争创文明寝室！

宿舍内务要求

1、关于门窗地面：宿舍门口、楼道地面不得有垃圾、积水；门上不得有脚印、球印和积灰，不得乱贴乱画；地面植扫干净，包括床底地面，不得有烟蒂痰迹；玻璃窗明亮干净，窗框上没有积灰；

2、物品摆放整齐：床下鞋子的摆放、室内衣物挂放要整齐；桌面、床上用品要摆放整齐；被褥叠放整齐；洗漱用具要放在统一位置；桌椅、衣柜按规定摆放。

3、安全规范要求：宿舍在无人状态下必须锁门、严禁遮挡门玻璃；在外出状态下，关闭个人床铺电源；宿舍内严禁使用围布（因围布材料属于易燃材料）。

4、学生宿舍的内务卫生由室长负责分工安排、监督，除个人内务自理外，其余由寝室成员轮流值日打扫，每位同学请按内务要求进行打扫、整理，以保证寝室的清洁、整齐、美观。

有志者事竟成也！

——刘秀

图 3-13 “和谐家园”简报 C、D 版

## 实训步骤

操作记录

### 1. 制作“和谐家园”简报 A、B 版

（1）启动 WPS 文字 2019，新建一个文档，命名为“和谐家园 .docx”，整体布局如图 3-14 所示。

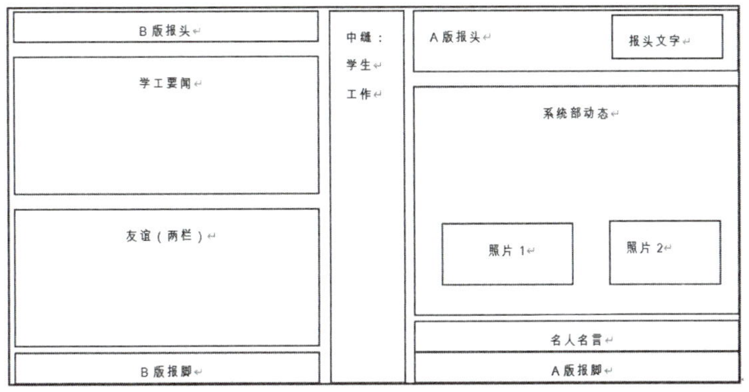


图 3-14　A、B 版整体布局设计

（2）设置页面：

① 单击“页面布局”→“纸张大小”→“其他页面大小”命令，弹出“页面设置”对话框，在“页边距”及“纸张”选项卡中进行如图 3-15 和图 3-16 所示的设置。

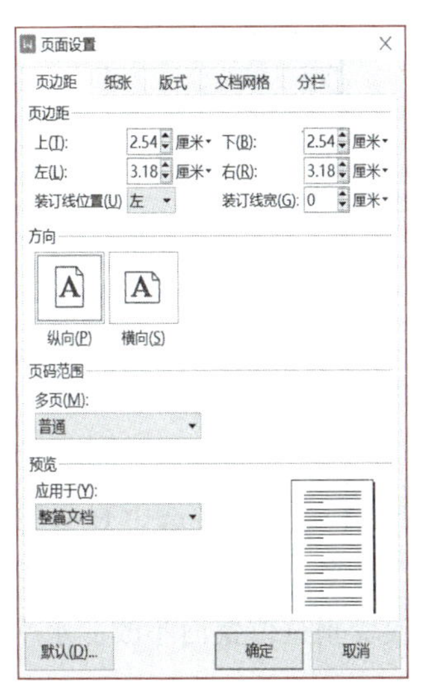

图 3-15　“页边距”选项卡

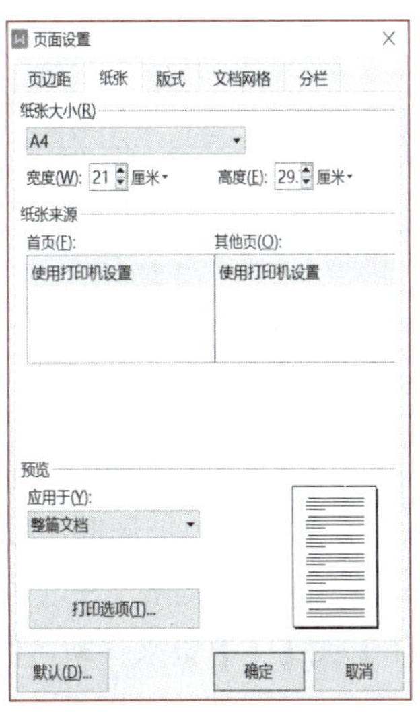

图 3-16　“纸张”选项卡

② 纸张大小：自定义，42 厘米 ×29.7 厘米，横向，上、下、左、右的页边距分别为 2 厘米、1.5 厘米、2 厘米、2 厘米。

### 2. 设置版面布局

（1）根据分析的版面布局（见图 3-17），要实现目标，可以利用表格实现，也可以通

过绘制文本框或自选图形来实现。

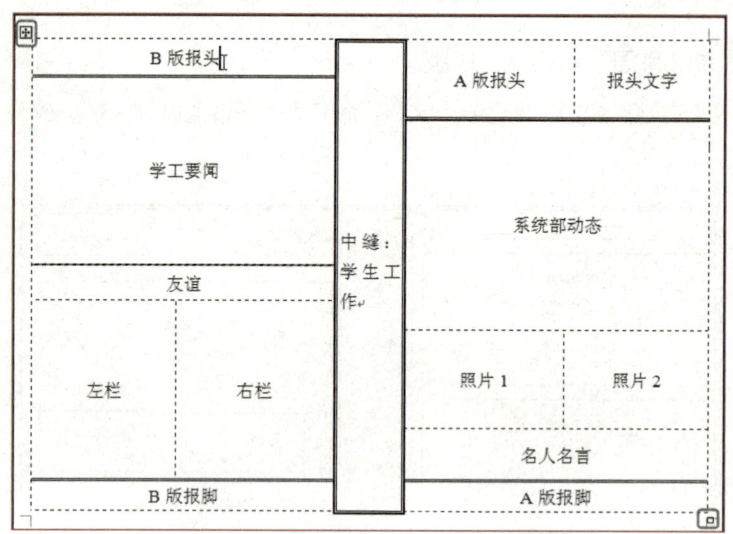


图 3-17　利用表格设计 A、B 的版面

（2）利用文本框或自选图形实现版面布局。具体操作步骤如下：

① 单击“插入”→“形状”命令，在“形状”下拉列表中选择“矩形”按钮▭，绘制一个长方形区域（如B版报头所占区域），选定后按住【Ctrl】键拖动进行复制，到目标位置后，在上、下位置上更改高度，操作过程如图 3-18 所示。

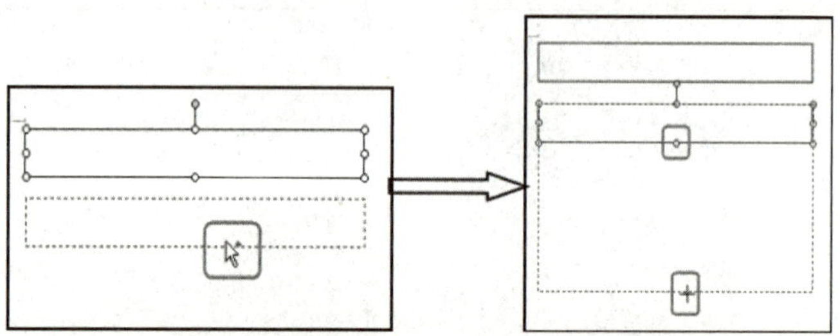

图 3-18　复制第二个矩形框并更改其大小

② 依照①步的方法再复制出下两个矩形框。

③ 对齐与分布 B 版所有的矩形框。按住【Shift】键的同时选中 B 版的四个矩形框，右击坐标，弹出对话框，选中“对齐”→“左对齐”命令。如果还要调整各矩形框间的间距，选定后可通过【↑】或【↓】键来移动，保证只改变垂直位置而不改变水平位置。B 版布局效果如图 3-19 所示。

④ 绘制 A 版布局图。按住【Shift】键的同时选中 B 版的四个矩形框，放开【Shift】键后，再按住【Ctrl】键拖动到右侧，则将 B 版的四个矩形框复制到 A 版区域，再调整各个矩形框的高度，A 版布局效果如图 3-20 所示。

⑤ 绘制中缝框并设置框线。按上述操作路径找到“矩形”按钮▭，在 A、B 版中间区域绘制一个长方形。依次单击“绘图工具”→“轮廓”→“线型”→“其他线条”命令，弹出

操作记录

属性栏，线型选定为“═”，粗细为 6 磅。对话框设置如图 3-21 所示，整个页面效果设置如图 3-22 所示。

图 3-19　B 版布局

图 3-20　A 版布局

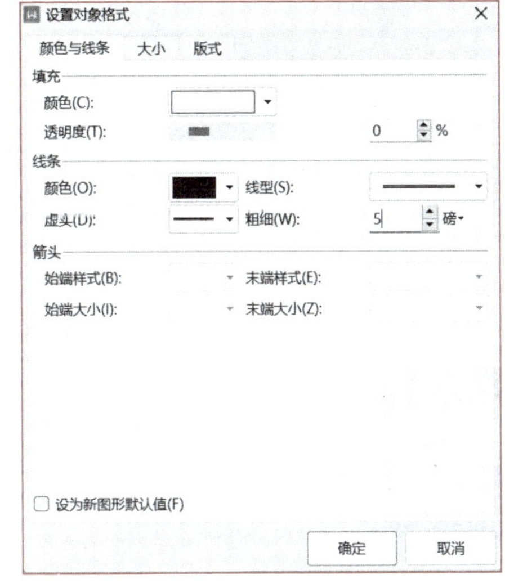


图 3-21　中缝外框线设置

图 3-22　利用自选图形绘制 A、B 版面

### 3. 设置 A 版报头

（1）选定 A 版表头所在的矩形框，选中“插入”选项卡，单击“图片”→“本地图片”命令，插入左侧及中间图片。

（2）调整图片大小，设置图片浮于文字上方，利用上下左右按键调整图片位置，再插入文本框，编辑文本放入报头。

（3）在中间的矩形框中插入和谐家园图片，右侧的矩形框中直接输入文本。A 版报头的设置效果如图 3-23 所示。

（4）输入 A 版主体，具体操作如下：

① 选定 A 版主体所在的矩形框并右击，在弹出的快捷菜单中选择“添加文字”命令，

编辑“系部动态”放入矩形框，设置文字效果加粗、36号宋体，利用段落快捷方式设置段落行距为60磅。

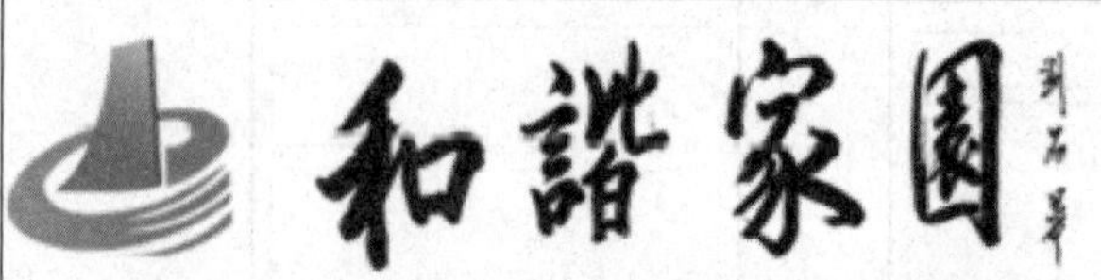


图3-23　A版报头

② 选中“系部动态”文字，单击“插入”→“艺术字”命令，在弹出的“艺术字”下拉列表中选定第四行第三列的样式，将艺术字“动态系部”设置浮于文字表面。输入系部动态相关的新闻。

③ 再在本区的空白处插入两个文本框，并分别插入两张照片。A版主体的效果如图3-24所示。

系部动态

近日，我省出现大范围低温雨雪冰冻天气，根据天气预报，后续几天还将有雨雪和冰冻等极端天气。本系部将组织人员参与低温雨雪冰冻天气应对攻坚战。发扬不怕吃苦。持续作战的优良作风，充分发挥先锋模范作用。

图3-24　A版主体板块效果图

（5）设置B版报头。

① 选定矩形框，同样设置“添加文字”命令，依次输入文字，插入艺术字及图片。完成效果如图3-25所示。

合作● 团结　和谐教育　B版

图3-25　B版报头效果

② 设置B版“学工要闻”版块。设置方法与A版主体相似，注意插入的图片设置其版式为“衬于文字下方”。

操作记录

③ 其他版块的设置过程都较为简单，不再详述。

④ 设置 A、B 版所有矩形框无外框线。按住【Shift】键的同时选中 A、B 版的多个矩形框，依次单击“轮廓”→“线型”→“其他线条”命令，弹出属性栏，选择“线条与颜色”选项卡，选中“无线条”，如图 3-26 所示。

⑤ 设置各版块间的分隔线。单击“插入”→“形状”→“直线”按钮，在恰当的位置绘制一根水平线。单击“轮廓”快捷方式，选择“黑色”线条。选中水平线，单击“绘图工具”→“轮廓”→“线型”→“6 磅”线条。

⑥ B 版间的“斜点虚线”的设置。选中线条，单击“轮廓”→“带图案线条”命令，弹出“带图案线条”对话框，选择第 1 行第 1 列样式，如图 3-27 所示。对话框中出现更多功能选项，可进一步设置图案的颜色。

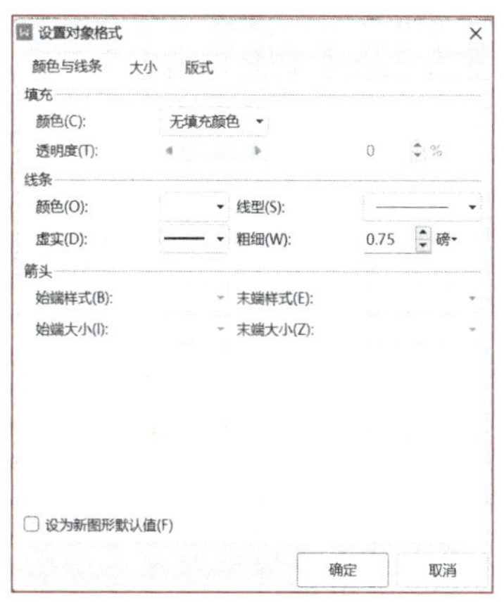


图 3-26　设置所有矩形框无外边框

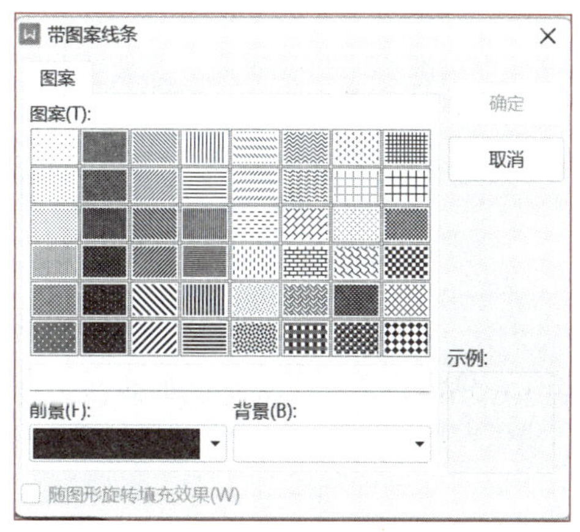


图 3-27　对话框设置填充图案

⑦保存文件，退出 WPS 2019。整个 A、B 版的效果如图 3-12 所示。

## 4. 制作“和谐家园”简报 C、D 版并打印简报

（1）C、D 两版整体布局基本轮廓如图 3-28 所示。

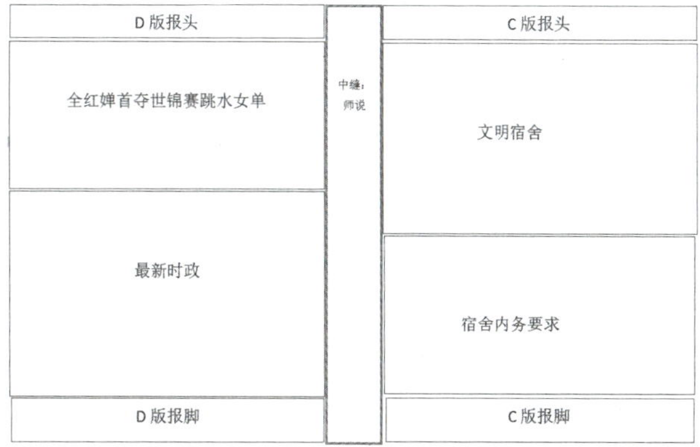


图 3-28　C、D 版整体布局设计

操作记录

（2）打开文档“和谐家园 .docx”，在第一页的最后按【Enter】键以增加一个新的页面。

（3）设置版面布局。结合已完成的A、B版的版面布局，既可以修改前面用表格设计的布局也可以修改用自选图形绘制的布局。

方法一：修改表格实现版面布局，再分别设置各个单元的框线，设置效果如图3-29所示。修改方法就是通过合并单元格并调整单元格的高度来实现，具体操作过程不作详述。

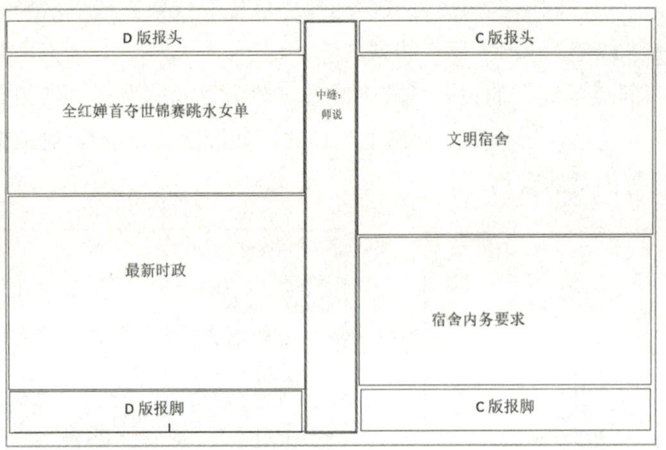


图3-29　利用表格设计C、D的版面

方法二：修改自选图形实现版面布局，先复制A、B版面图，再简单调整右侧矩形框的大小，操作步骤不再详述，设置效果如图3-30所示。

图3-30　利用自选图绘制C、D的版面

（4）在C版报头及D版报头输入文字、插入艺术字及图片。

① 各个报头的效果如图3-31所示。

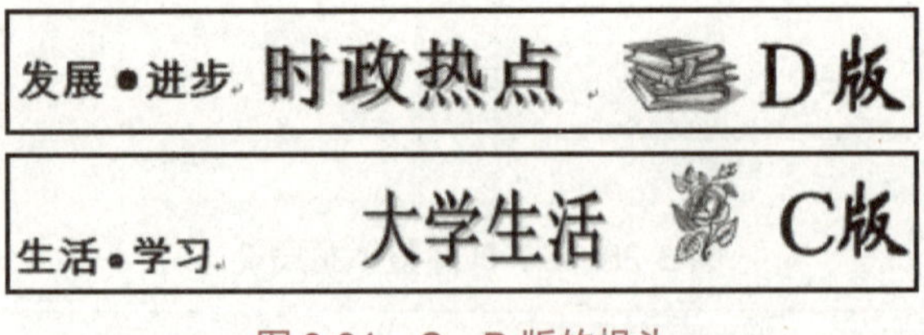

发展●进步　时政热点　D版

生活●学习　大学生活　C版

图3-31　C、D版的报头

② 其他各个版块包括的内容仅为文本、艺术字及图片，操作方法较为简单，不再详述。

③ 设置各版块的矩形框无框线。

④ 添加各种类型的水平线。

⑤ 打印简报。单击“文件”→“打印”命令，在弹出的“打印”对话框的“页码范围”组中选择“当前页”单选按钮。打印完毕后将纸张翻面置入纸盒，重复执行上述操作即可完成双面打印简报。

⑥ 保存文件，退出 WPS 文字 2019。整个 C、D 版的效果如图 3-13 所示。

操作记录

## 实训任务考评

完成情况

### 简报制作考评记录

<table>
<tr><td>学生姓名</td><td></td><td>班级</td><td></td><td>任务评分</td><td></td></tr>
<tr><td>实训地点</td><td></td><td>学号</td><td></td><td>完成日期</td><td></td></tr>
<tr><td rowspan="18">实训实现步骤</td><td>序号</td><td colspan="2">考 核 内 容</td><td>标准分</td><td>评分</td></tr>
<tr><td>01</td><td colspan="2">基础操作：启动 WPS 文字，并创建文档</td><td>5</td><td></td></tr>
<tr><td rowspan="4">02</td><td colspan="2">页面设置：</td><td>25</td><td></td></tr>
<tr><td colspan="2">（1）设置页边距以及纸张大小</td><td>5</td><td></td></tr>
<tr><td colspan="2">（2）利用表格实现布局</td><td>10</td><td></td></tr>
<tr><td colspan="2">（3）利用文本实现布局</td><td>10</td><td></td></tr>
<tr><td rowspan="4">03</td><td colspan="2">设置 A、B 版信息：</td><td>25</td><td></td></tr>
<tr><td colspan="2">（1）添加矩形框，并在其中添加文字</td><td>5</td><td></td></tr>
<tr><td colspan="2">（2）调整图形大小并插入图片</td><td>5</td><td></td></tr>
<tr><td colspan="2">（3）正确输入 A、B 版信息</td><td>15</td><td></td></tr>
<tr><td rowspan="4">04</td><td colspan="2">设置 C、D 版信息：</td><td>25</td><td></td></tr>
<tr><td colspan="2">（1）C、D 版框架</td><td>15</td><td></td></tr>
<tr><td colspan="2">（2）C、D 版信息分隔</td><td>5</td><td></td></tr>
<tr><td colspan="2">（3）填充 C、D 版信息</td><td>5</td><td></td></tr>
<tr><td rowspan="5">05</td><td colspan="2">职业素养：</td><td>20</td><td></td></tr>
<tr><td colspan="2">自主学习：能结合案例目标任务自学知识点</td><td>5</td><td></td></tr>
<tr><td colspan="2">创新精神：套用所学操作完成简报</td><td>5</td><td></td></tr>
<tr><td colspan="2">实操记录：清晰、完整、准确、规范、工整等</td><td>5</td><td></td></tr>
<tr><td></td><td></td><td colspan="2">学习反思：复述巩固知识点、反思实操内容等</td><td>5</td><td></td></tr>
<tr><td colspan="2">自我评语</td><td colspan="4"></td></tr>
<tr><td colspan="2">教师评语</td><td colspan="4"></td></tr>
</table>

存在问题

# 习　题

## 一、单项选择题

1. “文件”选项卡中“关闭”命令的意思是（　　）。

A. 关闭 WPS 文字窗口连同其中的文档窗口，并退到 Windows 窗口中

B. 关闭文档窗口，并退出 Windows 窗口

C. 关闭 WPS 文字窗口连同其中的文档窗口，退到 DOS 状态下

D. 关闭文档窗口，但仍在 WPS 文字内

2. WPS 文字是一种（　　）。

A. 操作系统　　B. 文字处理软件

C. 多媒体制作软件　　D. 网络浏览器

3. 在 WPS 文字 2019 编辑状态中，能设定文档行间距的功能按钮是位于（　　）中。

A. “文件”选项卡　　B. “开始”选项卡

C. “插入”选项卡　　D. “页面布局”选项卡

4. 在 WPS 文字文档中，每个段落都有自己的段落标记，段落标记的位置在（　　）。

A. 段落的首部　　B. 段落的尾部

C. 段落的中间位置　　D. 段落中，使用户找不到的位置

5. 在选定栏选择段落可以（　　）该段落。

A. 单击　　B. 双击　　C. 三击　　D. 右击

6. 在 WPS 文字中，不用“打开”文件对话框就能直接打开最近使用过的 WPS 文件的方法是（　　）。

A. 工具栏按钮

B. “文件”→“打开”命令

C. 快捷键

D. “WPS 文字”选项卡中的“打开”→“最近”命令

7. 保存 WPS 文字文件的快捷键是（　　）。

A. 【Ctrl+O】　　B. 【Ctrl+S】　　C. 【Ctrl+N】　　D. 【Ctrl+V】

8. WPS 文字编辑文档时，所见即所得视图是（　　）。

A. 普通视图　　B. 页面视图　　C. 大纲视图　　D. Web 视图

9. 如果想要设置定时自动保存，应进行的操作是（　　）。

A. 选择“文件”→“另存为”命令，打开“文件”对话框

B. 选择“文件”→“属性”命令

C. 选择“文件”→“选项”命令，打开“WPS 选项”对话框，在“保存”此项中设置

D. 选择“文件”→“另存为 Web 页”命令

10. 所有段落格式排版都可以通过（　　）所打开的对话框来设置。

A. “文件”→“打开”命令　　B. “文件”→“段落”命令

C. “开始”→“段落”命令　　D. “开始”→“字体”命令

11. 用英文录入文件时，大小写切换键是（　　）。

A. 【Tab】　B. 【Caps Lock】　C. 【Ctrl】　D. 【Shift】

12. 用鼠标选择输入法时可以单击屏幕（　　）方的输入法选择器。

A. 左上　B. 左下　C. 右下　D. 右上

13. 删除文本可用快捷键（　　）。

A. 【Ctrl+C】　B. 【Ctrl+V】　C. 【Ctrl+X】　D. 【Ctrl+Z】

14. 在 WPS 文字中，定义块通常包括从起点至终点的所有行中的所有字符，但如果按住（　　）键同时定义块，则可以定义为一个矩形块。

A. 【Ctrl+Shift】　B. 【Shift】　C. 【Ctrl】　D. 【Alt】

15. 用鼠标选择光标所在的单词，可以（　　）该单词。

A. 单击　B. 双击　C. 三击　D. 右击

16. 下面对 WPS 文字编辑功能的描述中，错误的是（　　）。

A. WPS 文字可以开启多个文档编辑窗口

B. WPS 文字可以插入多种格式的系统时期、时间插入到插入点位置

C. WPS 文字可以插入多种类型的图形文件

D. 使用编辑菜单中的“复制”命令可将已选中的对象复制到插入点位置

17. 选择光标所在段落可以（　　）该段落。

A. 单击　B. 双击　C. 三击　D. 右击

18. 选择全文按（　　）组合键。

A. 【Ctrl+A】　B. 【Shift+A】　C. 【Alt+A】　D.【Alt+Shift+A】

19. 复制操作第一步首先应（　　）。

A. 光标定位　　B. 选择文本对象

C. 按【Ctrl+C】组合键　　D. 按【Ctrl+V】组合键

20. 用选项卡方法同样可进行删除、复制、移动等操作，首先单击（　　）选项卡。

A. “文件”　B. “开始”　C. “视图”　D. “插入”

21. 打印页码“2 ~ 5,10,12”表示打印的是（　　）。

A. 第 2 页，第 5 页，第 10 页，第 12 页

B. 第 2 页至 5 页，第 10 至 12 页

C. 第 2 至 5 页，第 10 页，第 12 页

D. 第 2 页，第 3 页，第 5 页，第 10 页，第 12 页

22. 进入数学公式环境是通过单击（　　）来实现的。

A. “文件”→“打开”命令　　B. “编辑”→“查找”命令

C. “插入”→“公式”命令　　D. “工具”→“选项”命令

23. 有前后两个段落且段落格式化也不同，删除前一个段落末尾的结束标记（回车符）时（　　）。

A. 两个段落会合并为一段，原先各格式丢失而采用文档默认格式

B. 仍为两段，且格式不变

C. 两段文字合并为一段，并采用原前段格式

D. 两段文字合并为一段，并采用原后段格式

24. 查找的快捷键是（　　）。

A. 【Ctrl+C】　B. 【Ctrl+V】　C. 【Ctrl+F】　D. 【Ctrl+H】

25. 替换的快捷键是（　　）。

A. 【Ctrl+C】　B. 【Ctrl+V】　C. 【Ctrl+F】　D. 【Ctrl+H】

26. 在（　　）视图方式中能看到图文框和使用绘图工具绘制的图形。

A. 阅读版式　B. 大纲　C. 页面　D. 所有

27. 进入页眉页脚编辑区可单击（　　）选项卡，选择页眉、页脚命令。

A. 文件　B. 页面布局　C. 插入　D. 视图

28. 关于 WPS 文字中的页面设置说法，不正确的是（　　）。

A. 每一章都可以有自己的页面设置

B. 默认值是不允许改变的

C. 双击标尺刻度以上部位可打开"页面设置"对话框

D. 同一章可以有不同的页面设置

29. 选择输入法的快捷键为（　　）。

A. 【Ctrl+空格】　B. 【Shift+空格】　C. 【Ctrl+Shift】　D. 【Alt+Shift】

30. 切换中英文输入的快捷键为（　　）。

A. 【Shift】　B. 【Shift+空格】　C. 【Ctrl+Shift】　D. 【Alt+Shift】

31. 录入文档时，改写、插入切换方式可按（　　）键。

A. 【Insert】　B. 【Delete】　C. 【Ctrl】　D. 【Alt】

32. 在任何时候想得到关于当前"打开"菜单或对话框内容的帮助信息，可（　　）。

A. 按【F1】键　B. 按【F2】键　C. 按【F3】键　D. 按【F4】键

33. 口令的字符长度应小于或等于（　　）。

A. 6　B. 8　C. 15　D. 12

34. 在 WPS 文字中文档中，不可直接操作的是（　　）。

A. 插入 WPS 表格图表　B. 录制屏幕操作视频

C. 插入智能图形　D. 屏幕截图

35. 在选定栏选定一行文字的方法是（　　）。

A. 单击　B. 双击　C. 三击　D. 右击

36. 为了看清文件的打印输出效果，应使用（　　）。

A. 大纲视图　B. 页面视图

C. 阅读版式视图　D. Web 版式视图

37. 所有的特殊符号都可通过（　　）选项卡中的"符号"实现。

A. "文件"　B. "开始"　C. "插入"　D. "视图"

38. 插入分节符或分页符可通过（　　）。

A. “文件”→“页面”命令　　B. “格式”→“段落”命令

C. “格式”→“制表位”命令　　D. “页面布局”→“分隔符”命令

39. 分栏排版可通过（　　）来实现。

A. “开始”→“字体”命令　　B. “插入”→“分栏”命令

C. “页面布局”→“分栏”命令　　D. “格式”→“段落”命令

40. 撤销最后一个动作，可用快捷键（　　）。

A. 【Ctrl+W】　　B. 【Shift+X】　　C. 【Shift+Y】　　D. 【Ctrl+Z】

41. 首字下沉可通过（　　）来实现。

A. “插图”→“首字下沉”命令　　B. “插入”→“首字下沉”命令

C. “分栏”→“首字下沉”命令　　D. “格式”→“首字下沉”命令

42. 在 WPS 文字中“粘贴”按钮呈灰色（　　）。

A. 说明剪贴板有内容，但不是 Word 能使用的内容

B. 因特殊原因，该“粘贴”命令永远不能被使用

C. 只有执行了“复制”命令后，该“粘贴”命令才能被使用

D. 当执行了“剪切”命令后，该“粘贴”命令可被使用

43. 在 WPS 文字中“查找和替换”对话框设定了搜索范围为向下搜索并单击“全部替换”按钮，则（　　）。

A. 对整篇文档查找并替换当前找到的内容

B. 从插入点开始向下查找并替换当前找到的内容

C. 从插入点开始向下查找并全部替换匹配的内容

D. 从插入点开始向上查找并替换匹配的内容

44. 在编辑 WPS 文档时，输入的新字符总是覆盖了文档中已输入的字符（　　）。

A. 原因是当前文档正处于改写的编辑方式

B. 按【Esc】键可防止覆盖发生

C. 连按两次按【Insert】键搜索，可防止覆盖发生

D. 按【Del】键可防止覆盖发生

45. 关于 WPS 文字的编辑表格操作不正确的是（　　）。

A. 编辑表格可以用“绘制表格”和“插入表格”两种方法

B. “绘制表格”可以绘制不规则的表格

C. “插入表格”适合建立规则表格

D. 利用“插入”选项卡“表格”组中“插入表格”按钮，最多制作 4 行 5 列的表格

46. 在 WPS 文字编辑的内容中，文字下面有红色波浪下画线，表示（　　）。

A. 已修改过的文档　　B. 对输入的确认

C. 可能的拼写错误　　D. 对文本添加了下画线

47. 在 WPS 文字中，下列说明中错误的是（　　）。

A. 从文档窗口的标签栏可以看出该文档的文件名

B. 单击文档编辑窗口的“×”按钮，可以关闭文档窗口

C. 不可以选定多个不连续的文本区域

D. 剪贴板上的内容可以多次粘贴

48. 在 WPS 文字的编辑状态打开了一个文档，对文档没做任何修改，随后单击 WPS 文字主窗口标签栏右侧的“关闭”按钮或单击“文件”选项卡中的“退出”命令，则（　　）。

A. 仅文档窗口被关闭　　B. 文档和 WPS 文字主窗口全被关闭

C. 仅 WPS 文字主窗口被关闭　　D. 文档和 WPS 文字主窗口全未被关闭

49. 在 WPS 文字中，当前正在编辑的文档名显示在（　　）。

A. 工具栏的右边　　B. “文件”选项卡中

C. 状态栏　　D. 标签栏

50. WPS 文字中，替换操作在（　　）选项卡中。

A. “开始”　　B. “页面布局”　　C. “插入”　　D. “视图”

## 二、判断题

1. WPS 文字中不能插入剪贴画。（　　）
2. 在打开的最近文档中，可以把常用文档进行固定而不被后续文档替换。（　　）
3. WPS 文字中表示“加粗”按钮的字母是“B”。（　　）
4. 段落标记是在按【Enter】键后产生的。（　　）
5. 第一次保存文件时会弹出名为“保存”的对话框。（　　）
6. WPS 文字中段落标记在段落中无法看到。（　　）
7. 在 WPS 文字文档中，默认的对齐方式是左对齐。（　　）
8. 在 WPS 文字中，只有在普通视图下才能显示页眉和页脚。（　　）
9. 删除一行文字时，是将光标置于行首，按住【Delete】键来实现。（　　）
10. 在 WPS 文字中按【Ctrl+S】组合键是执行保存操作。（　　）
11. 页眉页脚一经插入，就不能修改。（　　）
12. 首行缩进项目可以在字体设置中完成。（　　）
13. 在 WPS 文字中，如果给文档设置了密码就只能修改文档，不能删除。（　　）
14. 在 WPS 文字中，只能用一种方法选定表格。（　　）
15. 在 WPS 文字中一个非 WPS 格式的标准文件，经过转换可以使用。（　　）
16. 在 WPS 文字编辑状态下，闪烁的垂直条表示插入点。（　　）
17. 在 WPS 文字中可以同时打开多个文档，当前活动的文档只能有一个。（　　）
18. 在 WPS 文字中，剪切掉的内容就不能再进行恢复。（　　）
19. WPS 文字进行打印预览时，可多页同时观看。（　　）
20. WPS 文字文档可以设置密码，密码只能是数字组成。（　　）

# 答题卡

| 学生姓名 | | 班级 | | 学号 | |
|---|---|---|---|---|---|
| 选择题 | | 判断题 | | 填空题 | |
| 简答题 | | | | 总分 | |

第一题　选择题（每小题 1 分，共 50 分）

| | |
|---|---|
| 1. 【A】【B】【C】【D】 | 26. 【A】【B】【C】【D】 |
| 2. 【A】【B】【C】【D】 | 27. 【A】【B】【C】【D】 |
| 3. 【A】【B】【C】【D】 | 28. 【A】【B】【C】【D】 |
| 4. 【A】【B】【C】【D】 | 29. 【A】【B】【C】【D】 |
| 5. 【A】【B】【C】【D】 | 30. 【A】【B】【C】【D】 |
| 6. 【A】【B】【C】【D】 | 31. 【A】【B】【C】【D】 |
| 7. 【A】【B】【C】【D】 | 32. 【A】【B】【C】【D】 |
| 8. 【A】【B】【C】【D】 | 33. 【A】【B】【C】【D】 |
| 9. 【A】【B】【C】【D】 | 34. 【A】【B】【C】【D】 |
| 10. 【A】【B】【C】【D】 | 35. 【A】【B】【C】【D】 |
| 11. 【A】【B】【C】【D】 | 36. 【A】【B】【C】【D】 |
| 12. 【A】【B】【C】【D】 | 37. 【A】【B】【C】【D】 |
| 13. 【A】【B】【C】【D】 | 38. 【A】【B】【C】【D】 |
| 14. 【A】【B】【C】【D】 | 39. 【A】【B】【C】【D】 |
| 15. 【A】【B】【C】【D】 | 40. 【A】【B】【C】【D】 |
| 16. 【A】【B】【C】【D】 | 41. 【A】【B】【C】【D】 |
| 17. 【A】【B】【C】【D】 | 42. 【A】【B】【C】【D】 |
| 18. 【A】【B】【C】【D】 | 43. 【A】【B】【C】【D】 |
| 19. 【A】【B】【C】【D】 | 44. 【A】【B】【C】【D】 |
| 20. 【A】【B】【C】【D】 | 45. 【A】【B】【C】【D】 |
| 21. 【A】【B】【C】【D】 | 46. 【A】【B】【C】【D】 |
| 22. 【A】【B】【C】【D】 | 47. 【A】【B】【C】【D】 |
| 23. 【A】【B】【C】【D】 | 48. 【A】【B】【C】【D】 |
| 24. 【A】【B】【C】【D】 | 49. 【A】【B】【C】【D】 |
| 25. 【A】【B】【C】【D】 | 50. 【A】【B】【C】【D】 |

第二题　判断题（每小题 2.5 分，共 50 分）

| | |
|---|---|
| 1. 【T】【F】 | 11. 【T】【F】 |
| 2. 【T】【F】 | 12. 【T】【F】 |
| 3. 【T】【F】 | 13. 【T】【F】 |
| 4. 【T】【F】 | 14. 【T】【F】 |
| 5. 【T】【F】 | 15. 【T】【F】 |
| 6. 【T】【F】 | 16. 【T】【F】 |
| 7. 【T】【F】 | 17. 【T】【F】 |
| 8. 【T】【F】 | 18. 【T】【F】 |
| 9. 【T】【F】 | 19. 【T】【F】 |
| 10. 【T】【F】 | 20. 【T】【F】 |

# 第4章 WPS表格2019

WPS表格是金山办公软件WPS Office的三大组件之一，主要用于创建和编辑表格，进行数据的复杂运算、分析和预测，完成各种统计图表的绘制。另外，运用打印功能还可以将数据以各种统计报表和统计图的形式打印出来。WPS表格广泛应用于金融、财务、企业管理和行政管理等各领域。

本章就某公司的工资表和订货单进行简单分析，分4个实训任务，实现对工作簿的建立和数据处理、分析直至最后格式化和打印相关的结果，并以图表的方式展示，为读者提供一整套分析处理数据的方法。读者通过本实训的学习，能切实掌握WPS表格2019的简单使用。希望读者学习后对WPS表格2019的操作更加熟练，并能对WPS表格的使用有更进一步的了解。

## 4.1 【实训1】工作簿的数据建立

等级考试
技能点提示

二十大报告
知识点链接4

### 实训目标

**知识目标：**

（1）熟练掌握工作簿、工作表、单元格的基本概念和基本操作。

（2）掌握不同类型数据的输入方法。

（3）掌握归纳电子表格的格式设置方法。

（4）了解数据有效性的设置方法。

**能力目标：**

（1）能创建基本电子表格，并能在表格中输入各类数据。

（2）能对数据及表格结构按需求进行格式化。

（3）能对工作表及工作簿进行各类操作。

**素质目标：**

（1）通过示范案例中不同类型数据的输入以及完成的文档中没有多余的符号或格式设置，培养学生规范化、标准化的使用习惯，养成耐心、严谨的工作态度。

（2）通过引导，学生能制作不同的工作表，培养学生的复用性、模块化思维能力。

## 实训要求

（1）完成“工资表基本信息”的数据输入，并完成各个工作表的创建、重命名。

（2）在“工资表”工作簿中完成不同类型的数据输入。

（3）实现对工作簿、工作表的格式设置、数据的保护和文件的保存。

## 技术分析

在本次实训中，需要运用的技能点有：

（1）不同类型的原始数据输入：数值型、文本型、日期时间型。

（2）快速、准确的数据输入技巧：如自动填充等。

（3）基本的 WPS 表格操作：如单元格的选择和编辑、工作表的操作等。

## 实例演示

（1）建立、输入工作簿“工资表”的数据信息。数据信息包括“基本信息”、“一月”和“二月”工作表。其中的工作表“基本信息”的数据如图 4-1 所示。

| | A | B | C | D | E | F |
|---|---|---|---|---|---|---|
| 1 | 序号 | 姓名 | 出生日期 | 工作部门 | 身份证号 | 工龄 |
| 2 | 1 | 李宝田 | 1962/2/1 | 办公室 | 1502031962×××××××× | 30 |
| 3 | 2 | 王习武 | 1973/5/8 | 办公室 | 1502031973×××××××× | 19 |
| 4 | 3 | 萨于凡 | 1960/12/11 | 人事部 | 1502031960×××××××× | 31 |
| 5 | 4 | 龚昆 | 1958/4/6 | 办公室 | 1502031958×××××××× | 32 |
| 6 | 5 | 林逸夫 | 1975/9/9 | 销售部 | 1502031975×××××××× | 15 |
| 7 | 6 | 张小宁 | 1968/6/24 | 人事部 | 1502031968×××××××× | 22 |
| 8 | 7 | 邢为民 | 1965/8/9 | 销售部 | 1502031965×××××××× | 26 |
| 9 | 8 | 朱德志 | 1976/3/16 | 销售部 | 1502031676×××××××× | 16 |
| 10 | | | | | | |

基本信息　一月　二月　三月　+

图 4-1　工作表“基本信息”的数据

（2）“一月”工作表的数据输入如图 4-2 所示。

| | A | B | C | D | E | F | G | H |
|---|---|---|---|---|---|---|---|---|
| 1 | 序号 | 姓名 | 基本工资 | 津贴 | 奖金 | 水电费 | 保险金 | 工资 |
| 2 | 1 | 李宝田 | 2750 | 500 | 350 | 89.3 | | |
| 3 | 2 | 王习武 | 2682 | 350 | 400 | 56.9 | | |
| 4 | 3 | 萨于凡 | 2528 | 500 | 250 | 77.8 | | |
| 5 | 4 | 龚昆 | 2621 | 400 | 250 | 26.4 | | |
| 6 | 5 | 林逸夫 | 1980 | 300 | 350 | 31.05 | | |
| 7 | 6 | 张小宁 | 2486 | 500 | 400 | 34.8 | | |
| 8 | 7 | 邢为民 | 3500 | 400 | 500 | 56.7 | | |
| 9 | 8 | 朱德志 | 2466 | 300 | 550 | 44 | | |
| 10 | | | | | | | | |

基本信息　一月　二月　三月　+

图 4-2　工作表“一月”的数据

## 实训步骤

操作记录

操作视频

数据输入

### 1. 数据输入

（1）新建 WPS 表格，重命名为“工资表”。双击打开后，选择需要输入数据的单元格进行第一行数据的输入。

① 单击 A1，输入“序号”，按【Enter】键存入此单元格。

② 以此方法在 B1、C1、D1、E1、F1 中分别输入“姓名”“出生日期”“工作部门”“身份证号”“工龄”。

（2）A 列数据输入：

① 在 A2 中输入“1”，按【Enter】键存入此单元格。

② 单击 A2，将鼠标放在 A2 的右下角，指针变成一个细实线的“+”字，称为填充柄，鼠标向下拖动到 A9，如图 4-3 所示。

③ 选中右侧的小图标的下拉小箭头，选中“以序列方式填充”单选按钮，得到如图 4-4 所示的数据。

图 4-3 A 列“序号”输入

图 4-4 数据填充

（3）B 列数据输入：输入“李宝田”等姓名数据。C2 中输入“1962-2-1”或者“1962/2/1”。相同的方法完成 C 列数据输入。

（4）D 列数据输入（数据有效性）：

① 选中单元格 D2 到 D9。

② 单击“数据”→“有效性”命令，选择“设置”选项卡，在“允许”下拉列表中选择“序列”选项，在“来源”文本框中输入各个部门的名称：“办公室,人事部,销售部”，如图 4-5 所示，单击“确定”按钮。部门之间用英文半角的逗号隔开。

（5）E 列数据输入：转换成英文输入法状态。在单元格 E2 内或者编辑栏内输入：“' 1502031962××××××××”，按【Enter】键输入。它的意义是将“1502031962××××××××”作为文本型字符输入，而不是数字输入，如图 4-6 所示。

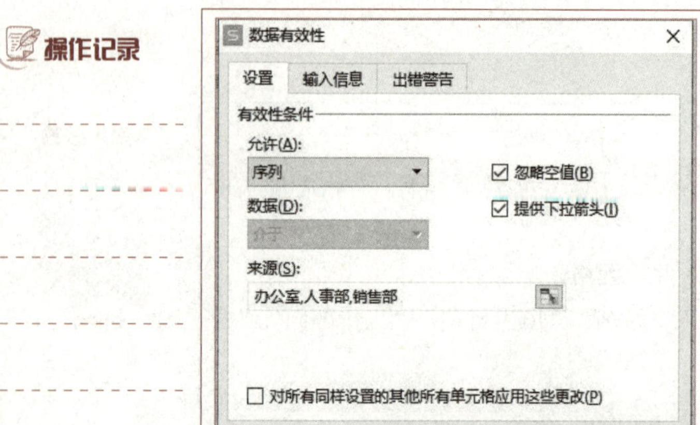


图 4-5 D 列“工作部门”输入

| | A | B | C | D | E | F |
|---|---|---|---|---|---|---|
| 1 | 序号 | 姓名 | 出生日期 | 工作部门 | 身份证号 | 工龄 |
| 2 | 1 | 李宝田 | 1962/2/1 | 办公室 | 1502031962XXXXXXXX | 30 |
| 3 | 2 | 王习武 | 1973/5/8 | 办公室 | 1502031973XXXXXXXX | 19 |
| 4 | 3 | 萨于凡 | 1960/12/11 | 人事部 | 1502031960XXXXXXXX | 31 |
| 5 | 4 | 龚昆 | 1958/4/6 | 办公室 | 1502031958XXXXXXXX | 32 |
| 6 | 5 | 林逸夫 | 1975/9/9 | 销售部 | 1502031975XXXXXXXX | 15 |
| 7 | 6 | 张小宁 | 1968/6/24 | 人事部 | 1502031968XXXXXXXX | 22 |
| 8 | 7 | 邢为民 | 1965/8/9 | 销售部 | 1502031965XXXXXXXX | 26 |
| 9 | 8 | 朱德志 | 1976/3/16 | 销售部 | 1502031676XXXXXXXX | 16 |

图 4-6 E 列“身份证号”输入

（6）选择“开始”→“行和列”菜单，从下拉菜单中选择“行高”（“列宽”）命令，自行设置数值，也可以选择“最适合的行高（列宽）”命令，以适应该行（列）中最高（最宽）的数据。

（7）F 列数据输入：输入“工龄”数据。

## 2. 工作表的操作

工作表的操作

（1）右击工作表标签“Sheet1”，弹出快捷菜单，选中“重命名”命令，此时可以输入新名称“基本信息”，按【Enter】键结束重命名，如图 4-7 所示。

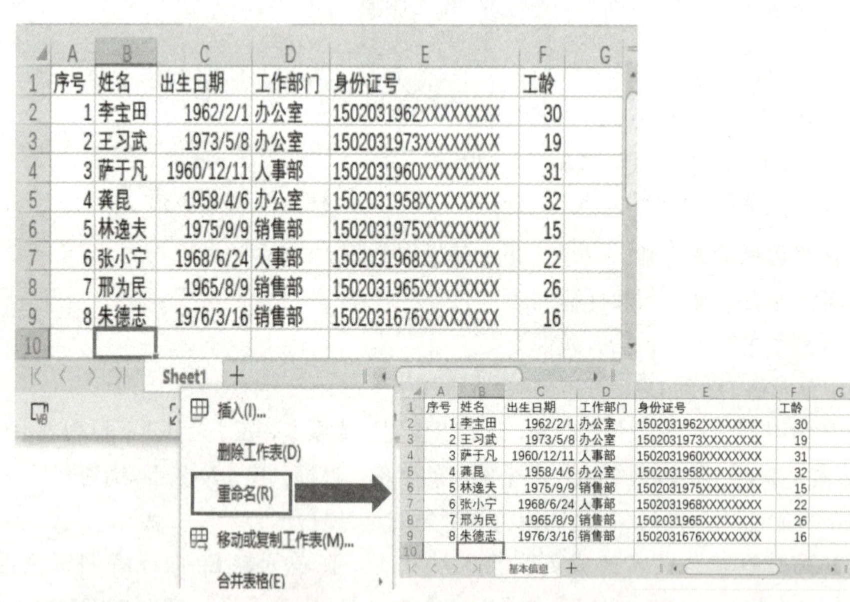

| | A | B | C | D | E | F |
|---|---|---|---|---|---|---|
| 1 | 序号 | 姓名 | 出生日期 | 工作部门 | 身份证号 | 工龄 |
| 2 | 1 | 李宝田 | 1962/2/1 | 办公室 | 1502031962XXXXXXXX | 30 |
| 3 | 2 | 王习武 | 1973/5/8 | 办公室 | 1502031973XXXXXXXX | 19 |
| 4 | 3 | 萨于凡 | 1960/12/11 | 人事部 | 1502031960XXXXXXXX | 31 |
| 5 | 4 | 龚昆 | 1958/4/6 | 办公室 | 1502031958XXXXXXXX | 32 |
| 6 | 5 | 林逸夫 | 1975/9/9 | 销售部 | 1502031975XXXXXXXX | 15 |
| 7 | 6 | 张小宁 | 1968/6/24 | 人事部 | 1502031968XXXXXXXX | 22 |
| 8 | 7 | 邢为民 | 1965/8/9 | 销售部 | 1502031965XXXXXXXX | 26 |
| 9 | 8 | 朱德志 | 1976/3/16 | 销售部 | 1502031676XXXXXXXX | 16 |



图 4-7 “基本信息”工作表

（2）单击工作表标签“基本信息”，按住【Ctrl】键，然后沿着工作表标签行将该工作表标签拖放到新的位置，如图 4-8 所示。

单击工作表标签“基本信息（2）”，可以发现它和工作表标签“基本信息”的内容是一样的，也就是完成了工作表的复制。

B10　fx

| | A | B | C | D | E | F | G |
|---|---|---|---|---|---|---|---|
| 1 | 序号 | 姓名 | 出生日期 | 工作部门 | 身份证号 | 工龄 | |
| 2 | 1 | 李宝田 | 1962/2/1 | 办公室 | 1502031962XXXXXXXX | 30 | |
| 3 | 2 | 王习武 | 1973/5/8 | 办公室 | 1502031973XXXXXXXX | 19 | |
| 4 | 3 | 萨于凡 | 1960/12/11 | 人事部 | 1502031960XXXXXXXX | 31 | |
| 5 | 4 | 龚昆 | 1958/4/6 | 办公室 | 1502031958XXXXXXXX | 32 | |
| 6 | 5 | 林逸夫 | 1975/9/9 | 销售部 | 1502031975XXXXXXXX | 15 | |
| 7 | 6 | 张小宁 | 1968/6/24 | 人事部 | 1502031968XXXXXXXX | 22 | |
| 8 | 7 | 邢为民 | 1965/8/9 | 销售部 | 1502031965XXXXXXXX | 26 | |
| 9 | 8 | 朱德志 | 1976/3/16 | 销售部 | 1502031676XXXXXXXX | 16 | |
| 10 | | | | | | | |

基本信息　基本信息 (2)

图 4-8　工作表标签

（3）给工作表命名：

① 选中工作表标签“基本信息（2）”，标签上的工作表名高亮显示。

② 选择“开始”→“工作表”→“重命名”命令。此时可以输入新名称：“一月”，再按【Enter】键结束。

③ 单击工作表标签“Sheet2”，采用②中的操作，将“Sheet2”工作表重命名为“二月”，按【Enter】结束。与上同法，工作表标签“Sheet3”重命名为“三月”。

### 3. 单元格的编辑

（1）在“工资表”工作簿中，单击工作表标签“一月”，“一月”标签高亮显示。

（2）选中工作表标签“一月”中 F 列“工龄”的任意一个单元格，单击“开始”→“行和列”→“插入单元格”命令，在 F 列左边新添一列，命名为“基本工资”字段。

（3）编辑“工资表”工作薄中的数据。

① 单击“出生日期”列任意一个单元格，选择“开始”→“行和列”→“删除单元格”命令，出现“删除”对话框，如图 4-9 所示。选择“整列”单选按钮，单击“确定”按钮删除“出生日期”列。

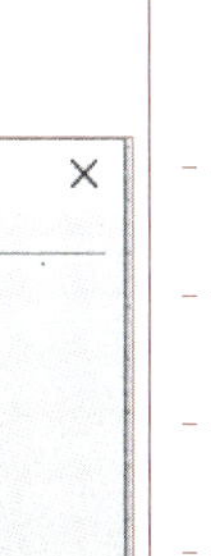


图 4-9　“删除”对话框

② 分别单击“工作部门”“身份证号”“工龄”列任意一个单元格，用上面的方法，删除“工作部门”列、“身份证号”列和“工龄”列。

③“基本工资”后几个列中第一行分别输入“津贴”，“奖金”“水电费”“保险金”“工资”，再分别输入“津贴”“奖金”“水电费”的数值。

（4）调整列宽：在工作表“一月”中单击选中 A1 单元格，拖动至 H9，则选择了区域 A1:H9。单击“开始”→“行和列”→“最适合的列宽”命令，如图 4-10 所示。

操作记录

操作视频

单元格的编辑

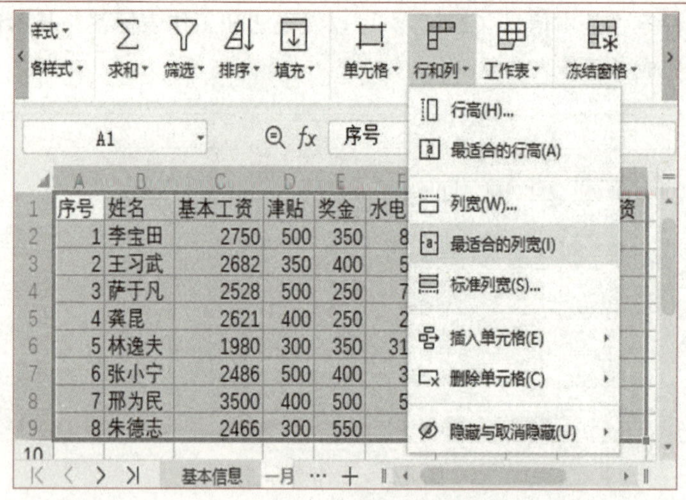


图 4-10 “一月”工作表

（5）发现误把“津贴”与“奖金”的数据输错了，要进行修改。

① 选中 D2 单元格，鼠标拖动到 D9 单元格，选定 D2:D9 区域，将鼠标移动到所选定区域的边缘，鼠标指针由空心十字形状变成带十字黑色箭头形状。拖动鼠标指针到空白区域，释放鼠标按键如图 4-11 所示。

| | A | B | C | D | E | F | G | H |
|---|---|---|---|---|---|---|---|---|
| 1 | 序号 | 姓名 | 基本工资 | 津贴 | 奖金 | 水电费 | 保险金 | 工资 |
| 2 | 1 | 李宝田 | 2750 | | 350 | 89.3 | | |
| 3 | 2 | 王习武 | 2682 | | 400 | 56.9 | | 500 |
| 4 | 3 | 萨于凡 | 2528 | | 250 | 77.8 | | 350 |
| 5 | 4 | 龚昆 | 2621 | | 250 | 26.4 | | 500 |
| 6 | 5 | 林逸夫 | 1980 | | 350 | 31.05 | | 400 |
| 7 | 6 | 张小宁 | 2486 | | 400 | 34.8 | | 300 |
| 8 | 7 | 邢为民 | 3500 | | 500 | 56.7 | | 500 |
| 9 | 8 | 朱德志 | 2466 | | 550 | 44 | | 400 |
| 10 | | | | | | | | 300 |
| 11 | | | | | | | | |

图 4-11 拖动数据

② 选中 E2 单元格，鼠标拖动到 E9 单元格，选定 E2:E9 区域，将鼠标移动到所选定区域的边缘，鼠标指针由空心十字形状变成带十字黑色箭头形状。拖动鼠标指针“津贴”列数据到合适位置，释放鼠标。

③ 再选中移走到空白区域的数据区域，用同样的方法移动到“奖金”列，完成数据的交换，如图 4-12 所示。

（6）选中“基本信息”工作表，选中 B7，选择“开始”→“单元格”→“清除”→“全部”命令，观察结果。再次选中 B7，选择“开始”→“行和列”→“删除单元格”命令，弹出“删除”对话框，选中“下方单元格上移”单选按钮，结果如图 4-13 所示。

如果发现刚才的操作是失误操作，可在快速访问工具栏中单击“撤销”图标恢复数据。

操作记录

|  | A | B | C | D | E | F | G | H |
|---|---|---|---|---|---|---|---|---|
| 1 | 序号 | 姓名 | 基本工资 | 津贴 | 奖金 | 水电费 | 保险金 | 工资 |
| 2 | 1 | 李宝田 | 2750 | 500 | 350 | 89.3 |  |  |
| 3 | 2 | 王刁武 | 2682 | 350 | 400 | 56.9 |  |  |
| 4 | 3 | 萨于凡 | 2528 | 500 | 250 | 77.8 |  |  |
| 5 | 4 | 龚昆 | 2621 | 400 | 250 | 26.4 |  |  |
| 6 | 5 | 林逸夫 | 1980 | 300 | 350 | 31.05 |  |  |
| 7 | 6 | 张小宁 | 2486 | 500 | 400 | 34.8 |  |  |
| 8 | 7 | 邢为民 | 3500 | 400 | 500 | 56.7 |  |  |
| 9 | 8 | 朱德志 | 2466 | 300 | 550 | 44 |  |  |
| 10 |  |  |  |  |  |  |  |  |
| 11 |  |  |  |  |  |  |  |  |

基本信息　一月

图 4-12　更换数据列后效果图

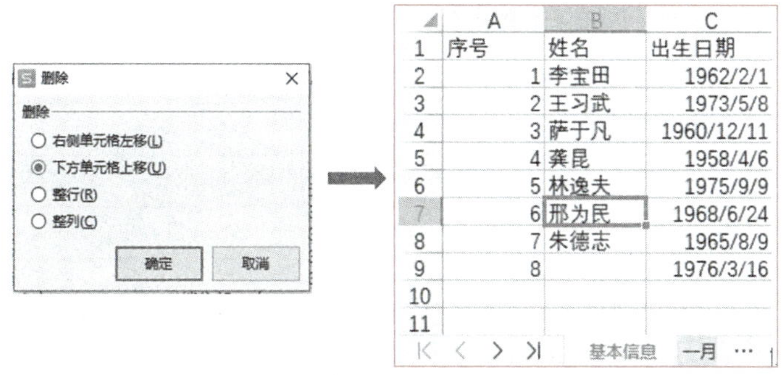


|  | A | B | C |
|---|---|---|---|
| 1 | 序号 | 姓名 | 出生日期 |
| 2 | 1 | 李宝田 | 1962/2/1 |
| 3 | 2 | 王刁武 | 1973/5/8 |
| 4 | 3 | 萨于凡 | 1960/12/11 |
| 5 | 4 | 龚昆 | 1958/4/6 |
| 6 | 5 | 林逸夫 | 1975/9/9 |
| 7 | 6 | 邢为民 | 1968/6/24 |
| 8 | 7 | 朱德志 | 1965/8/9 |
| 9 | 8 |  | 1976/3/16 |
| 10 |  |  |  |
| 11 |  |  |  |

基本信息　一月

图 4-13　使用“删除”命令后的“基本工资”工作表

（7）给“李宝田”加批注。

① 单击 B2 单元格，选择“审阅”→“新建批注”命令，在批注文本框中输入“外部借调”，然后单击别处，可以观察到“李宝田”单元格的右上角就出现一个红色小三角，表示该单元格有批注信息。

② 编辑批注内容：右击标有批注的单元格，在弹出的快捷菜单中选择“编辑批注”命令，在批注文本框中输入“外部借调（五个月）”。单击 B2 选中“李宝田”，选择“开始”→“单元格”→“清除”命令，将弹出四种清除方式，选择“清除批注”命令清除“李宝田”单元格的批注。

（8）当完成了一个工作表的数据输入后，经常需要对工作表的数据进行修改、复制、删除等编辑操作。

编辑单元格数据的方法有两种：通过编辑栏进行编辑和在单元格内中进行编辑。

① 在编辑栏内编辑数据。选定单元格后，单元格中的数据显示在编辑栏中。单击编辑栏使其激活，就可以在编辑栏中对单元格中的数据进行输入、修改编辑了。

② 在单元格内编辑数据。双击单元格进入单元格编辑状态，即可直接输入、修改单元格内的数据。进入编辑状态后，状态栏中显示“编辑状态”字样。

## 工作簿的数据建立考评记录

<table>
<tr><td>学生姓名</td><td></td><td>班级</td><td></td><td>任务评分</td><td colspan="2"></td></tr>
<tr><td>实训地点</td><td></td><td>学号</td><td></td><td>完成日期</td><td colspan="2"></td></tr>
<tr><td rowspan="24">实训实现步骤</td><td>序号</td><td colspan="3">考 核 内 容</td><td>标准分</td><td>评分</td></tr>
<tr><td>01</td><td colspan="3">基础操作：新建工作簿、保存至要求位置，并命名</td><td>5</td><td></td></tr>
<tr><td rowspan="6">02</td><td colspan="3">数据输入：</td><td>35</td><td></td></tr>
<tr><td colspan="3">（1）文本型数据输入：序号、身份证号<br>其中，自动填充：序号<br>数据有效性：工作部门</td><td>5<br>5<br>5</td><td></td></tr>
<tr><td colspan="3">（2）数值型数据输入：工龄、基本工资等</td><td>5</td><td></td></tr>
<tr><td colspan="3">（3）日期型数据输入：出生日期</td><td>5</td><td></td></tr>
<tr><td colspan="3">（4）数据有效性输入：工作部门、身份证号</td><td>5</td><td></td></tr>
<tr><td colspan="3">（5）批注输入</td><td>5</td><td></td></tr>
<tr><td rowspan="5">03</td><td colspan="3">工作表操作：</td><td>20</td><td></td></tr>
<tr><td colspan="3">（1）工作表的重命名</td><td>5</td><td></td></tr>
<tr><td colspan="3">（2）工作表的添加、删除、移动</td><td>5</td><td></td></tr>
<tr><td colspan="3">（3）工作表的隐藏</td><td>5</td><td></td></tr>
<tr><td colspan="3">（4）工作表标签的操作</td><td>5</td><td></td></tr>
<tr><td rowspan="5">04</td><td colspan="3">单元格的编辑：</td><td>20</td><td></td></tr>
<tr><td colspan="3">（1）列操作：插入、删除、移动等</td><td>5</td><td></td></tr>
<tr><td colspan="3">（2）行操作：插入、删除、移动等</td><td>5</td><td></td></tr>
<tr><td colspan="3">（3）列宽：最适合列宽</td><td>5</td><td></td></tr>
<tr><td colspan="3">（4）行高：最适合行高</td><td>5</td><td></td></tr>
<tr><td rowspan="5">05</td><td colspan="3">职业素养：</td><td>20</td><td></td></tr>
<tr><td colspan="3">自主学习：能结合案例目标任务自学知识点</td><td>5</td><td></td></tr>
<tr><td colspan="3">创新精神：套用所学操作完成不同工作表</td><td>5</td><td></td></tr>
<tr><td colspan="3">实操记录：清晰、完整、准确、规范、工整等</td><td>5</td><td></td></tr>
<tr><td colspan="3">学习反思：复述巩固知识点、反思实操内容等</td><td>5</td><td></td></tr>
<tr><td>自我评语</td><td colspan="6"></td></tr>
<tr><td>教师评语</td><td colspan="6"></td></tr>
</table>

存在问题

学习笔记

## 4.2 【实训 2】工作表的格式化和打印

### 实训目标

知识目标：

（1）熟悉 WPS 表格丰富的格式化命令。

（2）熟练掌握单元格格式设置方法。

（3）熟练掌握格式的套用方法。

（4）掌握页面设置的方法。

能力目标：

（1）能够对工作表进行格式设置，使得打印出来的表格更加美观。

（2）能够学会使用自动格式套用、页面设置和打印。

素质目标：

（1）通过完成示范案例，培养学生规范化、标准化的使用习惯，养成耐心、严谨的工作态度。

（2）通过引导，学生能制作不同的工作表，培养学生的复用性、模块化思维能力。

### 实训要求

（1）使用 WPS 表格格式化工作簿“工资表”中的工作表“一月”。

（2）使用格式对字体、对齐方式、边界、色彩、图案、行和列的高度及宽度进行设置。

（3）完成格式套用、页面设置和打印。

### 技术分析

在本次实训中，需要运用的技能点有：

（1）单元格格式设置的方法：边框、底纹、对齐方式等。

（2）格式套用的方法。

（3）页面设置的方法。

### 实例演示

使用 WPS 表格格式化工作簿“工资表”中的工作表“一月”，设置完成后打印输出，如图 4-14 所示。

学习笔记

员工工资表

| 序号 | 姓名 | 基本工资 | 津贴 | 奖金 | 水电费 | 保险金 | 工资 |
|---|---|---|---|---|---|---|---|
| 1 | 李宝田 | 2750 | 500 | 350 | 89.3 | 137.5 | 3373.2 |
| 2 | 王习武 | 2682 | 350 | 400 | 56.9 | 134.1 | 3241 |
| 3 | 萨于凡 | 2528 | 500 | 250 | 77.8 | 126.4 | 3073.8 |
| 4 | 龚昆 | 2621 | 400 | 250 | 26.4 | 131.05 | 3113.55 |
| 5 | 林逸夫 | 1980 | 300 | 350 | 31.05 | 99 | 2499.95 |
| 6 | 张小宁 | 2486 | 500 | 400 | 34.8 | 124.3 | 3226.9 |
| 7 | 邢为民 | 3500 | 400 | 500 | 56.7 | 175 | 4168.3 |
| 8 | 朱德志 | 2466 | 300 | 550 | 44 | 123.3 | 3148.7 |

基本信息 一月

图 4-14 “一月”工作表

操作记录

## 实训步骤

格式化工作表

### 1. 格式化工作表

（1）打开“工资表”工作簿，单击工作表标签“一月”，如图 4-15 所示。

| 序号 | 姓名 | 基本工资 | 津贴 | 奖金 | 水电费 | 保险金 | 工资 |
|---|---|---|---|---|---|---|---|
| 1 | 李宝田 | 2750 | 500 | 350 | 89.3 | 137.5 | 3373.2 |
| 2 | 王习武 | 2682 | 350 | 400 | 56.9 | 134.1 | 3241 |
| 3 | 萨于凡 | 2528 | 500 | 250 | 77.8 | 126.4 | 3073.8 |
| 4 | 龚昆 | 2621 | 400 | 250 | 26.4 | 131.05 | 3113.55 |
| 5 | 林逸夫 | 1980 | 300 | 350 | 31.05 | 99 | 2499.95 |
| 6 | 张小宁 | 2486 | 500 | 400 | 34.8 | 124.3 | 3226.9 |
| 7 | 邢为民 | 3500 | 400 | 500 | 56.7 | 175 | 4168.3 |
| 8 | 朱德志 | 2466 | 300 | 550 | 44 | 123.3 | 3148.7 |

基本信息 一月

图 4-15 格式化前的工作表

（2）标题栏的编辑与格式化：

① 单击第一行任意单元格，比如“姓名”单元格。选择“开始”→“行和列”→“插入单元格”→“在上方插入 2 行”命令，完成插入两空行的操作。

② 单击 A1，拖动鼠标到 H2，选定活动单元格区域 A1:H2，此区域颜色为灰色，意思为区域选中状态。

③ 选择“开始”→“单元格”→“设置单元格格式”命令，打开“设置单元格格式”对话框。在“对齐”选项卡中“垂直对齐”和“文本控制”中分别选择“居中”和“合并单元格”，如图 4-16 所示，按“确定”按钮完成输入。

④ 单击这个大单元格，然后输入标题“员工工资表”。

⑤ 选中标题“员工工资表”单元格，右击，在快捷菜单选择“设置单元格格式”命令，弹出“设置单元格格式”对话框，在“字体”选项卡中设置字体为“隶书”，字号为“18”，字形为“粗体”，单击“确定”按钮完成标题的字体的设置，如图 4-17 所示。

操作记录

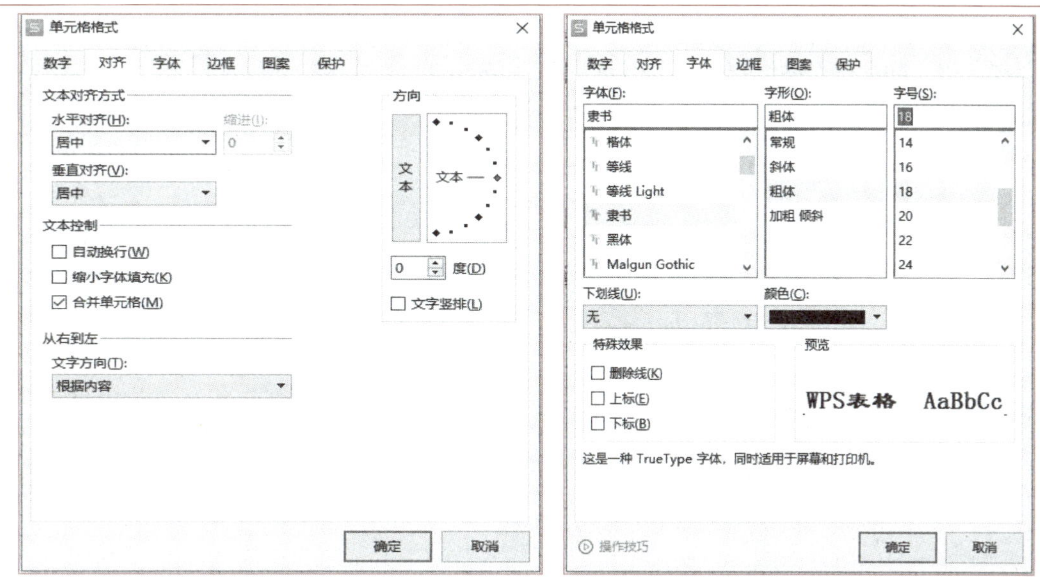


图 4-16　“对齐”选项卡　　　　图 4-17　“字体”选项卡

（3）格式化数据区：

① 单击 A3 单元格“序号”，拖动鼠标到 H11，选定活动单元格区域 A3:H11，此区域颜色为灰色，意思为区域选中状态。

② 右击，在快捷菜单中选择“设置单元格格式”命令，打开“单元格格式”对话框，单击“字体”选项卡，设置字体为“宋体”，字号为“12”，字形为“常规”，单击“确定”按钮完成字体的设置。

③ 切换到“对齐”选项卡，在“水平对齐”和“垂直对齐”中分别选择“居中”、“居中”，单击“确定”按钮完成对齐方式的设置。

④ 再切换到“边框”选项卡，选择“线条样式”功能组位于底部的“双线”线条式样，再单击“预置”功能组中的“外边框”图标；然后再单击“线条样式”中位于顶部的“单线”线条式样，再选择“预置”→“内部”图标，设置结果如图 4-18 所示，单击“确定”按钮完成边框的设置。

⑤ 用同样的方法打开“单元格格式”对话框，选择“图案”选项卡，在单元格底纹方案中，选中第三列第四行的图案。如图 4-19 所示，单击“确定”按钮完成底纹的设置，结果如图 4-14 所示。

（4）为“工资”列数据添加货币样式：

① 选择“工资”列，右击，打开“单元格格式”对话框，在“数字”选项卡中选择货币格式为默认值，如图 4-20 所示，小数为 2 位，可以在右侧示例框中预览到格式，单击“确定”按钮完成“工资”的货币样式的设置。

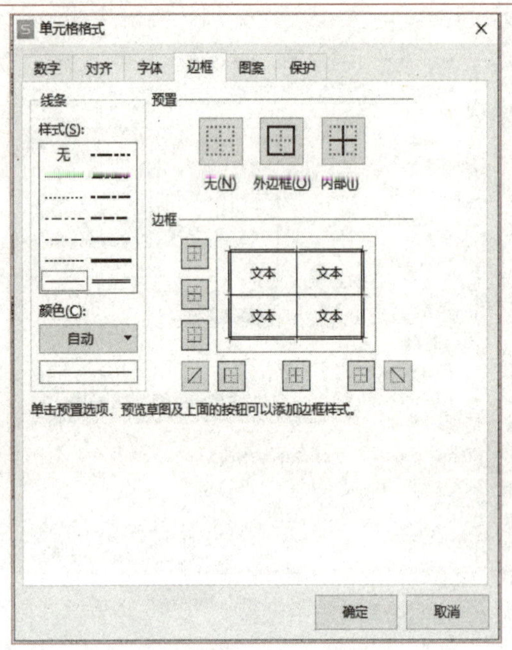

图 4-18 “边框”选项卡

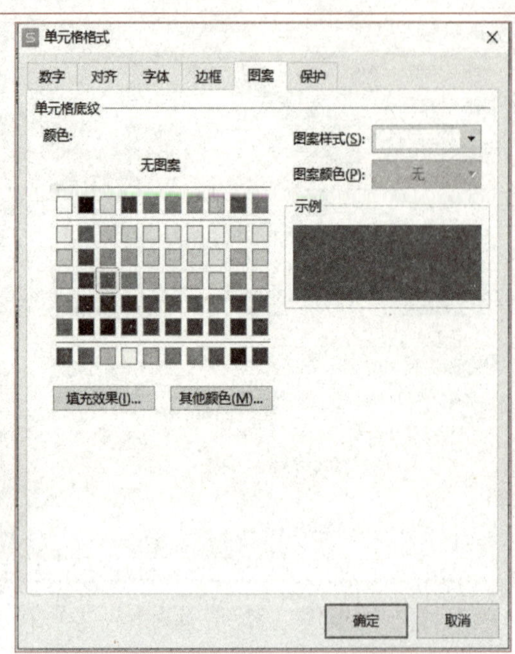

图 4-19 “图案”选项卡

② 如果单元格中数据为“####”，说明此处单元格的宽度不合适，选择“开始”→“行和列”→“最适合的列宽”命令，则可看见正确数据。

（5）单元格保护：

① H4 单元格（工资下方第一行）中有公式的输入，选中 H4 单元格，打开“单元格格式”对话框的“保护”选项卡，如图 4-21 所示。

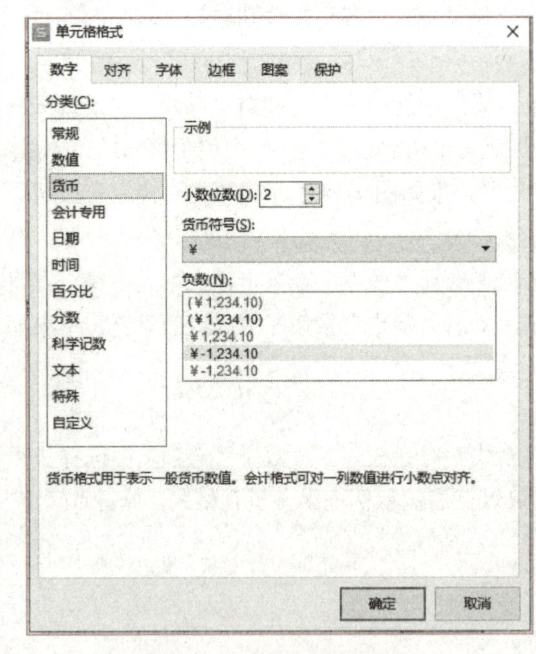

图 4-20 “数字”选项卡

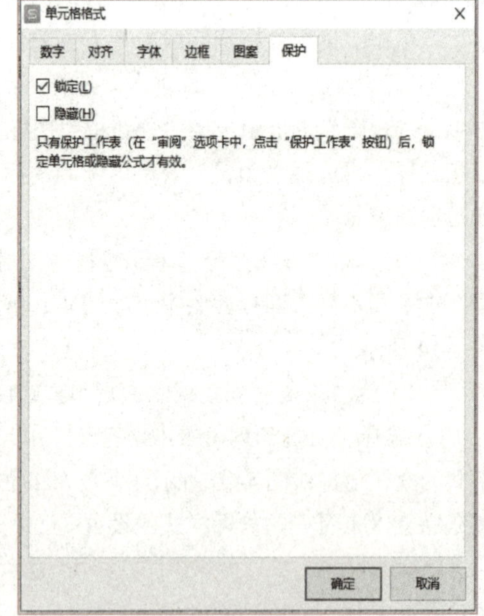

图 4-21 “保护”选项卡

② 选择“锁定”复选框，工作表受保护后，单元格不能修改。选择“隐藏”复选框，单击“确定”按钮。完成保护单元格还可以在工作表受保护后隐藏公式，这样防止他人查看数据的计算公式。

（6）格式的套用：

① 选定要套用格式的单元格区域 A3:H11。选择“开始”→“表格样式”命令，出现图 4-22 所示的“表格格式”下拉框。

② 从列表中选择任意一个表格样式。单击选中，自动套用格式后的对齐方式仍为原来的对齐方式。

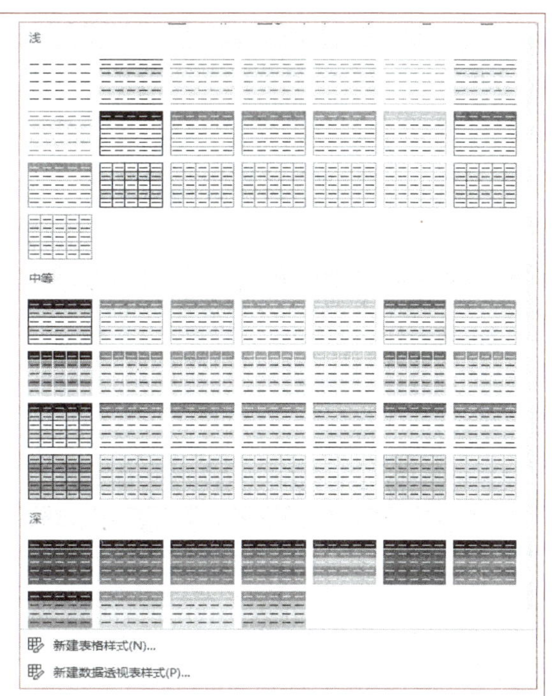


图 4-22　“表格格式”下拉框

打印

## 2. 打印

（1）打印一个工作表应首先打开打印机，选中工作表。如要打印工作表的一部分，还需选择相应区域，然后才能进行各种设置，页面设置如图 4-23 所示。

图 4-23　“页面设置”对话框

（2）单击“页面布局”→“页面设置”命令，打开“页面设置”对话框的“页面”选项卡，在“方向”功能组中选择选择“纵向”单选按钮，在“缩放”中“缩放比例”区域选取“100”，实现按正常比例打印。按默认值自动设定页边距，顶底各是 2.54 cm，左右各是 1.91 cm。

操作记录

（3）单击要插入分页线的行：第 40 行（分页线插在此行前）。单击“页面布局”→“插入分页符”命令，一条实线将出现在此行上，并作为分页标志，实现打印到 40 行。

（4）在“页面设置”对话框中，选择“页眉 / 页脚”选项卡，在页眉框和页脚框中输入自己的页眉和页脚即可。单击“打印”按钮，在界面右侧直接能预览检查各种设置是否合适。

（5）选择“文件”→“打印”命令或打开文档，按【Ctrl+P】组合键打印工作表。

完成情况

## 实训任务考评

### 工作表的格式化和打印考评记录

| 学生姓名 | | 班级 | | 任务评分 | | |
|---|---|---|---|---|---|---|
| 实训地点 | | 学号 | | 完成日期 | | |
| 实训实现步骤 | 序号 | 考 核 内 容 | | | 标准分 | 评分 |
| | 01 | 基础操作：按要求打开指定工作簿中工作表 | | | 5 | |
| | 02 | 格式化工作表： | | | 35 | |
| | | （1）标题栏的编辑与格式化 | | | 10 | |
| | | （2）格式化数据区 | | | 10 | |
| | | （3）按要求为数据添加货币样式 | | | 10 | |
| | | （4）单元格的保护 | | | 5 | |
| | 03 | 打印工作表： | | | 40 | |
| | | （1）页面设置：页边距 | | | 10 | |
| | | （2）页面设置：分页符 | | | 10 | |
| | | （3）页面设置：页眉页脚 | | | 10 | |
| | | （4）打印 | | | 10 | |
| | 04 | 职业素养： | | | 20 | |
| | | 自主学习：能结合案例目标任务自学知识点 | | | 5 | |
| | | 创新精神：套用所学操作完成不同工作表 | | | 5 | |
| | | 实操记录：清晰、完整、准确、规范、工整等 | | | 5 | |
| | | 学习反思：复述巩固知识点、反思实操内容等 | | | 5 | |
| 自我评语 | | | | | | |
| 教师评语 | | | | | | |

存在问题

学习笔记

## 4.3 【实训 3】工资表的数据处理

### 实训目标

**知识目标：**

（1）掌握公式的设置方法。

（2）掌握常用函数的使用方法。

（3）掌握数据分析的基本方法。

**能力目标：**

（1）能够在工作表中设置公式。

（2）能够使用常用的函数。

（3）能根据需要对数据进行必要的分析，如排序、筛选、分类汇总等。

**素质目标：**

（1）通过示范数据的排序、筛选及分类汇总，培养学生借助计算机工具解决日常办公事务的能力。

（2）通过引导，学生能制作不同的工作表，培养学生的复用性、模块化思维能力。

### 实训要求

（1）完成对工作簿“工资表”中数据的管理。

（2）利用公式和函数完成工资表的数据计算。

（3）完成工作表中筛选、排序等任务。

### 技术分析

在本次实训中，需要运用的技能点有：

（1）公式的使用和规则。

（2）函数的使用和规则。

（3）排序和筛选等。

### 实例演示

（1）使用 WPS 表格 2019 完成对工作簿“工资表”中的数据的管理：包括对“一月”中的某些数据进行自动求和、求平均数，求最高工资、最低工资、排序、筛选等工作，如图 4-24 所示。

H13　　=MIN(H2:H9)

| | A | B | C | D | E | F | G | H |
|---|---|---|---|---|---|---|---|---|
| 1 | 序号 | 姓名 | 基本工资 | 津贴 | 奖金 | 水电费 | 保险金 | 工资 |
| 2 | 1 | 李宝田 | 2750 | 500 | 350 | 89.3 | 137.5 | 3373.2 |
| 3 | 2 | 王习武 | 2682 | 350 | 400 | 56.9 | 134.1 | 3241 |
| 4 | 3 | 萨于凡 | 2528 | 500 | 250 | 77.8 | 126.4 | 3073.8 |
| 5 | 4 | 龚昆 | 2621 | 400 | 250 | 26.4 | 131.05 | 3113.55 |
| 6 | 5 | 林逸夫 | 1980 | 300 | 350 | 31.05 | 99 | 2499.95 |
| 7 | 6 | 张小宁 | 2486 | 500 | 400 | 34.8 | 124.3 | 3226.9 |
| 8 | 7 | 邢为民 | 3500 | 400 | 500 | 56.7 | 175 | 4168.3 |
| 9 | 8 | 朱德志 | 2466 | 300 | 550 | 44 | 123.3 | 3148.7 |
| 10 | | | | | | | 工资总计 | 25845.4 |
| 11 | | | | | | | 平均工资 | 3230.675 |
| 12 | | | | | | | 最高工资 | 4168.3 |
| 13 | | | | | | | 最低工资 | 2499.95 |

基本信息　一月

图 4-24　工作表“一月”的数据计算

（2）在其基础上做“二月”和“三月”工作表的工资数据处理，如图 4-25 和图 4-26 所示。

| | A | B | C | D | E | F | G | H | I | J |
|---|---|---|---|---|---|---|---|---|---|---|
| 1 | 序号 | 姓名 | 基本工资 | 津贴 | 奖金 | 水电费 | 保险金 | 工龄 | 工龄工资 | 工资 |
| 2 | 1 | 李宝田 | 2750 | 500 | 350 | 89.3 | 137.5 | 30 | 750 | 4123.2 |
| 3 | 2 | 王习武 | 2682 | 350 | 400 | 56.9 | 134.1 | 19 | 285 | 3526 |
| 4 | 3 | 萨于凡 | 2528 | 500 | 250 | 77.8 | 126.4 | 31 | 775 | 3848.8 |
| 5 | 4 | 龚昆 | 2621 | 400 | 250 | 26.4 | 131.05 | 32 | 800 | 3913.55 |
| 6 | 5 | 林逸夫 | 1980 | 300 | 350 | 31.05 | 99 | 15 | 225 | 2724.95 |
| 7 | 6 | 张小宁 | 2486 | 500 | 400 | 34.8 | 124.3 | 22 | 440 | 3666.9 |
| 8 | 7 | 邢为民 | 3500 | 400 | 500 | 56.7 | 175 | 26 | 520 | 4688.3 |
| 9 | 8 | 朱德志 | 2466 | 300 | 550 | 44 | 123.3 | 16 | 240 | 3388.7 |

一月　二月　三月

图 4-25　工作表“二月”的数据计算

| | A | B | C | D | E | F | G | H | I | J | K |
|---|---|---|---|---|---|---|---|---|---|---|---|
| 1 | 序号 | 姓名 | 基本工资 | 津贴 | 奖金 | 水电费 | 保险金 | 工龄 | 工龄工资 | 季度奖 | 工资 |
| 2 | 4 | 龚昆 | 2621 | 400 | 250 | 26.4 | 131.05 | 32 | 800 | 500 | 4413.55 |
| 3 | 3 | 萨于凡 | 2528 | 500 | 250 | 77.8 | 126.4 | 31 | 775 | 500 | 4348.8 |
| 4 | 1 | 李宝田 | 2750 | 500 | 350 | 89.3 | 137.5 | 30 | 750 | 500 | 4623.2 |
| 5 | 5 | 林逸夫 | 1980 | 300 | 350 | 31.05 | 99 | 15 | 225 | 500 | 3224.95 |
| 6 | 2 | 王习武 | 2682 | 350 | 400 | 56.9 | 134.1 | 19 | 285 | 500 | 4026 |
| 7 | 6 | 张小宁 | 2486 | 500 | 400 | 34.8 | 124.3 | 22 | 440 | 500 | 4166.9 |
| 8 | 7 | 邢为民 | 3500 | 400 | 500 | 56.7 | 175 | 26 | 520 | 500 | 5188.3 |
| 9 | 8 | 朱德志 | 2466 | 300 | 550 | 44 | 123.3 | 16 | 240 | 500 | 3888.7 |

一月　二月　三月

图 4-26　工作表“三月”的数据计算

## 实训步骤

### 1. 用公式处理数据

（1）打开“工资表”工作簿，单击工作表标签“一月”，如图 4-27 所示。

耐心、严谨

操作记录

操作视频

用公式处理数据

| | A | B | C | D | E | F | G | H |
|---|---|---|---|---|---|---|---|---|
| 1 | 序号 | 姓名 | 基本工资 | 津贴 | 奖金 | 水电费 | 保险金 | 工资 |
| 2 | 1 | 李宝田 | 2750 | 500 | 350 | 89.3 | | |
| 3 | 2 | 王习武 | 2682 | 350 | 400 | 56.9 | | |
| 4 | 3 | 萨于凡 | 2528 | 500 | 250 | 77.8 | | |
| 5 | 4 | 龚昆 | 2621 | 400 | 250 | 26.4 | | |
| 6 | 5 | 林逸夫 | 1980 | 300 | 350 | 31.05 | | |
| 7 | 6 | 张小宁 | 2486 | 500 | 400 | 34.8 | | |
| 8 | 7 | 邢为民 | 3500 | 400 | 500 | 56.7 | | |
| 9 | 8 | 朱德志 | 2466 | 300 | 550 | 44 | | |
| 10 | | | | | | | | |

基本信息　一月

图 4-27　“一月”工作表

（2）保险金的计算。

① 在编辑栏或 G2 单元格中输入“=C2*0.05”。公式中的“C2”也可以单击 C2 单元格。如图 4-28 所示，然后按【Enter】键结束输入。

| | A | B | C | D | E | F | G | H |
|---|---|---|---|---|---|---|---|---|
| 1 | 序号 | 姓名 | 基本工资 | 津贴 | 奖金 | 水电费 | 保险金 | 工资 |
| 2 | 1 | 李宝田 | 2750 | 500 | 350 | 89.3 | =C2*0.05 | |
| 3 | 2 | 王习武 | 2682 | 350 | 400 | 56.9 | | |
| 4 | 3 | 萨于凡 | 2528 | 500 | 250 | 77.8 | | |
| 5 | 4 | 龚昆 | 2621 | 400 | 250 | 26.4 | | |
| 6 | 5 | 林逸夫 | 1980 | 300 | 350 | 31.05 | | |
| 7 | 6 | 张小宁 | 2486 | 500 | 400 | 34.8 | | |
| 8 | 7 | 邢为民 | 3500 | 400 | 500 | 56.7 | | |
| 9 | 8 | 朱德志 | 2466 | 300 | 550 | 44 | | |
| 10 | | | | | | | | |

基本信息　一月

图 4-28　G2 单元格的公式

② G2 中显示数据“137.5”，编辑栏中显示的是公式。

（3）将鼠标放到 G2 的右下角，当出现“+”填充柄时，向下拖动鼠标，完成数据的计算填充，如图 4-29 所示。

| | A | B | C | D | E | F | G | H |
|---|---|---|---|---|---|---|---|---|
| 1 | 序号 | 姓名 | 基本工资 | 津贴 | 奖金 | 水电费 | 保险金 | 工资 |
| 2 | 1 | 李宝田 | 2750 | 500 | 350 | 89.3 | 137.5 | |
| 3 | 2 | 王习武 | 2682 | 350 | 400 | 56.9 | 134.1 | |
| 4 | 3 | 萨于凡 | 2528 | 500 | 250 | 77.8 | 126.4 | |
| 5 | 4 | 龚昆 | 2621 | 400 | 250 | 26.4 | 131.05 | |
| 6 | 5 | 林逸夫 | 1980 | 300 | 350 | 31.05 | 99 | |
| 7 | 6 | 张小宁 | 2486 | 500 | 400 | 34.8 | 124.3 | |
| 8 | 7 | 邢为民 | 3500 | 400 | 500 | 56.7 | 175 | |
| 9 | 8 | 朱德志 | 2466 | 300 | 550 | 44 | 123.3 | |
| 10 | | | | | | | | |

基本信息　一月

图 4-29　G 列数据

（4）完成工资的计算。

① 同计算保险金相似，在 H2 单元格中或编辑栏中输入“=C2+D2+E2-F2-G2”，按【Enter】键结束输入。H2 中显示数据“3373.2”，编辑栏中显示的是公式。

操作记录

② 将鼠标放到H2单元格的右下角，当出现“+”填充柄时，向下拖动鼠标，完成数据的计算填充，如图4-30所示。

| | A | B | C | D | E | F | G | H |
|---|---|---|---|---|---|---|---|---|
| 1 | 序号 | 姓名 | 基本工资 | 津贴 | 奖金 | 水电费 | 保险金 | 工资 |
| 2 | 1 | 李宝田 | 2750 | 500 | 350 | 89.3 | 137.5 | 3373.2 |
| 3 | 2 | 王习武 | 2682 | 350 | 400 | 56.9 | 134.1 | 3241 |
| 4 | 3 | 萨于凡 | 2528 | 500 | 250 | 77.8 | 126.4 | 3073.8 |
| 5 | 4 | 龚昆 | 2621 | 400 | 250 | 26.4 | 131.05 | 3113.55 |
| 6 | 5 | 林逸夫 | 1980 | 300 | 350 | 31.05 | 99 | 2499.95 |
| 7 | 6 | 张小宁 | 2486 | 500 | 400 | 34.8 | 124.3 | 3226.9 |
| 8 | 7 | 邢为民 | 3500 | 400 | 500 | 56.7 | 175 | 4168.3 |
| 9 | 8 | 朱德志 | 2466 | 300 | 550 | 44 | 123.3 | 3148.7 |
| 10 | | | | | | | | |

基本信息　一月

图4-30　H列数据

（5）工资总计：

① 单击G10单元格，输入“工资总计”。

② 单击H10单元格，单元格或编辑栏中输入“=H2+H3+H4+H5+H6+H7+H8+H9”。其中公式中的H2、H3、H4、H5、H6、H7、H8、H9也可以单击单元格，按【Enter】键结束输入。

③ H10中显示数据“####”，编辑栏中显示的是公式，如图4-31所示。

| | A | B | C | D | E | F | G | H | I |
|---|---|---|---|---|---|---|---|---|---|
| 2 | 1 | 李宝田 | 2750 | 500 | 350 | 89.3 | 137.5 | 3373 | |
| 3 | 2 | 王习武 | 2682 | 350 | 400 | 56.9 | 134.1 | 3241 | |
| 4 | 3 | 萨于凡 | 2528 | 500 | 250 | 77.8 | 126.4 | 3074 | |
| 5 | 4 | 龚昆 | 2621 | 400 | 250 | 26.4 | 131.05 | 3114 | |
| 6 | 5 | 林逸夫 | 1980 | 300 | 350 | 31.05 | 99 | 2500 | |
| 7 | 6 | 张小宁 | 2486 | 500 | 400 | 34.8 | 124.3 | 3227 | |
| 8 | 7 | 邢为民 | 3500 | 400 | 500 | 56.7 | 175 | 4168 | |
| 9 | 8 | 朱德志 | 2466 | 300 | 550 | 44 | 123.3 | 3149 | |
| 10 | | | | | | | 工资总计 | #### | |
| 11 | | | | | | | | | |

基本信息　一月

图4-31　H10单元格数据

使用函数处理数据

④ 选择“开始”→“行和列”→“最适合的列宽”命令，H10则显示正确的数据“25845.4”。

### 2. 使用函数处理数据

（1）打开“工资表”工作簿，单击工作表“一月”，如图4-32所示。

（2）利用函数完成工资计算。单击H10单元格，编辑栏中出现公式“=H2+H3+H4+H5+H6+H7+H8+H9”，如果员工有100多个，我们不可能输那么长的公式。现在用函数完成工资总计。

① 单击H10单元，单击工具栏中的“求和”按钮。

② 在H10单元格中和编辑栏中会自动填入公式“=SUM（H2:H9）”；此时，H2:H9区

域的边框在闪烁，指对 H2:H9 区域中的单元格进行求和。

③ 不修改数据区域，按【Enter】键确认，H10 中出现合计值，完成工资的总计。

| | A | B | C | D | E | F | G | H |
|---|---|---|---|---|---|---|---|---|
| 1 | 序号 | 姓名 | 基本工资 | 津贴 | 奖金 | 水电费 | 保险金 | 工资 |
| 2 | 1 | 李宝田 | 2750 | 500 | 350 | 89.3 | 137.5 | 3373.2 |
| 3 | 2 | 王习武 | 2682 | 350 | 400 | 56.9 | 134.1 | 3241 |
| 4 | 3 | 萨于凡 | 2528 | 500 | 250 | 77.8 | 126.4 | 3073.8 |
| 5 | 4 | 龚昆 | 2621 | 400 | 250 | 26.4 | 131.05 | 3113.55 |
| 6 | 5 | 林逸夫 | 1980 | 300 | 350 | 31.05 | 99 | 2499.95 |
| 7 | 6 | 张小宁 | 2486 | 500 | 400 | 34.8 | 124.3 | 3226.9 |
| 8 | 7 | 邢为民 | 3500 | 400 | 500 | 56.7 | 175 | 4168.3 |
| 9 | 8 | 朱德志 | 2466 | 300 | 550 | 44 | 123.3 | 3148.7 |
| 10 | | | | | | | 工资总计 | 25845.4 |
| 11 | | | | | | | | |

基本信息　一月

图 4-32　“一月”工作表

（3）计算平均工资。

① 单击工作表“一月”，在 G11 单元格中输入“平均工资”。

② 选中 H11 单元格后，单击“求和”按钮右侧的黑色三角小箭头，从中选择“平均值”命令，如图 4-33 所示。

③ 在 H11 单元格中和编辑栏中会自动填入公式“=AVERAGE(H2:H10)”。 此时，H2:H10 区域的边框在闪烁，指对 H2:H10 区域中的单元格进行求平均值。与要求不符合，所以在 H11 单元格中或编辑栏中把“H10”，修改成“H9”。

④ 按【Enter】键确认后，H11 中出现平均值。

（4）求最高工资。

① G12 单元格中输入“最高工资”。

② 选中 H12 单元格后，单击“求和”按钮右侧的黑色三角小箭头。从中选择“最大值”命令，在 H12 单元格中和编辑栏中会自动填入公式“=MAX（H2:H11）”。

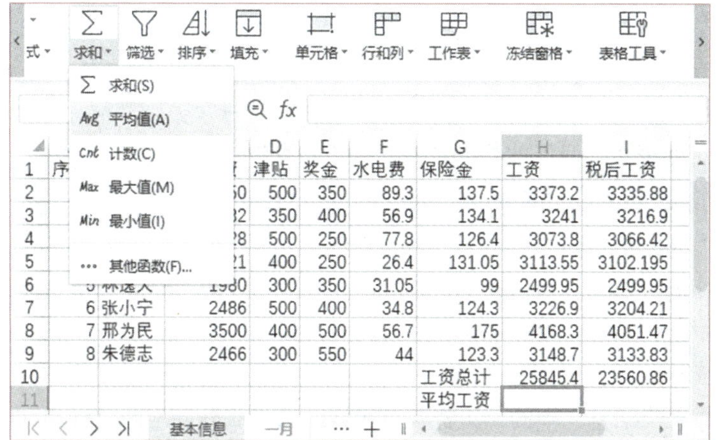


图 4-33　平均值的计算

③ 此时，H2:H11 区域的边框在闪烁，指对 H2：H11 区域中的单元格进行求和，与要求不符合，所以在 H12 单元格中或编辑栏中把“H11”，修改成“H9”。

④ 按【Enter】键确认后，H12 中出现最高工资。

（5）求最低工资。

① 在 G13 单元格中输入“最低工资”。

② 单击“求和”按钮右侧的黑色三角小箭头。从中选择最小值，用同样的方法可完成最低工资的计算，如图 4-34 所示。

H13　=MIN(H2:H9)

| | A | B | C | D | E | F | G | H |
|---|---|---|---|---|---|---|---|---|
| 1 | 序号 | 姓名 | 基本工资 | 津贴 | 奖金 | 水电费 | 保险金 | 工资 |
| 2 | 1 | 李宝田 | 2750 | 500 | 350 | 89.3 | 137.5 | 3373.2 |
| 3 | 2 | 王习武 | 2682 | 350 | 400 | 56.9 | 134.1 | 3241 |
| 4 | 3 | 萨于凡 | 2528 | 500 | 250 | 77.8 | 126.4 | 3073.8 |
| 5 | 4 | 龚昆 | 2621 | 400 | 250 | 26.4 | 131.05 | 3113.55 |
| 6 | 5 | 林逸夫 | 1980 | 300 | 350 | 31.05 | 99 | 2499.95 |
| 7 | 6 | 张小宁 | 2486 | 500 | 400 | 34.8 | 124.3 | 3226.9 |
| 8 | 7 | 邢为民 | 3500 | 400 | 500 | 56.7 | 175 | 4168.3 |
| 9 | 8 | 朱德志 | 2466 | 300 | 550 | 44 | 123.3 | 3148.7 |
| 10 | | | | | | | 工资总计 | 25845.4 |
| 11 | | | | | | | 平均工资 | 3230.675 |
| 12 | | | | | | | 最高工资 | 4168.3 |
| 13 | | | | | | | 最低工资 | 2499.95 |

基本信息　一月

图 4-34　最低工资计算

### 3. 建立第一季度的工资报表

一月份的工资同先前的“一月”中的数据。二月份的工资是有工龄工资的，工龄工资为：工龄大于等于 30 年的，工龄工资每年 25 元；工龄大于等于 20 年的，工龄工资每年 20 元；工龄大于等于 10 年的，工龄工资每年 15 元；工龄少于 10 年的，工龄工资每年 10 元；公式为“=IF(H2>=30,25*H2,IF(H2>=20,20*H2,IF(H2>=10,15*H2,10*H2)))”。三月份的工资是在二月份的基础上有季度奖，每人 500 元。

建立第一季度工资报表

（1）打开“工资表”工作簿，选中工作表标签“一月”。

（2）复制工作表“一月”的数据到工作表“二月”：

① 单击工作表“一月”中的 A1 单元格，拖动到 H13，选中 A1:H13 区域，选择“开始”→“复制”命令。

② 单击工作表“二月”，选中 A1 单元格，选择“开始”→“粘贴”命令，选中 G10:H13 区域，删除统计数据，如图 4-35 所示。

（3）复制工作表“基本信息”的“工龄”列数据到工作表“二月”中：

① 单击工作表“二月”中的“工资”单元格，选择“开始”→“行和列”→“插入单元格”→“在左侧插入 1 列”命令。

操作记录

|  | A | B | C | D | E | F | G | H |
|---|---|---|---|---|---|---|---|---|
| 1 | 序号 | 姓名 | 基本工资 | 津贴 | 奖金 | 水电费 | 保险金 | 工资 |
| 2 | 1 | 李宝田 | 2750 | 500 | 350 | 89.3 | 137.5 | 3373.2 |
| 3 | 2 | 王习武 | 2682 | 350 | 400 | 56.9 | 134.1 | 3241 |
| 4 | 3 | 萨于凡 | 2528 | 500 | 250 | 77.8 | 126.4 | 3073.8 |
| 5 | 4 | 龚昆 | 2621 | 400 | 250 | 26.4 | 131.05 | 3113.55 |
| 6 | 5 | 林逸夫 | 1980 | 300 | 350 | 31.05 | 99 | 2499.95 |
| 7 | 6 | 张小宁 | 2486 | 500 | 400 | 34.8 | 124.3 | 3226.9 |
| 8 | 7 | 邢为民 | 3500 | 400 | 500 | 56.7 | 175 | 4168.3 |
| 9 | 8 | 朱德志 | 2466 | 300 | 550 | 44 | 123.3 | 3148.7 |
| 10 |  |  |  |  |  |  |  |  |

一月　二月　三月

图 4-35　“二月”工作表

② 单击底部工作表标签“基本信息”，单击 F1 单元格，拖动到 F9 单元格，选中“工龄”字段的数据，选择“开始”→“复制”命令。

③ 单击工作表标签“二月”，单击选中 H1，选择“开始”→“粘贴”命令，将“工龄”字段的数据复制到“二月”工作表中。

（4）计算工龄工资：

① 单击工作表“二月”中的“工资”单元格，选择“开始”→“行和列”→“插入单元格”→“在左侧插入 1 列”命令，在第一行输入“工龄工资”。

② 单击 I2 单元格，在编辑栏中输入公式“=IF(H2>=30,25*H2,IF(H2>=20,20*H2,IF(H2>=10,15*H2,10*H2)))”，如图 4-36 所示。

SUMIF　× ✓ fx　=IF(H2>=30, 25*H2, IF(H2>=20, 20*H2, IF(H2>=10, 15*H2, 10*H2)))

|  | A | B | C | D | E | F | G | H | I | J |
|---|---|---|---|---|---|---|---|---|---|---|
| 1 | 序号 | 姓名 | 基本工资 | 津贴 | 奖金 | 水电费 | 保险金 | 工龄 | 工龄工资 | 工资 |
| 2 | 1 | 李宝田 | 2750 | 500 | 350 | 89.3 | 137.5 | 30 | =IF(H2 |  |
| 3 | 2 | 王习武 | 2682 | 350 | 400 | 56.9 | 134.1 | 19 | >=30,25*H2 |  |
| 4 | 3 | 萨于凡 | 2528 | 500 | 250 | 77.8 | 126.4 | 31 | ,IF(H2 |  |
| 5 | 4 | 龚昆 | 2621 | 400 | 250 | 26.4 | 131.05 | 32 | >=20,20*H2 |  |
| 6 | 5 | 林逸夫 | 1980 | 300 | 350 | 31.05 | 99 | 15 | ,IF(H2 |  |
| 7 | 6 | 张小宁 | 2486 | 500 | 400 | 34.8 | 124.3 | 22 | >=10,15*H2 |  |
| 8 | 7 | 邢为民 | 3500 | 400 | 500 | 56.7 | 175 | 26 | ,10*H2))) |  |
| 9 | 8 | 朱德志 | 2466 | 300 | 550 | 44 | 123.3 | 16 |  |  |
| 10 |  |  |  |  |  |  |  |  |  |  |

一月　二月　三月

图 4-36　工龄工资的计算

③ 按【Enter】键确定，I2 中出现数据“750”，单击 I2 单元格，指针变成一个细实线的“+”字复制柄时，鼠标向下拖动到 I9 单元格，实现数据的填充。

（5）重新计算“工资”列。

① 单击“工资”下的单元格 J2，编辑栏中出现公式，将它改为“=C2+D2+E2-F2-G2+I2”，按【Enter】键确定，J2 中出现数据。

② 单击 J2 单元格，指针变成一个细实线的“+”字复制柄时，鼠标向下拖动到 J9，实现数据的填充，如图 4-37 所示。

J2　=C2+D2+E2-F2-G2+I2

| | A | B | C | D | E | F | G | H | I | J |
|---|---|---|---|---|---|---|---|---|---|---|
| 1 | 序号 | 姓名 | 基本工资 | 津贴 | 奖金 | 水电费 | 保险金 | 工龄 | 工龄工资 | 工资 |
| 2 | 1 | 李宝田 | 2750 | 500 | 350 | 89.3 | 137.5 | 30 | 750 | 4123.2 |
| 3 | 2 | 王习武 | 2682 | 350 | 400 | 56.9 | 134.1 | 19 | 285 | 3526 |
| 4 | 3 | 萨于凡 | 2528 | 500 | 250 | 77.8 | 126.4 | 31 | 775 | 3848.8 |
| 5 | 4 | 龚昆 | 2621 | 400 | 250 | 26.4 | 131.05 | 32 | 800 | 3913.55 |
| 6 | 5 | 林逸夫 | 1980 | 300 | 350 | 31.05 | 99 | 15 | 225 | 2724.95 |
| 7 | 6 | 张小宁 | 2486 | 500 | 400 | 34.8 | 124.3 | 22 | 440 | 3666.9 |
| 8 | 7 | 邢为民 | 3500 | 400 | 500 | 56.7 | 175 | 26 | 520 | 4688.3 |
| 9 | 8 | 朱德志 | 2466 | 300 | 550 | 44 | 123.3 | 16 | 240 | 3388.7 |
| 10 | | | | | | | | | | |

一月　二月　三月

图 4-37　工资列的重新计算

（6）单击 J2 单元格，发现公式仍然成立。

（7）如上面的操作，将工作表“二月”的内容复制到工作表“三月”中。

（8）添加“季度奖”列。

① 单击工作表标签“三月”，单击“工资”单元格，选择“开始”→“行和列”→“插入单元格”→“在左侧插入 1 列”命令，在此列第一行输入“季度奖”。

② 在此列第二行输入“500”，用复制柄完成单元格的数据填充。

（9）重新计算“工资”列数据。

① 单击“工资”下的单元格 K2，编辑栏中出现公式，将它改为“=C2+D2+E2-F2-G2+I2+J2”，按【Enter】键确定，K2 中出现数据。

② 单击 K2 单元格，指针变成一个细实线的“+”字复制柄时，鼠标向下拖动到 K9，实现数据的填充，如图 4-38 所示。

K2　=C2+D2+E2-F2-G2+I2+J2

| | A | B | C | D | E | F | G | H | I | J | K |
|---|---|---|---|---|---|---|---|---|---|---|---|
| 1 | 序号 | 姓名 | 基本工资 | 津贴 | 奖金 | 水电费 | 保险金 | 工龄 | 工龄工资 | 季度奖 | 工资 |
| 2 | 1 | 李宝田 | 2750 | 500 | 350 | 89.3 | 137.5 | 30 | 750 | 500 | 4623.2 |
| 3 | 2 | 王习武 | 2682 | 350 | 400 | 56.9 | 134.1 | 19 | 285 | 500 | 4026 |
| 4 | 3 | 萨于凡 | 2528 | 500 | 250 | 77.8 | 126.4 | 31 | 775 | 500 | 4348.8 |
| 5 | 4 | 龚昆 | 2621 | 400 | 250 | 26.4 | 131.05 | 32 | 800 | 500 | 4413.55 |
| 6 | 5 | 林逸夫 | 1980 | 300 | 350 | 31.05 | 99 | 15 | 225 | 500 | 3224.95 |
| 7 | 6 | 张小宁 | 2486 | 500 | 400 | 34.8 | 124.3 | 22 | 440 | 500 | 4166.9 |
| 8 | 7 | 邢为民 | 3500 | 400 | 500 | 56.7 | 175 | 26 | 520 | 500 | 5188.3 |
| 9 | 8 | 朱德志 | 2466 | 300 | 550 | 44 | 123.3 | 16 | 240 | 500 | 3888.7 |
| 10 | | | | | | | | | | | |

一月　二月　三月

图 4-38　K 列数据计算

### 4. 排序和筛选

对“三月”工作表排序，第一次是对“姓名”排序，第二次是先按“奖金”排序，奖金相同时，按“姓名”排序。

排序和筛选

（1）在此工作簿中选择“三月”工作表。

（2）按“姓名”排序。

① 选中数据清单中要进行排序的列：姓名。

② 选择“数据”→“排序”→“自定义排序”命令，出现“排序”对话框，在“主要关键字”的下拉菜单中选择默认的“姓名”， 再选“升序”，对话框右上侧的复选框“数据包含标题”为选中状态。如图 4-39 所示，单击“确定”按钮。

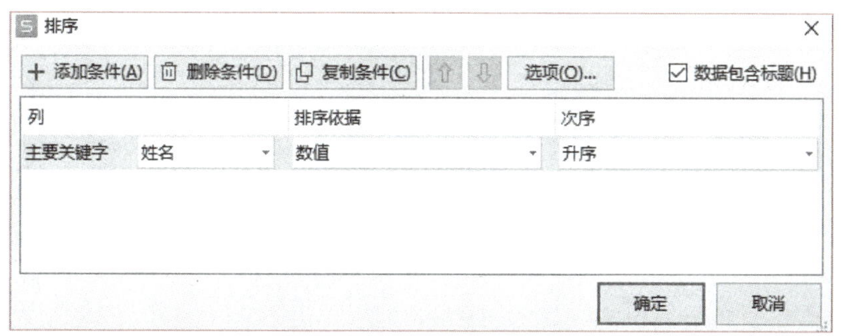


图 4-39 “排序”对话框

WPS 表格就会按照用户的要求，对数据清单中的所有记录进行排序，如图 4-40 所示。

| | A | B | C | D | E | F | G | H | I | J | K |
|---|---|---|---|---|---|---|---|---|---|---|---|
| 1 | 序号 | 姓名 | 基本工资 | 津贴 | 奖金 | 水电费 | 保险金 | 工龄 | 工龄工资 | 季度奖 | 工资 |
| 2 | 4 | 龚昆 | 2621 | 400 | 250 | 26.4 | 131.05 | 32 | 800 | 500 | 4413.55 |
| 3 | 3 | 萨于凡 | 2528 | 500 | 250 | 77.8 | 126.4 | 31 | 775 | 500 | 4348.8 |
| 4 | 1 | 李宝田 | 2750 | 500 | 350 | 89.3 | 137.5 | 30 | 750 | 500 | 4623.2 |
| 5 | 5 | 林逸夫 | 1980 | 300 | 350 | 31.05 | 99 | 15 | 225 | 500 | 3224.95 |
| 6 | 2 | 王习武 | 2682 | 350 | 400 | 56.9 | 134.1 | 19 | 285 | 500 | 4026 |
| 7 | 6 | 张小宁 | 2486 | 500 | 400 | 34.8 | 124.3 | 22 | 440 | 500 | 4166.9 |
| 8 | 7 | 邢为民 | 3500 | 400 | 500 | 56.7 | 175 | 26 | 520 | 500 | 5188.3 |
| 9 | 8 | 朱德志 | 2466 | 300 | 550 | 44 | 123.3 | 16 | 240 | 500 | 3888.7 |
| 10 | | | | | | | | | | | |

基本信息 一月 二月 三月 …

图 4-40 按“姓名”字段排序

（3）先按“奖金”排序，相同的奖金按“姓名”排序。

① 选中数据清单中要进行排序的列：奖金。

② 选择“数据”→“排序”→“自定义排序”命令，出现“排序”对话框，在“主要关键字”的下拉菜单中选择默认的“奖金”，再选“升序”；在“次要关键字”的下拉菜单中选择默认的“姓名”，再选“升序”，单击“确定”按钮，完成排序。

（4）筛选“基本工资”前 5 位。

① 单击“三月”工作表的任意单元格，选择“数据”→“筛选”命令，此时在数据清单的每个字段的右侧出现一个下拉箭头。

② 单击“基本工资”字段名右侧的下拉箭头，从菜单中选择“数字筛选”→“前十项”命令，屏幕上将出现如图 4-41 所示的对话框，分别选择“最大”“5”“项”。

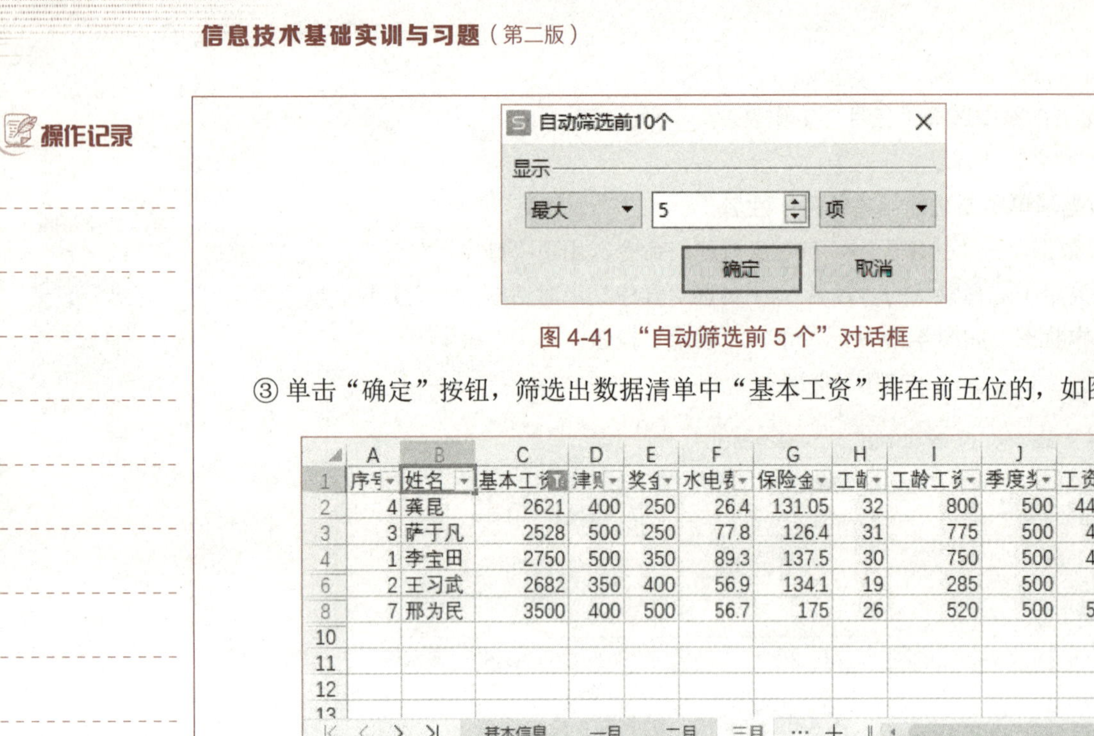


图 4-41 “自动筛选前 5 个”对话框

③ 单击“确定”按钮，筛选出数据清单中“基本工资”排在前五位的，如图 4-42 所示。

| | A | B | C | D | E | F | G | H | I | J | K |
|---|---|---|---|---|---|---|---|---|---|---|---|
| 1 | 序号 | 姓名 | 基本工资 | 津贴 | 奖金 | 水电费 | 保险金 | 工龄 | 工龄工资 | 季度奖 | 工资 |
| 2 | 4 | 龚昆 | 2621 | 400 | 250 | 26.4 | 131.05 | 32 | 800 | 500 | 4413.55 |
| 3 | 3 | 萨于凡 | 2528 | 500 | 250 | 77.8 | 126.4 | 31 | 775 | 500 | 4348.8 |
| 4 | 1 | 李宝田 | 2750 | 500 | 350 | 89.3 | 137.5 | 30 | 750 | 500 | 4623.2 |
| 6 | 2 | 王习武 | 2682 | 350 | 400 | 56.9 | 134.1 | 19 | 285 | 500 | 4026 |
| 8 | 7 | 邢为民 | 3500 | 400 | 500 | 56.7 | 175 | 26 | 520 | 500 | 5188.3 |

图 4-42 筛选结果

（5）筛选出数据清单中基本工资在 2 500~4 500 之间的员工。

① 单击“基本工资”字段名右侧的下拉箭头，从菜单中选择“数字筛选”→“自定义筛选”命令，屏幕上将出现“自定义自动筛选方式”对话框。

② 在四个下拉列表中选“大于”“2 500”“小于”“4 500”，选中“与”单选按钮，如图 4-43 所示。单击“确定”按钮，即可得到想要的记录。

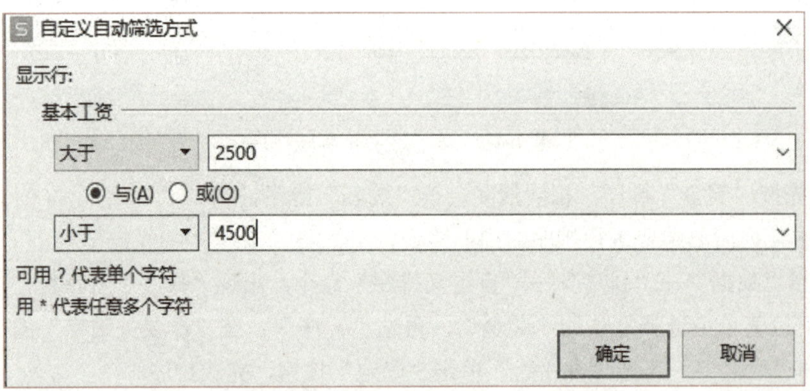


图 4-43 “自定义自动筛选方式”对话框

（6）退出筛选。再次选择“数据”→“筛选”命令，退出筛选。

完成情况

## 工资表的数据处理考评记录

| 学生姓名 | | 班级 | | 任务评分 | |
|---|---|---|---|---|---|
| 实训地点 | | 学号 | | 完成日期 | |

| | 序号 | 考 核 内 容 | 标准分 | 评分 |
|---|---|---|---|---|
| 实训实现步骤 | 01 | **基础操作：**按要求编辑指定工作薄中工作表 | 5 | |
| | 02 | **公式处理数据：** | 15 | |
| | | （1）保险金的计算 | 5 | |
| | | （2）工资的计算 | 5 | |
| | | （3）工资合计 | 5 | |
| | 03 | **函数处理数据：** | 20 | |
| | | （1）工龄工资的计算：条件函数 | 5 | |
| | | （2）工资总计：求和函数 | 5 | |
| | | （3）平均工资的计算：平均值函数 | 5 | |
| | | （4）计算最高、最低工资：最大值、最小值函数 | 5 | |
| | 04 | **第一季度工资报表：** | 20 | |
| | | （1）二月工作表数据计算 | 10 | |
| | | （2）三月工作表数据计算 | 10 | |
| | 05 | **排序和筛选：** | 20 | |
| | | （1）单字段和多字段排序 | 10 | |
| | | （2）数据筛选 | 10 | |
| | 06 | **职业素养：** | 20 | |
| | | 自主学习：能结合案例目标任务自学知识点 | 5 | |
| | | 创新精神：套用所学操作完成不同工作表 | 5 | |
| | | 实操记录：清晰、完整、准确、规范、工整等 | 5 | |
| | | 学习反思：复述巩固知识点、反思实操内容等 | 5 | |
| 自我评语 | | | | |
| 教师评语 | | | | |

存在问题

学习笔记

# 4.4 【实训 4】图表的制作

## 实训目标

**知识目标：**

（1）了解什么是图表，以及 WPS 表格提供的图表类型。

（2）掌握图表的创建方法。

（3）熟悉图表的编辑方法。

（4）熟悉图表的美化方法。

**能力目标：**

（1）能创建图表，例如：柱形图、折线图、饼图等。

（2）能编辑图表，例如：更改图表类型、更改数据标志、设置数据系统产生方式、向图表中添加数据标志等。

（3）能美化图表，例如：边框、底纹、格式设置等。

**素质目标：**

（1）通过制作出符合要求的图表，培养学生借助计算机工具解决日常办公事务的能力。

（2）通过引导，学生能操作制作不同的工作表，培养学生的复用性、模块化思维能力。

## 实训要求

利用 WPS 表格提供的功能强大且使用灵活的图表功能，把表格中的数据用图表的方式展示，更有利于数据分析。能够在已有的工作表的基础上创建图表，理解并掌握图表提供的信息并能够在图表上进行简单的操作。

## 技术分析

在本次实训中，需要运用的技能点有：

（1）图表的创建。

（2）图表的缩放、复制、删除等。

（3）图表数据的删除、添加和修改等。

（4）在图表中加入各种图项。

（5）工作簿的密码设置和工作表的保护。

## 实例演示

为工作簿“学生成绩”中的工作表“学生成绩”创建图表，并能完成图表的各项操作。最后要给工作簿“学生成绩”进行加密设置。

学习笔记

"学生成绩表"如图 4-44 所示。

| | A | B | C | D | E | F |
|---|---|---|---|---|---|---|
| 1 | 学生成绩表 | | | | | |
| 2 | | | | | | |
| 3 | 学号 | 姓名 | 数学 | 语文 | 英语 | 总分 |
| 4 | 1 | 张文龙 | 69 | 90 | 96 | 255 |
| 5 | 2 | 石丽萍 | 88 | 78 | 65 | 231 |
| 6 | 3 | 赵海丽 | 82 | 55 | 82 | 219 |
| 7 | 4 | 刘艳霞 | 53 | 78 | 77 | 208 |
| 8 | 5 | 王海波 | 85 | 89 | 61 | 235 |
| 9 | 6 | 郭小鹏 | 96 | 84 | 59 | 239 |
| 10 | 7 | 马文超 | 78 | 60 | 84 | 222 |
| 11 | 8 | 孟祥瑞 | 49 | 77 | 90 | 216 |

学生成绩

图 4-44　"学生成绩"工作表

## 实训步骤

### 1. 创建图表

（1）启动 WPS 表格，创建一个新工作簿，命名为"学生成绩"。将"Sheet1"修改为"学生成绩"，并输入如图 4-45 所示的内容。

| | A | B | C | D | E | F |
|---|---|---|---|---|---|---|
| 1 | 学生成绩表 | | | | | |
| 2 | | | | | | |
| 3 | 学号 | 姓名 | 数学 | 语文 | 英语 | 总分 |
| 4 | 1 | 张文龙 | 69 | 90 | 96 | 255 |
| 5 | 2 | 石丽萍 | 88 | 78 | 65 | 231 |
| 6 | 3 | 赵海丽 | 82 | 55 | 82 | 219 |
| 7 | 4 | 刘艳霞 | 53 | 78 | 77 | 208 |
| 8 | 5 | 王海波 | 85 | 89 | 61 | 235 |
| 9 | 6 | 郭小鹏 | 96 | 84 | 59 | 239 |
| 10 | 7 | 马文超 | 78 | 60 | 84 | 222 |
| 11 | 8 | 孟祥瑞 | 49 | 77 | 90 | 216 |
| 12 | | | | | | |

学生成绩

图 4-45　学生成绩工作表数据

（2）在工作表上选取制作图表的数据。在工作表范围内选取一个数据区域，如图 4-46 所示。

（3）建立图表。选择"插入"→"全部图表"→"柱形图"命令，打开"插入图表"对话框，如图 4-47 所示。选择"柱形图"选项后，在右边列表框里找到所需的样式单击即可，图表效果如图 4-48 所示。

思政元素

操作记录

| | A | B | C | D | E | F |
|---|---|---|---|---|---|---|
| 1 | 学生成绩表 | | | | | |
| 2 | | | | | | |
| 3 | 学号 | 姓名 | 数学 | 语文 | 英语 | 总分 |
| 4 | 1 | 张文龙 | 69 | 90 | 96 | 255 |
| 5 | 2 | 石丽萍 | 88 | 70 | 65 | 231 |
| 6 | 3 | 赵海丽 | 82 | 55 | 82 | 219 |
| 7 | 4 | 刘艳霞 | 53 | 78 | 77 | 208 |
| 8 | 5 | 王海波 | 85 | 89 | 61 | 235 |
| 9 | 6 | 郭小鹏 | 96 | 84 | 59 | 239 |
| 10 | 7 | 马文超 | 78 | 60 | 84 | 222 |
| 11 | 8 | 孟祥瑞 | 49 | 77 | 90 | 216 |

学生成绩

图 4-46　选取区域

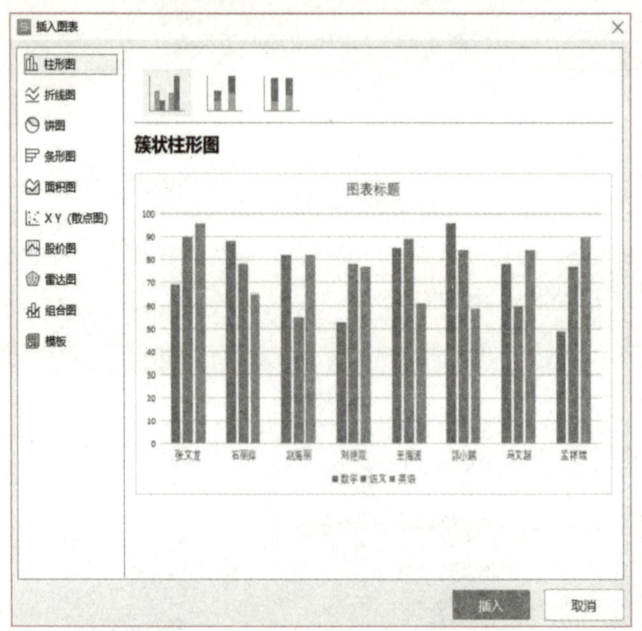


图 4-47　“插入图表”对话框

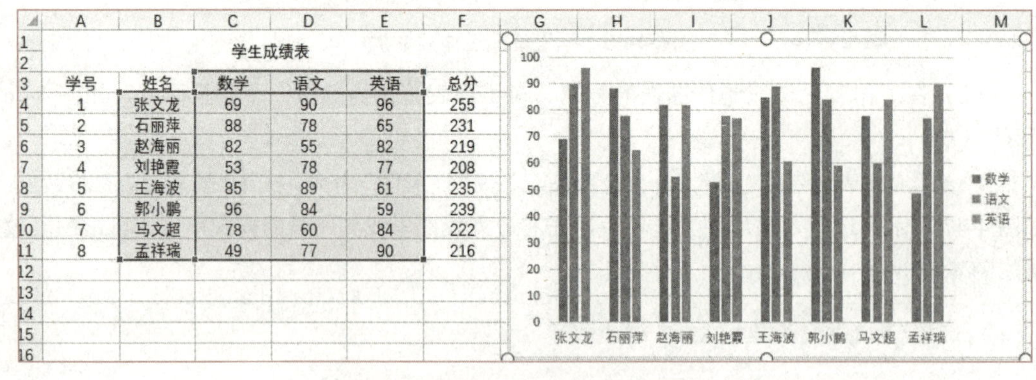

| | A | B | C | D | E | F |
|---|---|---|---|---|---|---|
| 1 | 学生成绩表 | | | | | |
| 2 | | | | | | |
| 3 | 学号 | 姓名 | 数学 | 语文 | 英语 | 总分 |
| 4 | 1 | 张文龙 | 69 | 90 | 96 | 255 |
| 5 | 2 | 石丽萍 | 88 | 78 | 65 | 231 |
| 6 | 3 | 赵海丽 | 82 | 55 | 82 | 219 |
| 7 | 4 | 刘艳霞 | 53 | 78 | 77 | 208 |
| 8 | 5 | 王海波 | 85 | 89 | 61 | 235 |
| 9 | 6 | 郭小鹏 | 96 | 84 | 59 | 239 |
| 10 | 7 | 马文超 | 78 | 60 | 84 | 222 |
| 11 | 8 | 孟祥瑞 | 49 | 77 | 90 | 216 |



图 4-48　选择图表数据源建立效果图

（4）在“插入”→“全部图表”中也可以选择其他模板来建立不同样式和风格的图表，便于数据的分析。

## 2. 工作簿、工作表的保护

（1）不想让其他用户查看或修改工作簿“学生成绩”，可为工作簿“学生成绩”设置密码。

① 选择“审阅”→“保护工作簿”命令，弹出“保护工作簿”对话框，在密码文本框中输入密码，单击“确定”按钮即可，如图 4-49 所示。

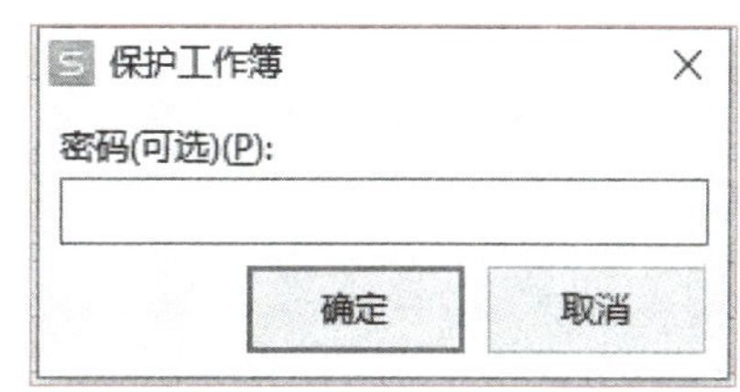


图 4-49　设置工作簿密码

操作记录

操作视频

工作簿、工作表的保护

② 在密码文本框中输入密码后单击“确定”按钮会弹出“确认密码”对话框，在对话框中的“重新输入密码”文本框中再次输入密码，单击“确定”按钮，工作簿保护设置成功。

（2）工作表的隐藏。

① 选择工作表“学生成绩”。

② 右击工作表标签，选择“隐藏工作表”命令，将当前工作表隐藏，工作簿中看不到工作表“学生成绩”。

③ 右击任意工作表标签，选择“取消隐藏工作表”命令，如图 4-50 所示。在对话框中选择“学生成绩”。在窗口重新显示工作表“学生成绩”。

（3）工作表“学生成绩”的保护。

对工作簿进行了保护，虽然不能对工作表进行删除、移动等操作，但是在查看工作表时工作表中的数据还是可以被编辑修改的。为了防止他人修改工作表中的数据，可以对工作表进行保护。

① 单击工作簿“学生成绩”中的工作表标签“学生成绩”。

② 选择“审阅”→“保护工作表”命令，弹出“保护工作表”对话框，如图 4-51 所示。

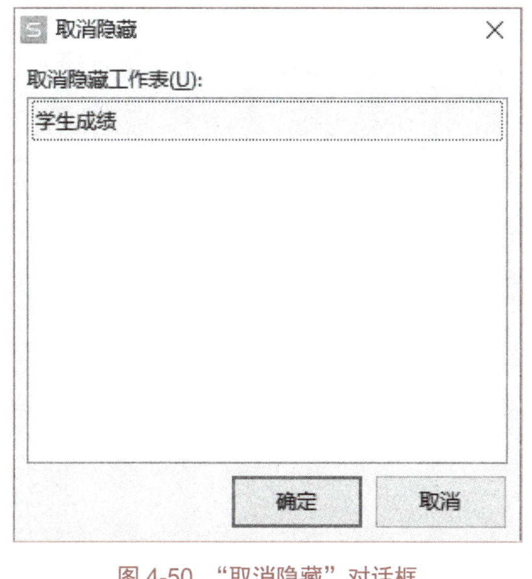


图 4-50　“取消隐藏”对话框

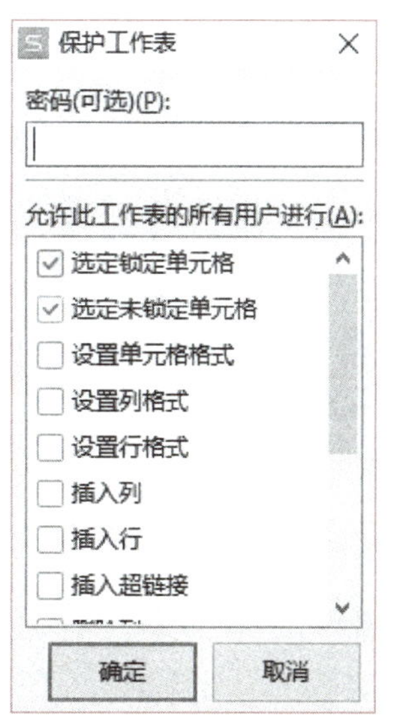


图 4-51　“保护工作表”对话框

操作记录

③ 在“保护工作表”区域选择所需保护工作表选项。

④ 在密码文本框中输入密码。

⑤ 单击“确定”按钮后会弹出“确认密码”对话框，在对话框中的“重新输入密码”文本框中再次输入密码，单击“确定”按钮，工作表保护成功。

完成情况

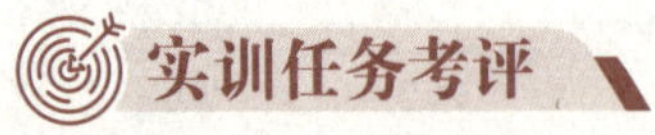

## 实训任务考评

### 图表的制作考评记录

<table>
<tr><td>学生姓名</td><td></td><td>班级</td><td></td><td>任务评分</td><td></td></tr>
<tr><td>实训地点</td><td></td><td>学号</td><td></td><td>完成日期</td><td></td></tr>
</table>

<table>
<tr><td rowspan="15">实训实现步骤</td><td>序号</td><td>考 核 内 容</td><td>标准分</td><td>评分</td></tr>
<tr><td>01</td><td>基础操作：新建工作簿、保存至要求位置，并命名</td><td>5</td><td></td></tr>
<tr><td rowspan="4">02</td><td>创建图表：</td><td>45</td><td></td></tr>
<tr><td>（1）数据区域选定</td><td>10</td><td></td></tr>
<tr><td>（2）插入图表</td><td>10</td><td></td></tr>
<tr><td>（3）更改图表数据</td><td>25</td><td></td></tr>
<tr><td rowspan="4">03</td><td>工作表保护操作：</td><td>30</td><td></td></tr>
<tr><td>（1）设置工作簿密码</td><td>10</td><td></td></tr>
<tr><td>（2）工作表的隐藏</td><td>10</td><td></td></tr>
<tr><td>（3）工作表的保护</td><td>10</td><td></td></tr>
<tr><td rowspan="5">04</td><td>职业素养：</td><td>20</td><td></td></tr>
<tr><td>自主学习：能结合案例目标任务自学知识点</td><td>5</td><td></td></tr>
<tr><td>创新精神：套用所学操作完成不同工作表</td><td>5</td><td></td></tr>
<tr><td>实操记录：清晰、完整、准确、规范、工整等</td><td>5</td><td></td></tr>
<tr><td>学习反思：复述巩固知识点、反思实操内容等</td><td>5</td><td></td></tr>
<tr><td>自我评语</td><td colspan="4"></td></tr>
<tr><td>教师评语</td><td colspan="4"></td></tr>
</table>

存在问题

# 习　　题

## 一、单项选择题

1. 在 WPS 表格中，假设单元格中展现“#DIV/0！”，这表示（　　）。

A. 没有可用数值　　B. 结果太长，单元格容纳不下

C. 公式中展现除零错误　　D. 单元格引用无效

2. 用“自定义”方式筛选出一班报名人数“不少于 7 人”或“少于 2 人”的兴趣小组，请写出“一班兴趣小组报名表”的筛选条件（　　）。

A. ≥7 与 2　　B. <2 或≥ 7　　C. <2 与≥ 7　　D. ≤7 或 <2

3. 在 WPS 表格中，A1:B2 代表单元格（　　）。

A. A1，B1，B2　　B. A1，A2，B2

C. A1，A2，B1，B2　　D. A1，B2

4. 在 WPS 表格中，进行绝对引用的时候，在行号和列号前要加（　　）符号。

A. @　　B. $　　C. &　　D. #

5. 在 WPS 表格中，关于筛选数据的说法正确的是（　　）。

A. 删除不符合设定条件的其他内容

B. 筛选后仅显示符合设定筛选条件的某一值或符合一组条件的行

C. 将变更不符合条件的其他行的内容

D. 将暗藏符合条件的内容

6. 在 WPS 表格工作表中，如未设定格式，那么数值数据会自动（　　）对齐。

A. 靠左　　B. 靠右　　C. 居中　　D. 随机

7. 求工作表中 A1 到 A6 单元格中数据的和不能用（　　）。

A. =A1+A2+A3+A4+A5+A6　　B. =SUM(A1:A6)

C. =(A1+A2+A3+A4+A5+A6)　　D. =SUM(A1+A6)

8. 在 WPS 表格中，假设单元格中的内容是 18，那么在编辑栏中显示确定不对的是（　　）。

A. 10+8　　B. =10+8　　C. 18　　D. =B3+C3

9. 下面有关 WPS 工作表、工作簿的说法中，正确的是（　　）。

A. 一个工作簿可包含无限个工作表　　B. 一个工作簿可包含有限个工作表

C. 一个工作表可包含无限个工作簿　　D. 一个工作表可包含有限个工作簿

10. 在 WPS 表格中，假设要在同一行或同一列的连续单元格使用一致的计算公式，可以先在第一单元格中输入公式，然后用鼠标拖动单元格的（　　）来实现。

A. 列标　　B. 行标　　C. 填充柄　　D. 框

11. 在 WPS 工作表单元格中，输入以下表达式（　　）是错误的。

A. =A1+B1+C1　　B. =A1/B1

C. =SUM(A1:A3)/2　　D. AVERAGE(A1:A3)

12. 在 WPS 中，下面说法不正确的是（　　）。

A. 输入公式首先要输入“=”号　　B. 求大量数据的和可用 SUM 函数

C. 公式中的乘号为“*”　　D. 将表中的一列数据称为记录

13. 不连续单元格的选取，可借助（　　）键完成。

A. 【Ctrl】　　B. 【Shift】　　C. 【Alt】　　D. 【Tab】

14. 在 WPS 中，以下正确的说法是（　　）。

A. 排序确定要有关键字，关键字最多可用 4 个

B. 筛选就是从记录中选符合要求的若干条记录，并显示出来

C. “分类汇总”中的“汇总”就是求和

D. 单元格格式命令不能设置单元格的底色

15. 某次数学考试总分值为 130，成绩已经按列输入 WPS 工作表中，现在想使用“筛选”功能，选取出分数不低于 120 分以及分数低于 72 分的学生，在“自定义自动筛选方式”对话框中相应部位应选择或填写（　　）。

A. “大于 120”或“小于 72”　　B. “大于或等于 120”或“小于 72”

C. “大于或等于 120”与“小于 72”　　D. “大于 120”或“小于或等于 72”

16. 在进行自动分类汇总之前，务必对数据进行（　　）。

A. 设置有效性　　B. 格式化　　C. 筛选　　D. 排序

17. 在 WPS 中，假设某单元格显示为若干个“#”，例如“#####”，这表示（　　）。

A. 公式错误　　B. 数据错误　　C. 列宽不够　　D. 行高不够

18. 在 WPS 中，公式“=AVERAGE(C3:C5)”等价于（　　）。

A. =C3+C4+C5　　B. =(C3+C4+C5)/3

C. =C3+C4+C5/3　　D. 都不对

19. 根据期中考试成绩，按“总分”字段升序排序，“总分”一致的按“数学”举行升序排序，这里的升序是（　　）的意思。

A. 从小到大排序　B. 从大到小排序　C. 从左到右排序　D. 从右到左排序

20. 在 WPS 中，求平均值函数是（　　）函数。

A. MAX　　B. MIN　　C. AVERAGE　　D. SUM

21. 在 WPS 中，以下说法错误的是（ ）。

A. 在 WPS 表中，“B5”单元格表示在工作表中第 2 列第 5 行

B. 在 WPS 表中，默认的工作表有 4 个

C. 筛选就是从大量记录中选择符合要求的若干条记录，并显示出来

D. 在 WPS 表中，“分类汇总”命令包括分类和汇总两个功能

22. 在 WPS 的工作表中，要统计 50 人的数学平均成绩，应使用（　　）函数。

A. SUM　　B. AVERAGE　　C. MAX　　D. RANK

23. 在 WPS 中，连续选定 A 到 E 列单元格，下面哪个操作是错误的（　　）。

A. 单击列号 A，然后拖拽鼠标至列号 E，再释放鼠标

B. 单击列号 A，再按下【Shift】键不放并单击列号 E，结果释放【Shift】键

C. 先按【Ctrl】键不放，再单击 A、B、C、D、E 列号，结果释放【Ctrl】键

D. 单击 A、B、C、D、E 的每个列号

24. 以下文件中能使用 WPS 软件开启编辑的是（　　）。

A. 图书 .jpg　　B. 背影 .mp3　　C. books.et　　D. 喜悦的无人岛 .doc

25. 在 WPS 中，创造公式的操作步骤有：① 在编辑栏键入 “=”；② 键入公式；③ 按【Enter】键；④ 选择需要建立公式的单元格；其正确的依次是（　　）。

A. ①②③④　　B. ④①③②　　C. ④①②③　　D. ④③①②

26. 在 WPS 表格中，单元格的名称栏显示为 A12，那么表示（　　）。

A. 第 1 列第 12 行　　B. 第 1 列第 1 行

C. 第 12 列第 1 行　　D. 第 12 列第 12 行

27. 反映某一对象占整体的比例关系，最好使用（　　）。

A. 饼图　　B. 折线图　　C. 气泡图　　D. 条形图

28. WPS 工作簿的扩展名是（　　）。

A. .book　　B. .et　　C. .doc　　D. .txt

## 二、判断题

1. Average(A1:B4) 是指求 A1 和 B4 单元格的平均值。（　　）
2. 在 WPS 工作表的单元格中，当输入公式或函数时，务必先输入等号。（　　）
3. WPS 的筛选是把符合条件的纪录留存，不符合条件的记录删除。（　　）
4. 在 WPS 表中，“分类汇总”命令包括分类和汇总两个功能。（　　）
5. 在 WPS 中，默认的工作表有 4 个。（　　）
6. MAX 函数是用来求最小值的。（　　）
7. WPS 排序中有升序和降序，但只能有一个关键词。（　　）
8. WPS 表格中的单元格名称是由单元格所在的行号和列号组成的。（　　）

# 答题卡

<table>
<tr><td>学生姓名</td><td></td><td>班级</td><td></td><td>学号</td><td></td></tr>
<tr><td>选择题</td><td></td><td>判断题</td><td></td><td>总分</td><td></td></tr>
<tr><td colspan="6">第一题　选择题（每小题 3 分，共 84 分）</td></tr>
<tr><td colspan="3">1. 【A】【B】【C】【D】<br>2. 【A】【B】【C】【D】<br>3. 【A】【B】【C】【D】<br>4. 【A】【B】【C】【D】<br>5. 【A】【B】【C】【D】<br>6. 【A】【B】【C】【D】<br>7. 【A】【B】【C】【D】<br>8. 【A】【B】【C】【D】<br>9. 【A】【B】【C】【D】<br>10. 【A】【B】【C】【D】<br>11. 【A】【B】【C】【D】<br>12. 【A】【B】【C】【D】<br>13. 【A】【B】【C】【D】<br>14. 【A】【B】【C】【D】</td><td colspan="3">15. 【A】【B】【C】【D】<br>16. 【A】【B】【C】【D】<br>17. 【A】【B】【C】【D】<br>18. 【A】【B】【C】【D】<br>19. 【A】【B】【C】【D】<br>20. 【A】【B】【C】【D】<br>21. 【A】【B】【C】【D】<br>22. 【A】【B】【C】【D】<br>23. 【A】【B】【C】【D】<br>24. 【A】【B】【C】【D】<br>25. 【A】【B】【C】【D】<br>26. 【A】【B】【C】【D】<br>27. 【A】【B】【C】【D】<br>28. 【A】【B】【C】【D】</td></tr>
<tr><td colspan="6">第二题　判断题（每小题 2 分，共 16 分）</td></tr>
<tr><td colspan="3">1. 【T】【F】<br>2. 【T】【F】<br>3. 【T】【F】<br>4. 【T】【F】</td><td colspan="3">5. 【T】【F】<br>6. 【T】【F】<br>7. 【T】【F】<br>8. 【T】【F】</td></tr>
</table>

# 第5章 WPS演示2019

WPS演示是金山公司WPS Office的组件之一，它的主要功能是制作和演示幻灯片，可有效帮助用户进行演讲、教学和产品演示等。利用WPS演示不仅可以创建演示文稿，还可以在互联网上召开面对面会议、远程会议或在网上给观众展示演示文稿。

本章通过2个实训讲解WPS演示的相关知识，包括演示文稿的新建、保存及幻灯片的各种基本操作，在幻灯片中添加艺术字、图片、音频、视频等各类对象以及幻灯片的动画设计、放映设计和切换效果等内容。希望读者在学习之后，能利用WPS演示快速制作出图文并茂、富有感染力的演示文稿。

## 5.1 【实训1】创建并美化“古诗欣赏”演示文稿

等级考试
技能点提示

二十大报告
知识点链接5

**知识目标：**

（1）了解演示文稿的应用场景，熟悉相关工具的功能、操作界面和制作流程。

（2）掌握演示文稿的创建、打开、保存、退出及不同格式的导出操作。

（3）熟悉演示文稿不同视图方式的应用。

（4）掌握幻灯片的创建、复制、删除、移动等基本操作。

（5）掌握在幻灯片中插入对象的方法，如文本框、艺术字、图形、图片、音频、视频等对象。

**能力目标：**

（1）能创建和保存演示文稿。

（2）能完成幻灯片的各种基本操作。

（3）能创建幻灯片母版并应用。

（4）能插入图形、艺术字、视频、音频等各类对象，对幻灯片进行美化和修饰，制作出图文并茂的演示文稿。

学习笔记

（5）理解幻灯片母版的概念，掌握幻灯片母版、备注母版的编辑及应用方法。

**素质目标：**

（1）通过示范案例的相关设置，培养学生规范化、标准化的使用习惯，养成耐心、严谨的工作态度。

（2）通过引导，学生能制作不同的幻灯片，培养学生的复用性、模块化思维能力。

## 实训要求

（1）完成“古诗欣赏”文本的输入。

（2）准备制作演示文稿所需的图片、视频、音频等各类对象。

（3）文件的命名及保存。

## 技术分析

在本次实训中，需要运用的技能点有：

（1）幻灯片版式：标题幻灯片、标题和内容幻灯片、仅标题幻灯片等。

（2）演示文稿的保存格式：PowerPoint 演示文件（.pptx）、PowerPoint 97-2003 文件（.ppt）、PDF 文档格式（.pdf）等。

（3）基本的幻灯片操作：如幻灯片的新建、选择、复制、移动、删除等。

（4）幻灯片设计及布局技巧：幻灯片模板、母版、配色方案等。

（5）各种常用对象的插入方法：文本框、艺术字、图片、音频、视频等。

（6）各种类型对象的操作及美化技巧：如对象的排版、编辑、填充、样式、排列、大小等。

## 实例演示

创建并美化“古诗欣赏”演示文稿，效果如图 5-1 所示。

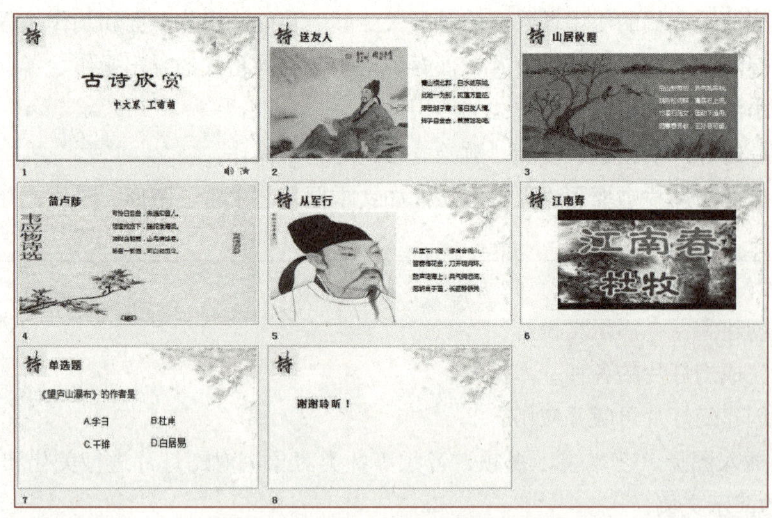


图 5-1 “古诗欣赏”演示文稿效果图

## 实训步骤

### 1. 创建“古诗欣赏”演示文稿

（1）双击桌面上的 WPS 演示快捷方式图标或者单击“开始”选项卡→“WPS 演示”命令启动 WPS 演示，创建一个新演示文稿；单击“新建”按钮，出现一张“标题幻灯片”版式的幻灯片，其标题默认为“演示文稿 1”。

（2）制作标题幻灯片：

① 单击“单击此处添加标题”占位符，输入“古诗欣赏”。

② 单击“单击此处输入副标题”占位符，输入“——中文系 王萌萌”，如图 5-2 所示。

古诗欣赏

——中文系 王萌萌

图 5-2　标题幻灯片

（3）制作内容幻灯片：

① 单击“开始”选项卡→“新建幻灯片”按钮，插入一张“标题和内容”版式的幻灯片。

② 单击“单击此处添加标题”占位符，输入“送友人”。

③ 单击“单击此处添加文本”占位符，输入诗句。

④ 重复上述步骤，再插入三张幻灯片，并输入适当的古诗词，如图 5-3 所示。

从军行

- 从军玉门道，逐虏金微山。
- 笛奏梅花曲，刀开明月环。
- 鼓声鸣海上，兵气拥云间。
- 愿斩单于首，长驱静铁关。

图 5-3　内容幻灯片

（4）添加“古诗朗诵”视频：

① 插入一张“标题和内容”版式的幻灯片。

② 在内容占位符中单击“插入媒体”按钮，如图 5-4 所示，弹出“插入视频”对话框。

③ 选择相应的文件位置和类型，如事先准备的视频“古诗朗诵 .avi”，单击“插入”按钮。

④ 单击此视频下方的播放按钮可以观看视频，如图 5-5 所示。

操作记录

操作视频

创建“古诗欣赏”演示文稿

操作记录

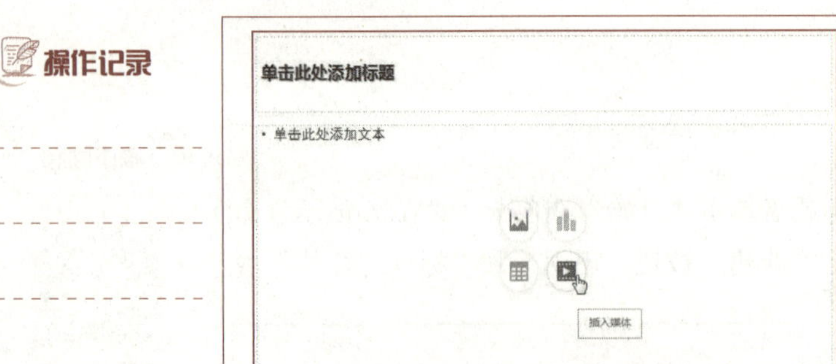


图 5-4　内容占位符

图 5-5　播放视频文件

（5）制作结束幻灯片：

① 插入一张“标题和内容”版式的幻灯片。

② 选中此张幻灯片，单击“开始”选项卡→“版式”命令，在弹出的版式下拉面板中选择“仅标题”版式。

③ 单击“单击此处添加标题”占位符，输入“谢谢聆听！”。

（6）保存演示文稿。

单击快速访问工具栏中的“保存”按钮，弹出“另存文件”对话框，选择保存位置，输入文件名称“古诗欣赏”，单击“保存”按钮后，该文件以“古诗欣赏 .pptx”文件名保存在指定的位置。

培养审美观念，提高综合素养

## 2. 美化“古诗欣赏”演示文稿

（1）创建幻灯片母版：

① 单击“视图”选项卡→“幻灯片母版”按钮，切换到幻灯片母版编辑状态，选择左侧窗格列表中第 1 行“Office 主题模板：由幻灯片 1-7 使用”，单击“设计”选项卡→“背景”下拉按钮→“背景”命令，在右侧打开“对象属性”任务窗格，在选项列表中选择“图片或纹理填充”单选按钮，单击“请选择图片”下拉列表→“本地文件”命令，在弹出的“选择纹理”对话框中选择“背景 .jpg”文件并插入，设置背景透明度为 55%，如图 5-6 所示。

创建幻灯片母版

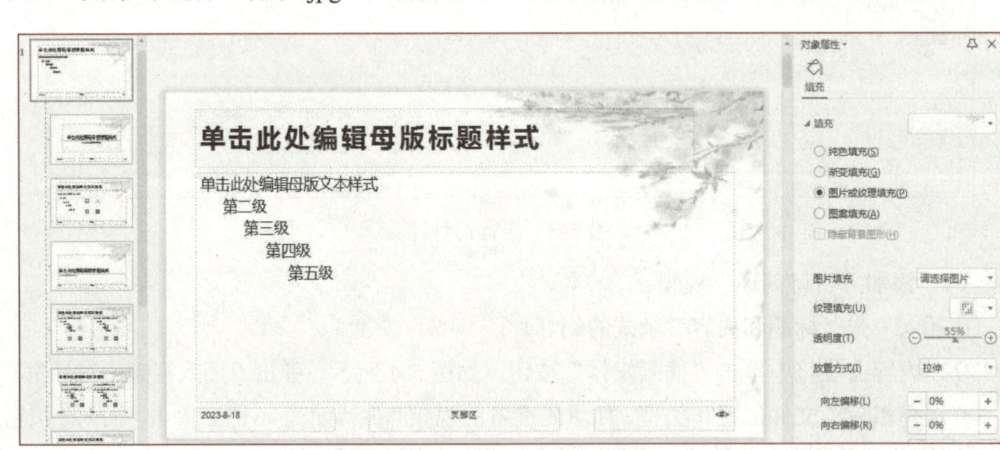


图 5-6　母版中背景的设置

操作记录

②单击“插入”选项卡→“图片”下拉按钮→“本地图片”命令，弹出如图 5-7 所示的“插入图片”对话框，选择“文字 .jpg”文件并单击“打开”按钮插入图片。

图 5-7　“插入图片”对话框

③ 选中图片，在右侧打开“对象属性”任务窗格。在“大小与属性”选项卡“大小”选项列表中设置“缩放高度”和“缩放宽度”均为 60%。移动图片至左上角，如图 5-8 所示。

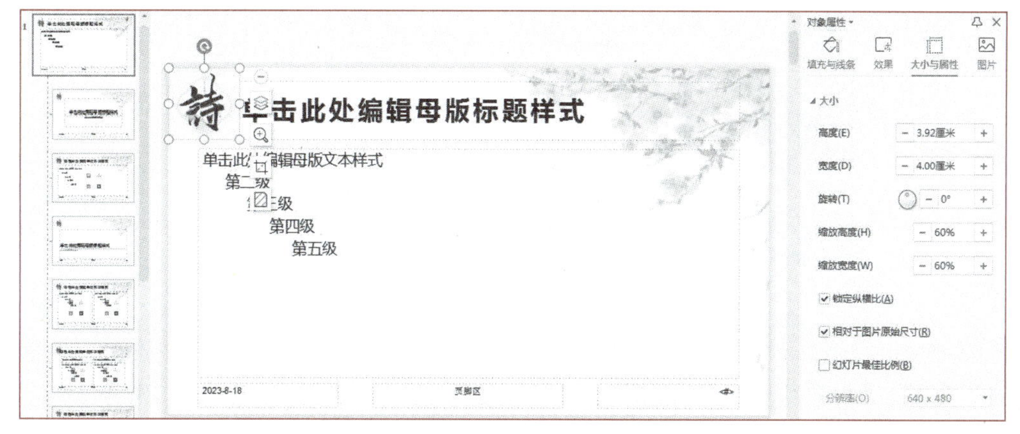


图 5-8　母版中插入图片

④ 单击左侧母版窗格列表中第 3 行“标题和内容版式：由幻灯片 2-7 使用”，选中“单击此处编辑母版标题样式”占位符，在“开始”或“文本工具”选项卡中，设置字体为微软雅黑，字号 40，加粗。单击“字体”对话框按钮“字符间距”选项卡，在“间距”参数框中设置加宽，在“度量值”微调按钮中设置 6.0 磅。

⑤ 选中“单击此处编辑母版文本样式”占位符，设置字体为微软雅黑，字号 24，行距 1.5，在“项目符号”按钮下拉面板中设置“预设项目符号”为“无”，调整标题和文本的位置，完成后效果如图 5-9 所示。

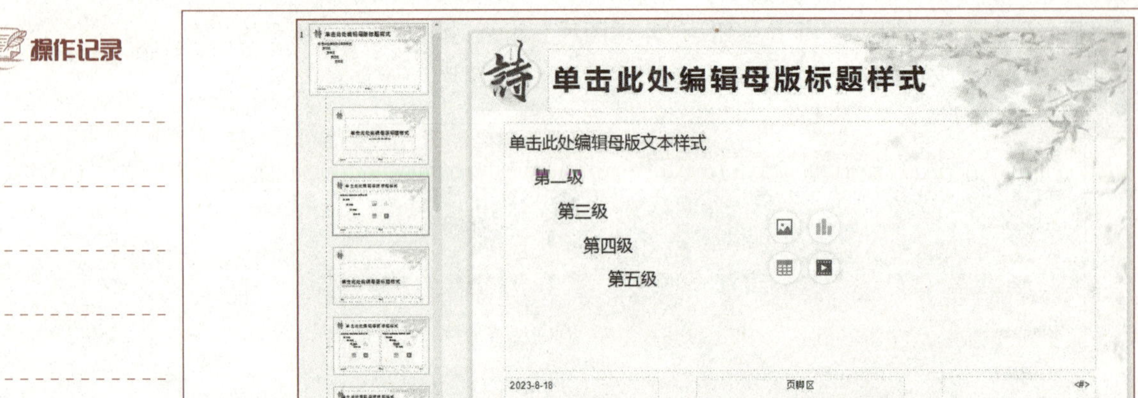


图 5-9 “幻灯片母版”设置效果图

修饰标题幻灯片

⑥ 单击“幻灯片母版”选项卡中“关闭”按钮，完成母版的创建。

（2）修饰标题幻灯片：

① 选中标题幻灯片。

② 选中标题“古诗欣赏”，设置字体为隶书，字号 96，加粗，文字阴影；设置字符间距加宽 12 磅。单击“文本工具”选项卡，在“艺术字样式”列表中选择“预设样式”中的第 2 行第 1 列“填充 - 黑色，文本 1，轮廓 - 背景 1，清晰阴影 - 背景 1”样式，如图 5-10 所示。

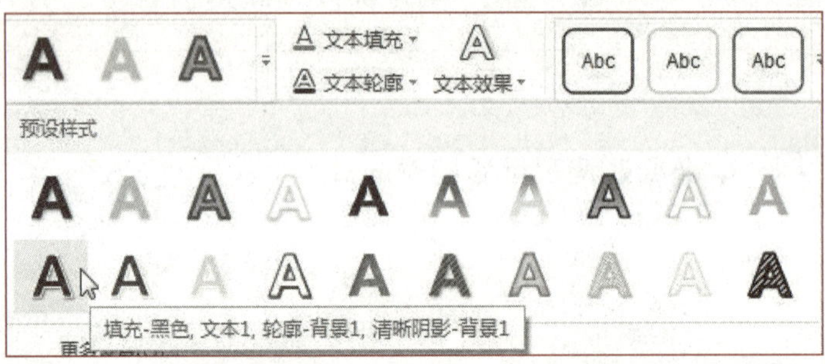


图 5-10 “标题艺术字样式”的设置

③ 选中副标题“——中文系 王萌萌”，设置字体为仿宋，字号 40，加粗，字体颜色为黑色。单击“文本工具”选项卡，在“艺术字样式”列表中选择“预设样式”中的第 1 行第 1 列“填充 - 黑色，文本 1，阴影”样式，如图 5-11 所示。

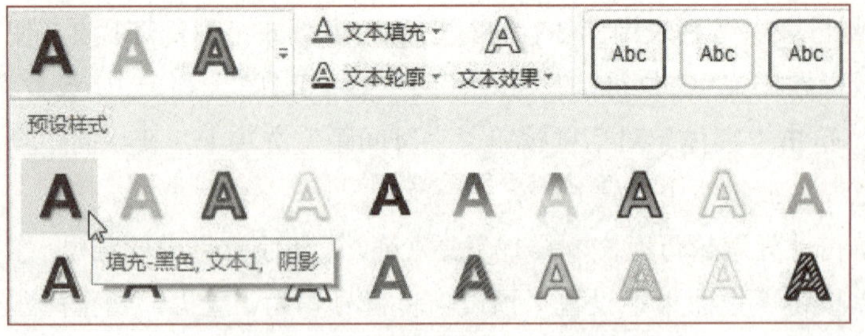


图 5-11 “副标题艺术字样式”的设置

④ 调整标题和副标题位置，完成后效果如图 5-12 所示。

图 5-12 “标题幻灯片”效果图

（3）修饰“送友人”幻灯片：

① 选中第二张幻灯片。

② 插入图片“人物 1.jpg”。

③ 选中图片，单击“图片工具”选项卡中“锁定纵横比”复选框，切换至未选中状态；单击“图片工具”选项卡中“形状高度”和“形状宽度”微调按钮，设置图片高度为 15.23 厘米，宽度为 19.45 厘米，如图 5-13 所示。

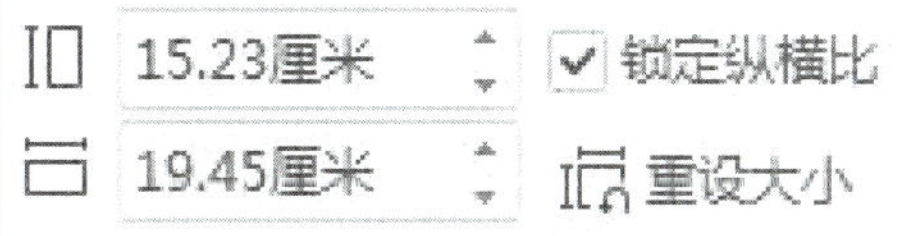


图 5-13 “图片大小”的设置

④ 调整图片和文本的大小和位置，效果如图 5-14 所示。

图 5-14 “送友人”幻灯片效果图

（4）修饰“山居秋暝”幻灯片：

① 选中第三张幻灯片。

② 插入图片“背景 1.jpg”。

③ 选中图片，取消“锁定纵横比”复选框的选中状态；设置图片高度为 14.43 厘米，宽

操作视频

修饰“送友人”幻灯片

修饰“山居秋暝”幻灯片

操作记录

度为 30.34 厘米。

④ 选中图片，单击“图片工具”选项卡→“下移一层”下拉按钮→“置于底层”命令，将图片置于底层。

⑤ 选中内容文本，设置字体颜色为白色。

⑥ 调整图片和文本的大小和位置，效果如图 5-15 所示。

图 5-15 “山居秋暝”幻灯片效果图

（5）修饰“简卢陟”幻灯片：

① 选中第四张幻灯片。

② 插入背景图片“背景 2.jpg”，设置背景透明度为 0%。

③ 单击“隐藏背景图形”复选框，切换至选中状态。

④ 调整图片和文本的大小和位置，效果如图 5-16 所示。

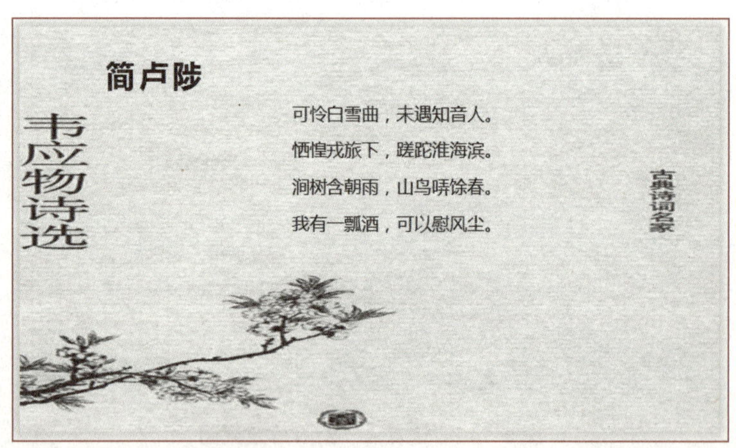


图 5-16 “简卢陟”幻灯片效果图

（6）修饰“从军行”幻灯片：

① 选中第五张幻灯片。

② 插入图片“人物 2.jpg”。

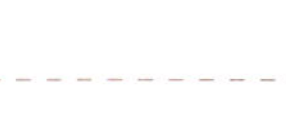

③ 选中图片，取消“锁定纵横比”复选框的选中状态；设置图片高度为 15.11 厘米，宽度为 17.76 厘米。

④ 选中图片，单击“图片工具”选项卡→“旋转”下拉按钮→“水平翻转”命令，将图片进行水平翻转。

⑤ 调整图片和文本的大小和位置，效果如图 5-17 所示。

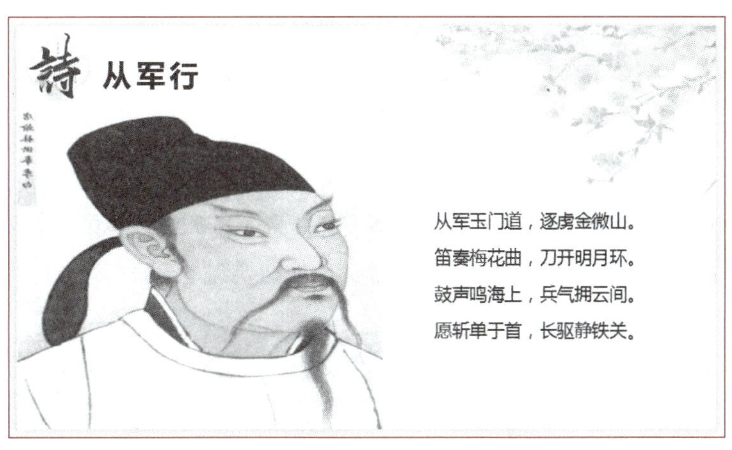


图 5-17 “从军行”幻灯片效果图

（7）裁剪视频：

① 选中第六张幻灯片。

② 由于视频前面有一段黑屏，影响美观，可以将这段黑屏剪掉。选中视频对象，单击“视频工具”选项卡→“裁剪视频”按钮，弹出“裁剪视频”对话框，单击“开始时间”微调按钮，设置开始时间为 3.63 秒，即完成裁剪视频操作。

（8）制作“单选题”幻灯片：

① 在第六张幻灯片之后插入一张“标题和内容”版式的幻灯片。

② 输入标题“单选题”。

③ 输入文本“《望庐山瀑布》的作者是”，设置字号为 36。

④ 在文本下方插入一个横向文本框，在其中输入“A. 李白”。设置字体为微软雅黑，字号 36。

⑤ 在此文本框的下方，复制 1 个相同的文本框，修改选项文本为“C. 王维”。选中这两个文本框，单击“绘图工具”选项卡→“对齐”下拉按钮→“左对齐”命令以设置对齐方式。

⑥ 同时选中这两个文本框，复制之后放置到右侧，修改选项文本，调整文本的大小和位置，效果如图 5-18 所示。

（9）给演示文稿添加背景音乐：

①选中标题幻灯片，单击“插入”选项卡→“音频”下拉按钮→“嵌入背景音乐”命令，弹出“从当前页插入背景音乐”对话框，选择“步步清风 .mp3”文件，单击“打开”按钮，将音频文件以背景音乐的形式插入幻灯片中。

操作视频

制作“单选题”幻灯片

操作视频

给演示文稿添加背景音乐

操作记录

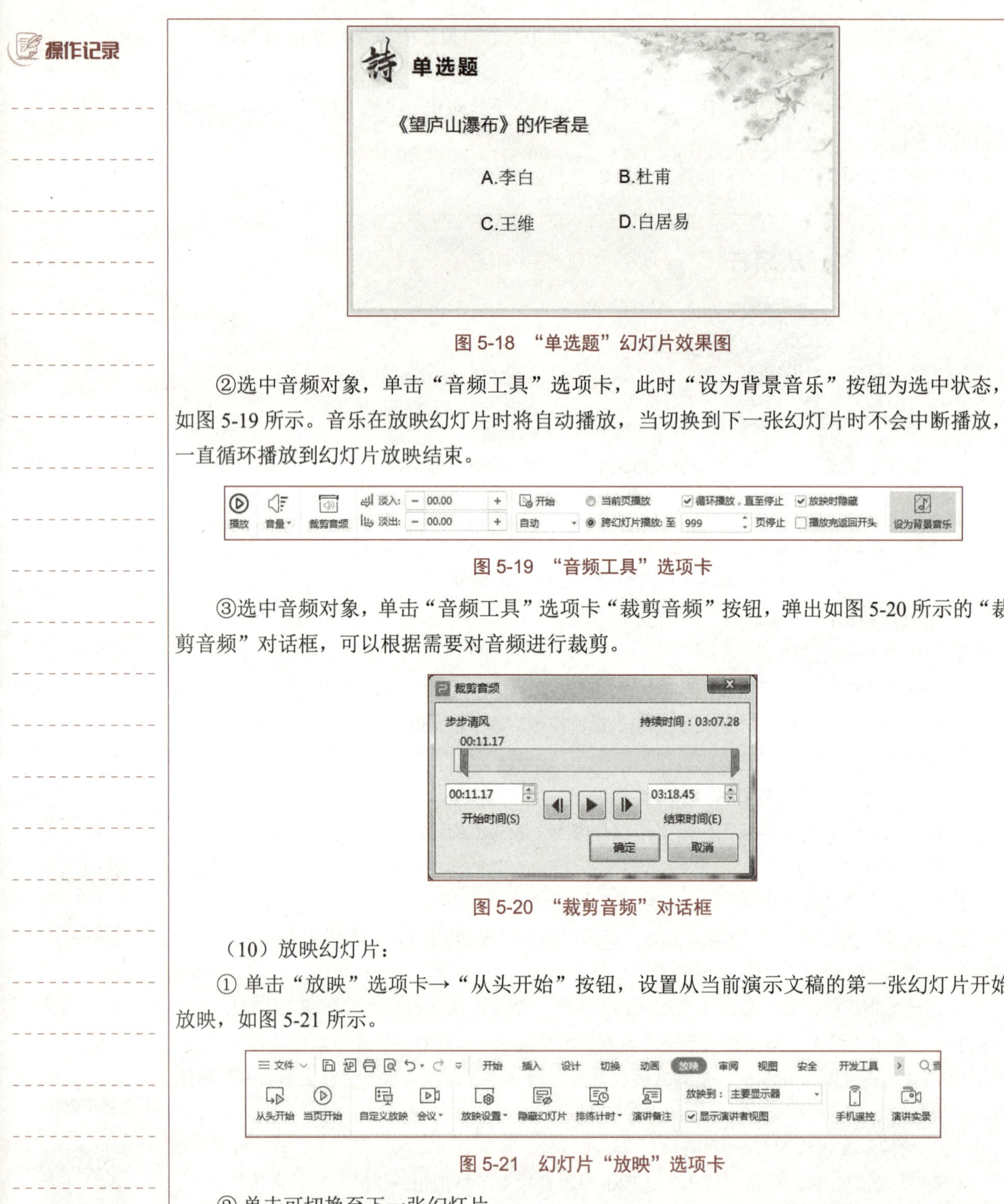


图 5-18 “单选题”幻灯片效果图

②选中音频对象，单击“音频工具”选项卡，此时“设为背景音乐”按钮为选中状态，如图 5-19 所示。音乐在放映幻灯片时将自动播放，当切换到下一张幻灯片时不会中断播放，一直循环播放到幻灯片放映结束。

图 5-19 “音频工具”选项卡

③选中音频对象，单击“音频工具”选项卡“裁剪音频”按钮，弹出如图 5-20 所示的“裁剪音频”对话框，可以根据需要对音频进行裁剪。

图 5-20 “裁剪音频”对话框

（10）放映幻灯片：

① 单击“放映”选项卡→“从头开始”按钮，设置从当前演示文稿的第一张幻灯片开始放映，如图 5-21 所示。

图 5-21 幻灯片“放映”选项卡

② 单击可切换至下一张幻灯片。

③ 重复第 ② 步，观察幻灯片的播放效果，放映过程中，可以通过按下【Esc】键结束幻灯片的放映。

## 实训任务考评

完成情况

### 创建并美化“古诗欣赏”演示文稿考评记录

<table>
<tr><td>学生姓名</td><td></td><td>班级</td><td></td><td>任务评分</td><td></td></tr>
<tr><td>实训地点</td><td></td><td>学号</td><td></td><td>完成日期</td><td></td></tr>
<tr><td rowspan="21">实训实现步骤</td><td>序号</td><td colspan="2">考 核 内 容</td><td>标准分</td><td>评分</td></tr>
<tr><td rowspan="3">01</td><td colspan="2">基础操作：</td><td>10</td><td></td></tr>
<tr><td colspan="2">（1）创建演示文稿，保存至要求的位置并命名</td><td>5</td><td></td></tr>
<tr><td colspan="2">（2）新建幻灯片，输入文本</td><td>5</td><td></td></tr>
<tr><td rowspan="4">02</td><td colspan="2">创建幻灯片母版并应用：</td><td>20</td><td></td></tr>
<tr><td colspan="2">（1）添加背景图片</td><td>10</td><td></td></tr>
<tr><td colspan="2">（2）插入图片并调整大小与位置</td><td>5</td><td></td></tr>
<tr><td colspan="2">（3）设置文本样式</td><td>5</td><td></td></tr>
<tr><td rowspan="9">03</td><td colspan="2">修饰幻灯片：</td><td>50</td><td></td></tr>
<tr><td colspan="2">（1）设置艺术字样式</td><td>10</td><td></td></tr>
<tr><td colspan="2">（2）插入图片并将其置于底层</td><td>5</td><td></td></tr>
<tr><td colspan="2">（3）添加幻灯片背景图片</td><td>5</td><td></td></tr>
<tr><td colspan="2">（4）插入图片并将其水平翻转</td><td>5</td><td></td></tr>
<tr><td colspan="2">（5）添加并裁剪视频</td><td>5</td><td></td></tr>
<tr><td colspan="2">（6）插入多个文本框并对齐</td><td>10</td><td></td></tr>
<tr><td colspan="2">（7）给演示文稿添加背景音乐</td><td>5</td><td></td></tr>
<tr><td colspan="2">（8）放映幻灯片</td><td>5</td><td></td></tr>
<tr><td rowspan="5">04</td><td colspan="2">职业素养：</td><td>20</td><td></td></tr>
<tr><td colspan="2">自主学习：能结合实训任务自学知识点</td><td>5</td><td></td></tr>
<tr><td colspan="2">创新精神：套用所学操作完成不同幻灯片</td><td>5</td><td></td></tr>
<tr><td colspan="2">实操记录：清晰、完整、准确、规范、工整等</td><td>5</td><td></td></tr>
<tr><td></td><td colspan="2">学习反思：复述巩固知识点、反思实操内容等</td><td>5</td><td></td></tr>
<tr><td>自我评语</td><td colspan="5"></td></tr>
<tr><td>教师评语</td><td colspan="5"></td></tr>
</table>

存在问题

学习笔记

# 5.2 【实训2】让“古诗欣赏”演示文稿动起来

## 实训目标

**知识目标：**

（1）掌握幻灯片中动画的设置过程。

（2）掌握幻灯片切换的设置过程。

（3）掌握利用超链接和动作按钮对幻灯片进行播放控制的方法。

**能力目标：**

（1）能按照动画设计要求，为幻灯片内部各个对象设计动画，包括添加/删除动画、效果选项、计时、高级动画设置等。

（2）能按照要求设置幻灯片间的切换效果、声音和时间，使幻灯片在放映时更加生动、灵活。

（3）能根据实际任务要求编辑动作和超链接，包括动作按钮和超链接等。

**素质目标：**

（1）通过示范完成的电子作业符合要求，培养学生对任务需求的理解能力。

（2）通过按内容要求完整、有效地设计动画，准确地设置动作和超链接，培养学生养成耐心、严谨的工作态度。

（3）通过示范要求学生按任务需求和动画设计规范设计动画，只有明确规范动画设计要求，才能为后续高效设计动画做好准备，培养学生高效的工作理念。

## 实训要求

（1）为已完成的“古诗欣赏”演示文稿设置动画。

（2）完成幻灯片的切换。

（3）为幻灯片设置动作按钮和超链接。

## 技术分析

在本次实训中，我们需要运用的技能点有：

（1）幻灯片动画的设置：添加/删除动画、效果选项、计时、高级动画设置等。

（2）幻灯片切换的设置：添加切换效果、切换计时，添加切换声音、效果选项设置等。

（3）动作设置和超链接：动作按钮、超级链接等。

## 实例演示

（1）设置幻灯片内部动画：按照动画设计要求，为幻灯片内部各个对象设计动画，注

意动画设计时尽量简单、有效、完整、统一。

（2）设置幻灯片切换方式：按照要求设置幻灯片间的切换效果、声音和时间，使幻灯片在放映时，更加生动、活泼。

（3）插入和编辑动作和超链接：根据需求，为幻灯片对象插入动作和超链接，并能根据实际任务要求编辑动作和超链接。

学习笔记

## 实训步骤

操作记录

### 1. 动画设计

（1）为标题幻灯片添加动画效果：

① 打开“古诗欣赏 .pptx”演示文稿，选中标题幻灯片中的标题占位符。单击“动画”选项卡展开动画效果列表，或是单击“动画窗格”按钮并单击“添加效果”下拉按钮，单击“进入”动画组“更多选项”命令，选择“华丽型”分组中的“浮动”动画效果，如图 5-22 所示。

② 选中副标题占位符，重复第①步，选择“擦除”动画效果。

③ 设置两个动画自动播放：选中标题占位符，单击“动画”选项卡，在“开始播放”下拉列表中选择“在上一动画之后”选项，在“持续时间”微调按钮中设置“02.00”。选中副标题占位符，单击“动画”选项卡→在“动画属性”下拉按钮中选择“自左侧”命令，在“开始播放”下拉列表中选择“与上一动画同时”选项，在“持续时间”微调按钮中设置“01.50”，如图 5-23 所示。

规范、高效、审美、创新意识

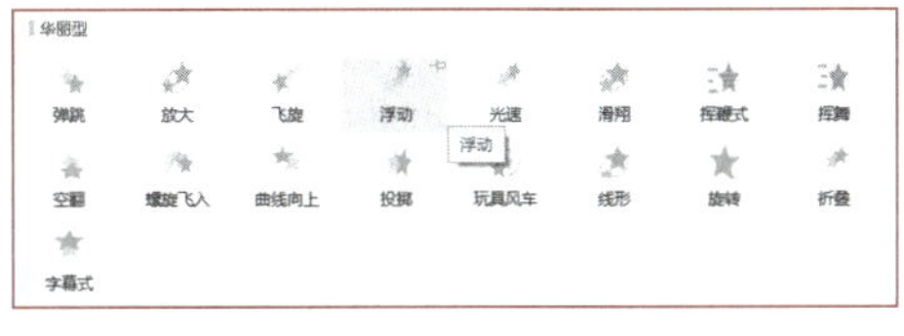


图 5-22 选择“浮动”动画效果

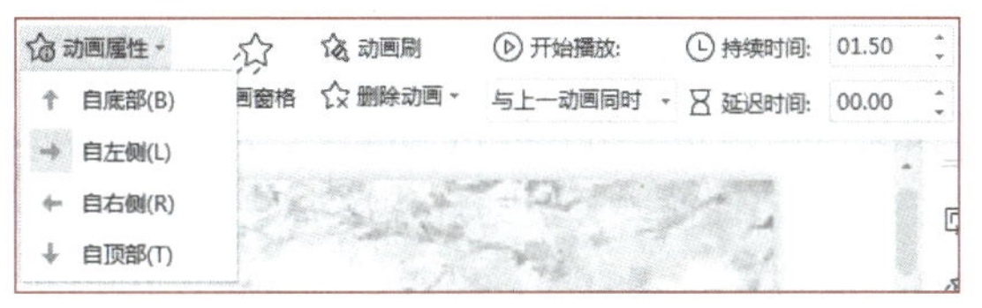


图 5-23 “副标题占位符”动画计时设置

为标题幻灯片添加动画效果

④ 单击“从当前幻灯片开始播放”按钮或单击“动画”选项卡→“预览效果”下拉按钮→“预览效果”命令，观看幻灯片动画效果。

（2）为“送友人”幻灯片添加动画效果：

① 选中第二张幻灯片中的图片对象，单击“动画”选项卡→“动画窗格”按钮，单击“添加效果”下拉按钮→“进入”动画组→“更多选项”命令→“温和型”→“缩放”动画效果，将“开始”参数框设置为“在上一动画之后”，将“缩放”参数框设置为“轻微放大”，将“速度”参数框设置为“中速 (2 秒 )”，如图 5-24 所示。

为“送友人”幻灯片添加动画效果

② 选中第二张幻灯片中的内容文本，在“动画窗格”中，单击“添加效果”下拉按钮→“进入”动画组→“更多选项”命令→“华丽型”→“旋转”动画效果，将“开始”参数框设置为“在上一动画之后”，将“速度”参数框设置为“慢速 (3 秒 )”，如图 5-25 所示，选中“内容占位符 2”，单击右侧的下拉按钮，在列表中选择“效果选项”命令，单击“正文文本动画”选项卡，将“组合文本”参数框设置为“所有段落同时”。

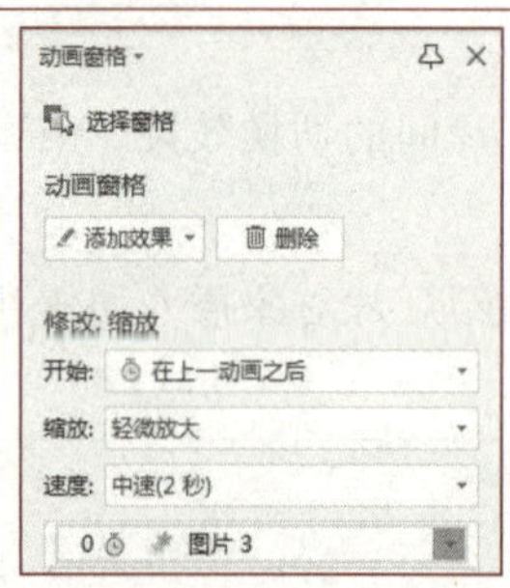


图 5-24 图片对象“动画窗格”设置图

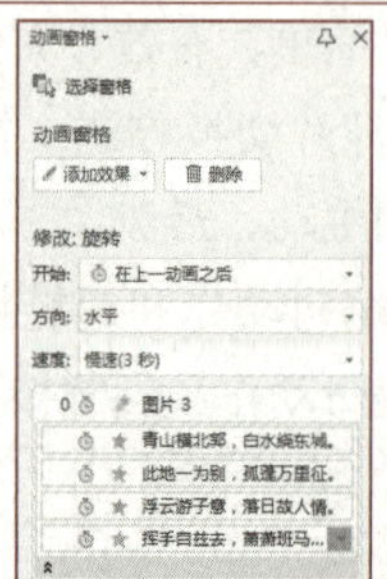


图 5-25 文本对象“动画窗格”设置图

③ 更改动画顺序，将图片进入动画调整到文本进入动画之后：在“动画窗格”中，选中图片对象的进入动画，单击“重新排序”右侧的按钮，将其调整到所有文本进入动画的后面。

④ 单击“从当前幻灯片开始播放”按钮或单击“动画”选项卡→“预览效果”下拉按钮→“预览效果”命令，观看幻灯片动画效果。

（3）按以上步骤为其他幻灯片添加动画效果：

① 为“山居秋暝”幻灯片添加如下动画效果：图片进入动画为“十字型扩展”，速度为“中速 (2 秒 )”；内容文本进入动画为“缓慢进入”，速度为“快速 (1 秒 )”，方向为“自底部”。两个对象动画开始时间均为“在上一动画之后”。

② 为“简卢陟”幻灯片添加如下动画效果：内容文本进入动画为“百叶窗”，速度为“快速 (1 秒 )”，方向为“垂直”，开始时间为“在上一动画之后”。

③ 为“从军行”幻灯片添加如下动画效果：图片进入动画为“菱形”，速度为“中速 (2 秒 )”；内容文本进入动画为“缓慢进入”，速度为“慢速 (3 秒 )”，方向为“自底部”，正文文本动画为“所有段落同时”，两个对象动画开始时间均为“在上一动画之后”。

④ 为“谢谢聆听”幻灯片添加如下动画效果：内容文本进入动画为“动作路径”动画组中的“向左”动画效果，路径动画要求：内容文本从屏幕右侧外部移至屏幕左侧目标位置，如图 5-26 所示，动画开始时间为“在上一动画之后”，速度为“慢速 (3 秒 )”。

图 5-26 “路径动画”设置效果图

（4）为“单选题”幻灯片添加形状并设置动画效果：

① 添加形状：单击“插入”选项卡→“形状”下拉按钮，选择“标注”组中的“椭圆形标注”形状，在“李白”文本框的右上方绘制该形状，以显示答案提示。

在“单选题”幻灯片中添加形状

② 编辑形状：选中该形状，单击“绘图工具”选项卡→“填充”下拉按钮→“无填充颜色”，在“绘图工具”选项卡“轮廓”下拉按钮中设置形状轮廓颜色为深蓝，右击该形状，在弹出的菜单中选择“编辑文字”命令，在文本框中输入文字提示“答对了，不错哦！”，并设置字体颜色为“红色”，效果如图 5-27 所示。

③ 复制形状：按住【Ctrl】键的同时拖动“椭圆形标注”形状，复制三个相同的形状，调整每个形状的位置并编辑错误答案旁边的提示，设置完成后的效果如图 5-28 所示。

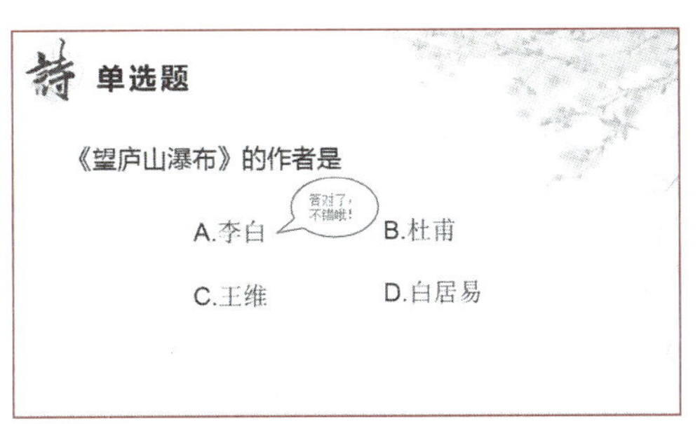


图 5-27　用“椭圆形标注”做提示效果图

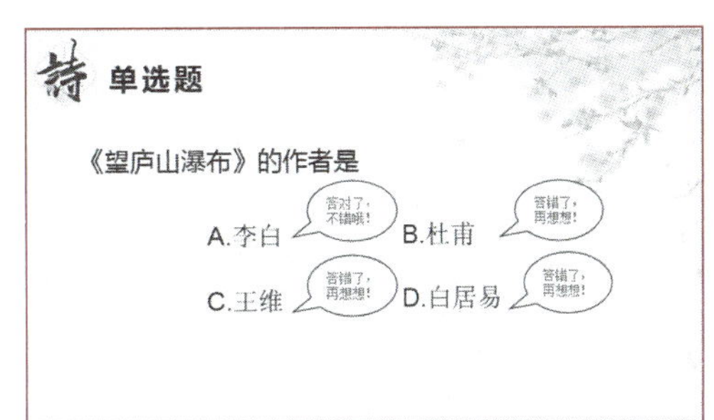


图 5-28　全部提示效果图

④ 为正确答案设置动画效果：选中“答对了，不错哦！”椭圆形标注，在“动画窗格”中，单击“添加效果”下拉按钮，选择“进入”动画组中的“飞入”动画效果，将“速度”参数框设置为“快速 (1 秒 )”。在右侧动画窗格的动画列表中，选中“椭圆形标注”，单击右侧的 ▾ 下拉按钮，在列表中选择“计时”命令，单击“触发器”按钮，选中“单击下列对象时启动效果”单选按钮，并在右侧的下拉列表中选择“文本框 3”，如图 5-29 所示。单击“效果”选项卡，将“动画播放后”参数框设置为“下次单击后隐藏”，如图 5-30 所示。单击“确定”按钮。

为“单选题”幻灯片设置动画效果

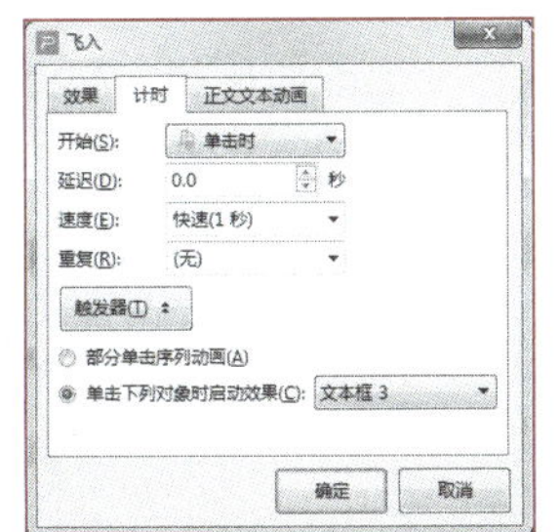


图 5-29　“计时”选项卡设置图

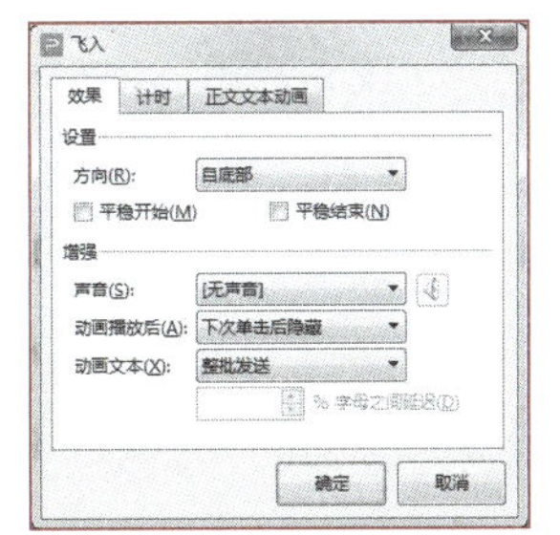


图 5-30　“效果”选项卡设置图

⑤ 为错误答案设置动画效果：其他椭圆形标注按以上步骤设置，只是触发的对象不同，错误答案的提示设置为“播放动画后隐藏”，速度为“中速 (2 秒 )”。

### 2. 幻灯片切换的设置

（1）单击“切换”选项卡展开“切换效果”列表，选择“棋盘”切换效果，如图 5-31 所示。

（2）单击“切换”选项卡，在“速度”微调按钮中设置“02.00”，单击“单击鼠标时换片”复选框，切换至勾选中状态，单击“应用到全部”按钮，使切换效果应用于整个演示文稿。

为幻灯片添加切换效果

耐心、严谨、工匠精神

制作目录幻灯片

为目录幻灯片设置超链接

为内容幻灯片添加“返回目录”动作按钮

图 5-31 “棋盘”切换效果设置

### 3. 超链接和动作按钮的设置

（1）制作目录幻灯片：

① 选中第一张幻灯片，单击“开始”选项卡→“新建幻灯片”下拉按钮→“新建幻灯片”命令，删除“单击此处添加文本”占位符，在标题占位符中输入文本“目录”。

② 单击“插入”选项卡→“形状”下拉按钮，选择“矩形”组中的“圆角矩形”形状，拖动鼠标绘制一个圆角矩形。

③ 选中该圆角矩形，单击“绘图工具”选项卡，在“形状样式”列表中，选择第 5 行第 2 列“中等效果 - 亮天蓝色，强调颜色 1”样式。

④ 按住【Ctrl】键的同时拖动圆角矩形，复制五个相同的圆角矩形，调整这六个形状的位置，通过单击“绘图工具”选项卡“对齐”下拉按钮的各项命令设置对齐方式和间距，调整完成后的效果如图 5-32 所示。

⑤ 在六个圆角矩形中分别添加文本“送友人”“山居秋暝”“简卢陟”“从军行”“江南春”和“单选题”，设置字体为“微软雅黑”，字号为 32，字体颜色为“黑色”，适当调整形状位置，完成效果如图 5-32 所示。

（2）为目录幻灯片设置超链接：

① 选中“送友人”圆角矩形，单击“插入”选项卡→“超链接”按钮，弹出“插入超链接”对话框，选择“本文档中的位置”选项卡，在“请选择文档中的位置”列表框中选择“送友人”，如图 5-33 所示，单击“确定”按钮。

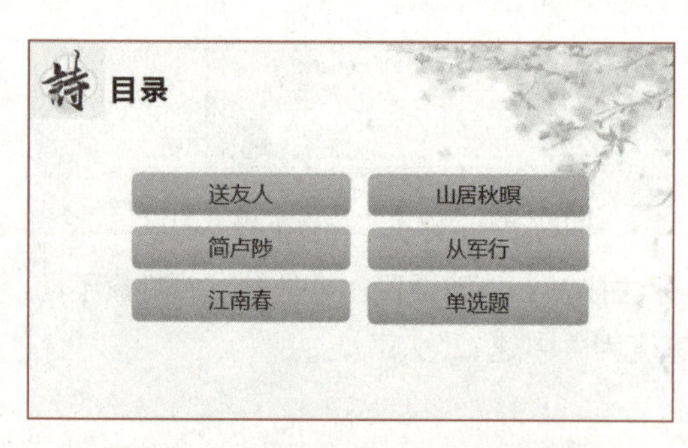


图 5-32 “目录幻灯片”设置效果图

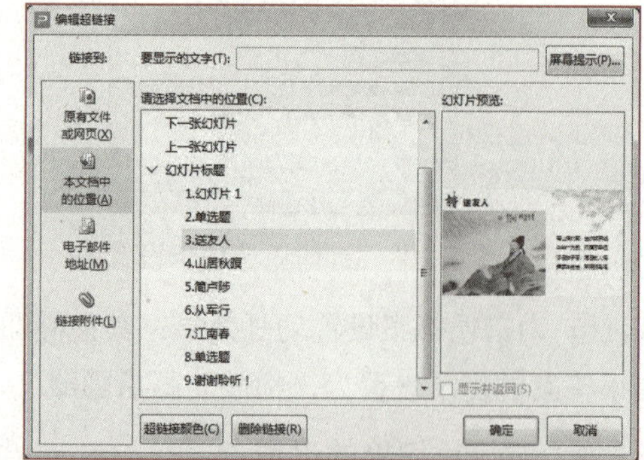


图 5-33 “插入超链接”对话框

② 分别选中其他形状，按上述方法操作，将它们分别超链接到相应的幻灯片中。

（3）为内容幻灯片添加“返回目录”动作按钮：

① 选中“送友人”幻灯片。

操作记录

② 选择“插入”选项卡，“形状”下拉按钮，选择“动作按钮”组中的“自定义”动作按钮，在幻灯片右下角绘制该动作按钮，此时弹出“动作设置”对话框，选择“超链接到”单选按钮，并在其下拉列表中单击“幻灯片…”命令，如图 5-34 所示，弹出“超链接到幻灯片”对话框，在“幻灯片标题”列表框中选择“目录”幻灯片，如图 5-35 所示，单击“确定”按钮，再次单击“确定”按钮。

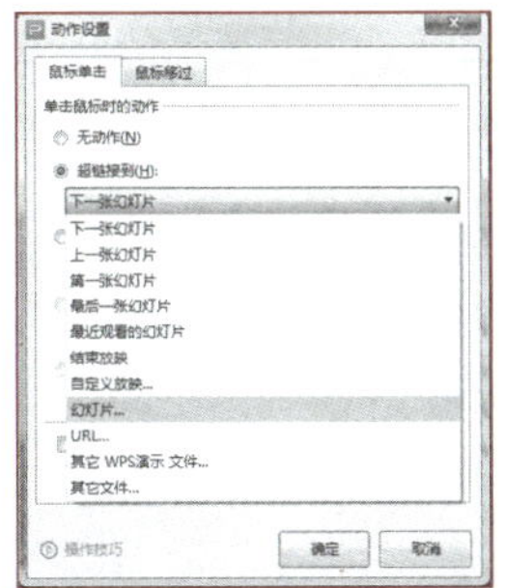


图 5-34　“动作设置”对话框

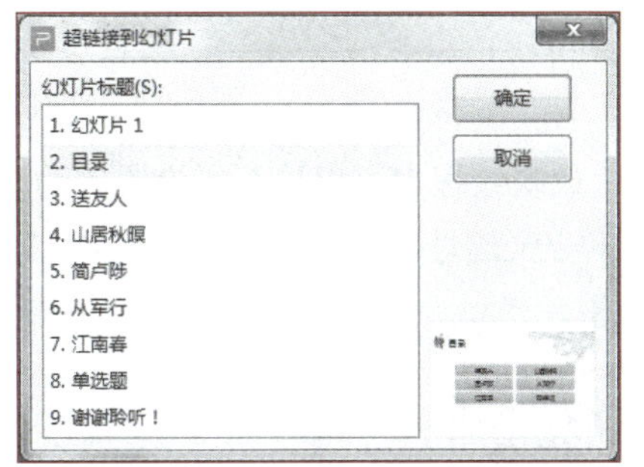


图 5-35　“超链接到幻灯片”对话框的设置

③ 选中该动作按钮，右击，在弹出的快捷菜单中选择“编辑文字”命令，输入文本“返回目录”，设置字体为“微软雅黑”，字号为“24”，字体颜色为“黑色”，适当调整动作按钮位置，完成效果如图 5-36 所示。

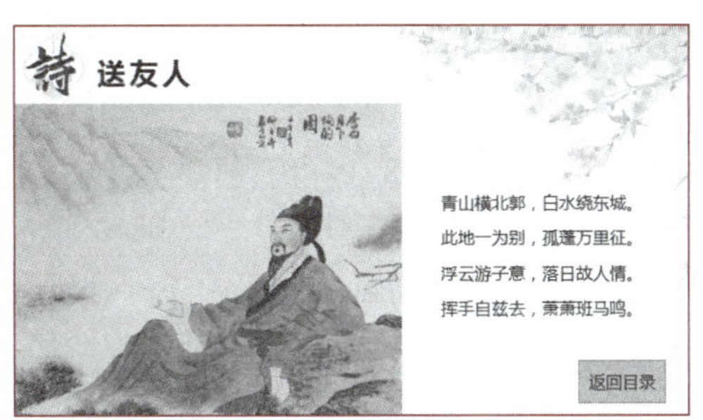


图 5-36　“动作按钮”设置效果图

④ 选中该动作按钮，分别复制到后面的幻灯片中，完成效果如图 5-37 所示。

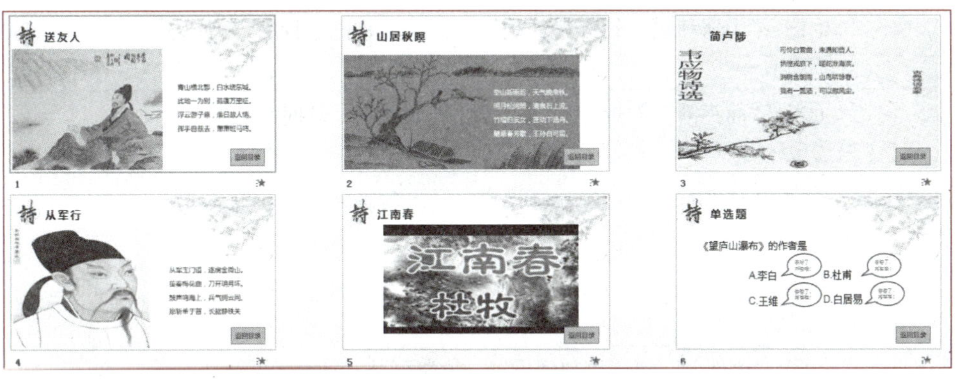


图 5-37　“动作按钮”完成效果图

操作记录

### 4. 播放“古诗欣赏”演示文稿

单击“放映”选项卡→“从头开始”按钮，设置从当前演示文稿的第一张幻灯片开始放映，如图 5-38 所示。

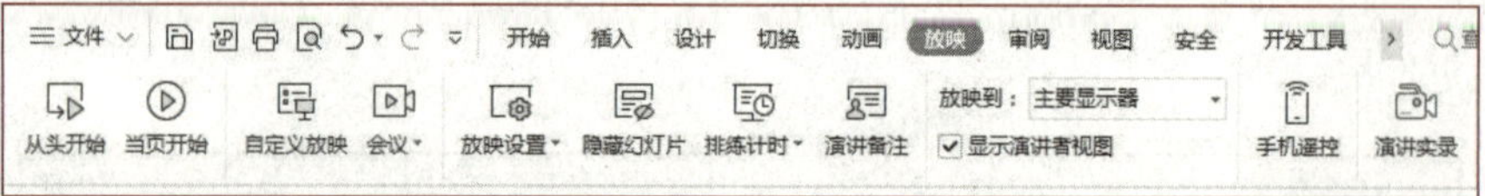


图 5-38　幻灯片“放映”选项卡

幻灯片放映过程中可以检查所设置的动画，观察幻灯片的播放效果。在放映时，可以单击切换至下一张幻灯片，也可以按下【Esc】键结束幻灯片的放映，以便重新编辑所需调整的幻灯片。

完成情况

## 实训任务考评

### 让“古诗欣赏”演示文稿动起来考评记录

<table>
<tr><td>学生姓名</td><td></td><td>班级</td><td></td><td>任务评分</td><td></td></tr>
<tr><td>实训地点</td><td></td><td>学号</td><td></td><td>完成日期</td><td></td></tr>
<tr><td rowspan="14">实训实现步骤</td><td>序号</td><td colspan="2">考 核 内 容</td><td>标准分</td><td>评分</td></tr>
<tr><td>01</td><td colspan="2">基础操作：打开指定演示文稿</td><td>5</td><td></td></tr>
<tr><td rowspan="3">02</td><td colspan="2">为标题幻灯片中的对象添加动画效果：</td><td>10</td><td></td></tr>
<tr><td colspan="2">（1）标题动画设置：进入动画、计时</td><td>5</td><td></td></tr>
<tr><td colspan="2">（2）副标题动画设置：进入动画、计时</td><td>5</td><td></td></tr>
<tr><td rowspan="3">03</td><td colspan="2">为“送友人”幻灯片中的对象添加动画效果：</td><td>10</td><td></td></tr>
<tr><td colspan="2">（1）图片对象动画设置：进入动画、计时</td><td>5</td><td></td></tr>
<tr><td colspan="2">（2）内容文本动画设置：进入动画、计时</td><td>5</td><td></td></tr>
<tr><td rowspan="6">04</td><td colspan="2">为其他幻灯片中的对象添加动画效果：</td><td>30</td><td></td></tr>
<tr><td colspan="2">（1）“山居秋暝”幻灯片动画设置：进入动画、计时、效果选项</td><td>5</td><td></td></tr>
<tr><td colspan="2">（2）“简卢陟”幻灯片动画设置：进入动画、计时、效果选项</td><td>5</td><td></td></tr>
<tr><td colspan="2">（3）“从军行”幻灯片动画设置：进入动画、计时、效果选项</td><td>5</td><td></td></tr>
<tr><td colspan="2">（4）“谢谢聆听”幻灯片动画设置：进入动画、计时、效果选项</td><td>5</td><td></td></tr>
<tr><td colspan="2">（5）“单选题”幻灯片动画设置：绘制形状、动画效果、触发器</td><td>10</td><td></td></tr>
</table>

存在问题

续表

<table>
<tr><td rowspan="13">实训实现步骤</td><td>序号</td><td>考核内容</td><td>标准分</td><td>评分</td></tr>
<tr><td>05</td><td>为幻灯片添加切换效果：切换方式、计时</td><td>5</td><td></td></tr>
<tr><td rowspan="3">06</td><td>目录幻灯片制作：</td><td>10</td><td></td></tr>
<tr><td>（1）制作目录幻灯片：标题、形状</td><td>5</td><td></td></tr>
<tr><td>（2）超级链接：幻灯片中的每个形状均能链接到相应幻灯片中</td><td>5</td><td></td></tr>
<tr><td>07</td><td>为内容幻灯片添加“返回目录”按钮：在每张内容幻灯上添加动作按钮“返回目录”，单击该按钮能返回到目录幻灯片中</td><td>10</td><td></td></tr>
<tr><td rowspan="5">08</td><td>职业素养：</td><td>20</td><td></td></tr>
<tr><td>自主学习：能结合实训任务自学知识点</td><td>5</td><td></td></tr>
<tr><td>创新精神：套用所学操作完成不同幻灯片</td><td>5</td><td></td></tr>
<tr><td>实操记录：清晰、完整、准确、规范、工整等</td><td>5</td><td></td></tr>
<tr><td>学习反思：复述巩固知识点、反思实操内容等</td><td>5</td><td></td></tr>
<tr><td colspan="2">自我评语</td><td colspan="3"></td></tr>
<tr><td colspan="2">教师评语</td><td colspan="3"></td></tr>
</table>

# 习　题

## 一、单项选择题

1. 利用菜单关闭当前编辑的演示文稿，但不退出 WPS 演示 2019 的操作是（　　）。

   A. 右击文件标签，并在新弹出的快捷菜单中选“关闭”命令

   B. 选择“文件”菜单中的“导出”命令

   C. 选择“文件”菜单中的“保存”命令

   D. 选择“文件”菜单中的“另存为”命令

2. WPS 2019 演示文稿文件的默认扩展名是（　　）。

   A. .pttx　　B. .fptx　　C. .pptx　　D. .prg

3. 通过菜单对存放在磁盘中的演示文稿文件进行编辑时，正确的操作方法是（　　）。

   A. 选择“文件”菜单中的“新建”命令，再在“新建”文件对话框中选择该文件

   B. 选择“文件”菜单中的“打开”命令，再在“打开”文件对话框中选择该文件

   C. 选择“开始”菜单中的“新建”命令，再在“查找”文件对话框中选择该文件

D. 选择“开始”菜单中的“新建”命令，再在“定位”文件对话框中选择该文件

4. WPS 2019 的演示文稿包括（　　）视图、幻灯片浏览、备注页和阅读四种视图。

A. 普通　　B. 动画　　C. 页面　　D. 联机版式

5. WPS 2019 的演示文稿的各种视图中，专门显示单个幻灯片以进行编辑的视图是（　　）。

A. 普通视图　　B. 幻灯片浏览视图

C. 备注页视图　　D. 阅读视图

6. 要在演示文稿的某张幻灯片中插入图片或照片，应在（　　）中进行。

A. 幻灯片放映视图　　B. 幻灯片浏览视图

C. 阅读视图　　D. 普通视图

7. 在 WPS 演示 2019 的幻灯片浏览视图中，不能进行的工作是（　　）。

A. 复制幻灯片　　B. 删除幻灯片

C. 幻灯片文本的编辑修改　　D. 重排所有幻灯片次序

8. 在普通视图中，若幻灯片没插入页码，仍可从（　　）中知道当前幻灯片的页码。

A. 状态栏　　B. 菜单栏　　C. 格式栏　　D. 图片栏

9. 在 WPS 2019 演示文稿中，插入批注可在（　　）选项卡中选择“批注”按钮。

A. 插入　　B. 放映　　C. 开始　　D. 切换

10. 在幻灯片浏览视图中删除某张幻灯片的操作方法为：先选中要删除的幻灯片，再按（　　）键。

A. 【Alt】　　B. 【Ctrl】　　C. 【Shift】　　D. 【Delete】

11. 在 WPS 演示 2019 中，改变项目符号可选择（　　）选项卡中的“项目符号”下拉按钮。

A. 开始　　B. 插入　　C. 设计　　D. 动画

12. 在 WPS 演示 2019 中，若需要给幻灯片更换背景颜色，可选择（　　）选项卡中的“背景”下拉按钮。

A. 设计　　B. 开始　　C. 动画　　D. 视图

13. 在 WPS 演示 2019 中，要删除幻灯片中的某个占位符，可先选中要删除的占位符，再按（　　）键。

A. 【Delete】　　B. 【Enter】　　C. 【Ctrl】　　D. 【Alt】

14. 在 WPS 演示 2019 中，增加新幻灯片可在（　　）选项卡中选择“新建幻灯片”下拉按钮。

A. 开始　　B. 视图　　C. 设计　　D. 动画

15. 在当前打开的演示文稿上设计简单的基本动画可在（　　）选项卡中完成。

A. 放映　　B. 动画　　C. 切换　　D. 视图

16. 在 WPS 演示 2019 中，若希望在文本占位符以外的区域输入文字，可通过单击“插入”选项卡的（　　）下拉按钮以插入文字。

A. 图表　　B. 格式刷　　C. 文本框　　D. 剪贴画

17. 在 WPS 演示 2019 中，母版经常用来在幻灯片上（　　）。

A. 添加图徽　　B. 更改版式　　C. 更改模板样式　　D. 添加公共内容

18. 在 WPS 演示 2019 中，通过自定义动画不能实现（　　）动画效果。

A. 进入　　B. 强调　　C. 退出　　D. 合并

19. 要想使幻灯片上的图片作为背景，同时防止它盖住任何其他对象，则将鼠标指向此图片后右击，并在新弹出的快捷菜单中选择（　　）命令。

A. “置于顶层”　B. “置于底层”　C. “上移一层”　D. “下移一层”

20. 在 WPS 2019 演示文稿中，超链接不可以链接到（　　）。

A. 文本文件的某一行　　B. 幻灯片

C. 电子邮件　　D. 图形文件

21. 在 WPS 2019 演示文稿中，除使用菜单命令外，结束幻灯片的放映还可以按（　　）键。

A. 【ESC】　B. 【PAUSE】　C. 【TAB】　D. 【HOME】

22. 关于标题幻灯片的正确说法是（　　）。

A. 它是指演示文稿中的第一张幻灯片

B. 它在演示文稿中只能有一张

C. 它是演示文稿中的第一张幻灯片，而且只能有这一张

D. 是用标题幻灯片版式创建的，一个文稿中可以有多张

23. 在 WPS 演示文稿中，在“文件”选项卡下的（　　）命令下打开文档权限。

A. “帮助”　B. “分享文档”　C. “备份与恢复”　D. “文档加密”

24. 在 WPS 演示文稿中，在“文件”选项卡下的（　　）命令下打开备份管理。

A. “帮助”　B. “分享文档”　C. “备份与恢复”　D. “文档加密”

25. 在 WPS 演示中，关于批注的编辑正确的是（　　）。

A. 在批注中可以插入图片　　B. 在批注中可以输入英文字母

C. 可以在批注中插入艺术字　　D. 在批注中可以插入公式

26. 在 WPS 演示中，用户可以在（　　）选项卡下插入超链接。

A. 开始　　B. 插入　　C. 审阅　　D. 批注

27. 在 WPS 演示中，关于交互动画，描述错误的是（　　）。

A. 可以通过超链接实现跨幻灯片页面的动画交互

B. 可以在“动画计时”选项下的触发器中设置交互动画

C. 可以在“动画的效果”选项下设置交互动画

D. 设置交互动画可以更方便演讲者与观众互动

28. 在 WPS 演示中，下列（　　）不属于自定义路径动画。

A. 直线　　B. 自由曲线　　C. 任意多边形　　D. 波浪型

29. 在 WPS 演示中，下列关于路径动画的说法正确的是（　　）。

A. 路径动画不可以锁定路径

B. 路径动画可以反转路径方向

C. 路径动画不可以设置播放速度

D. 路径动画不可以编辑路径顶点

30. 在 WPS 演示中，下列属于强调动画的是（　　）。

A. 更改线条颜色　B. 飞入　　C. 百叶窗　　D. 盒状

31. 在 WPS 演示中，下列说法正确的是（　　）。

A. 合并两个演示文稿必须同时打开这两个文稿

B. 演示文稿可以合并

C. 不可以通过鼠标拖拽的方式合并演示文稿

D. 合并演示文稿没有意义

32. 在 WPS 演示文稿中，关于建立超链接，下列说法错误的是（　　）。

A. 纹理对象可以建立超链接　　B. 背景对象可以建立超链接

C. 文字对象可以建立超链接　　D. 图片对象可以建立超链接

## 二、判断题

1. 幻灯片版式中包含了一些称为占位符的虚线框。（　　）

2. 在幻灯片浏览视图中，文稿中所有的幻灯片都会以缩小图的形式，按次序排列在窗口中。（　　）

3. 幻灯片中的各个对象可使用不同的动画效果，以任意顺序出现。（　　）

4. 在播放演示文稿时，备注内容也能显示出来。（　　）

5. 如果为 WPS 演示文稿设置了动画效果，则播放时单击将显示设置了动画的对象，而不是立即切换到下一张幻灯片。（　　）

6. 在“切换”选项卡中单击“应用到全部”按钮，则该演示文稿中所有的幻灯片均应用当前幻灯片所设置的切换效果。（　　）

7. 用 WPS 2019 演示文稿的普通视图，在任一时刻，主窗口内均只能查看或编辑一张幻灯片。（　　）

8. 在幻灯片放映过程中，要结束放映，可按【Esc】键。（　　）

9. “插入”选项卡和“审阅”选项卡都能添加批注。（　　）

10. WPS 演示文稿可插入剪贴画，但不能插入 jpg、gif、bmp 等格式的图形文件。（　　）

# 答题卡

<table>
<tr><td>学生姓名</td><td></td><td>班级</td><td></td><td>学号</td><td></td></tr>
<tr><td>选择题</td><td></td><td>判断题</td><td></td><td>总分</td><td></td></tr>
<tr><td colspan="6">第一题　选择题（每小题 2.5 分，共 80 分）</td></tr>
<tr><td colspan="3">1. 【A】【B】【C】【D】<br>2. 【A】【B】【C】【D】<br>3. 【A】【B】【C】【D】<br>4. 【A】【B】【C】【D】<br>5. 【A】【B】【C】【D】<br>6. 【A】【B】【C】【D】<br>7. 【A】【B】【C】【D】<br>8. 【A】【B】【C】【D】<br>9. 【A】【B】【C】【D】<br>10. 【A】【B】【C】【D】<br>11. 【A】【B】【C】【D】<br>12. 【A】【B】【C】【D】<br>13. 【A】【B】【C】【D】<br>14. 【A】【B】【C】【D】<br>15. 【A】【B】【C】【D】<br>16. 【A】【B】【C】【D】</td><td colspan="3">17. 【A】【B】【C】【D】<br>18. 【A】【B】【C】【D】<br>19. 【A】【B】【C】【D】<br>20. 【A】【B】【C】【D】<br>21. 【A】【B】【C】【D】<br>22. 【A】【B】【C】【D】<br>23. 【A】【B】【C】【D】<br>24. 【A】【B】【C】【D】<br>25. 【A】【B】【C】【D】<br>26. 【A】【B】【C】【D】<br>27. 【A】【B】【C】【D】<br>28. 【A】【B】【C】【D】<br>29. 【A】【B】【C】【D】<br>30. 【A】【B】【C】【D】<br>31. 【A】【B】【C】【D】<br>32. 【A】【B】【C】【D】</td></tr>
<tr><td colspan="6">第二题　判断题（每小题 2 分，共 20 分）</td></tr>
<tr><td colspan="3">1. 【T】【F】<br>2. 【T】【F】<br>3. 【T】【F】<br>4. 【T】【F】<br>5. 【T】【F】</td><td colspan="3">6. 【T】【F】<br>7. 【T】【F】<br>8. 【T】【F】<br>9. 【T】【F】<br>10. 【T】【F】</td></tr>
</table>

# 第6章 信息检索

信息检索是人们进行信息查询和获取的主要方式，是查找信息的方法和手段，是信息化时代人们基本的信息素养之一。掌握网络信息的高效检索方法，是现代信息社会对高素质技术技能人才的基本要求。本主题包含信息检索基础知识、搜索引擎使用技巧、专用平台信息检索等内容。

本章综合实训就某公司的信息检索进行简单分析操作，分四个实训任务，对浏览器设置和信息检索各种方式的展示，给读者一整套浏览器设置和信息检索的方法。让读者通过本实训的学习，能切实掌握信息检索的简单使用。希望读者学习后信息检索更加熟练，并能对信息检索的各种方式有更进一步的了解。

## 6.1 【实训1】华为浏览器设置

### 实训目标

二十大报告
知识点链接6

| 知识目标： |
| --- |
| （1）熟练掌握浏览器的基本概念和基本操作。<br>（2）掌握不同浏览器的设置方法。<br>（3）归纳浏览器的设置方法。 |
| 能力目标： |
| （1）能将华为浏览器设为默认浏览器。<br>（2）能将“360”设为华为浏览器的默认搜索引擎。<br>（3）能将导航网站“hao123”设为华为浏览器首页（主页）。 |
| 素质目标： |
| （1）通过示范案例中浏览器的设置，培养学生规范化、标准化的使用习惯，养成耐心、严谨的工作态度。<br>（2）通过引导，学生能设置各种浏览器，培养学生的复用性、模块化思维能力。 |

## 实训要求

（1）将华为浏览器设为默认浏览器。

（2）将“360”设为华为浏览器的默认搜索引擎。

（3）将导航网站“hao123”设为华为浏览器首页。

## 技术分析

在本次实训中，需要运用的技能点有：

（1）设置默认浏览器：不同浏览器设置默认浏览器的方法略有不同。

（2）设置默认搜索引擎：常见搜索引擎有百度、搜狗、360 等。

（3）设置浏览器首页：将个人主页、网站网页、组织或活动主页、公司主页等设置为浏览器首页。

## 实例演示

（1）设置默认浏览器：在华为浏览器中选择“自定义及控制华为浏览器”→“设置”→“默认浏览器”选项，然后选择“设为默认选项”，如图 6-1 所示。

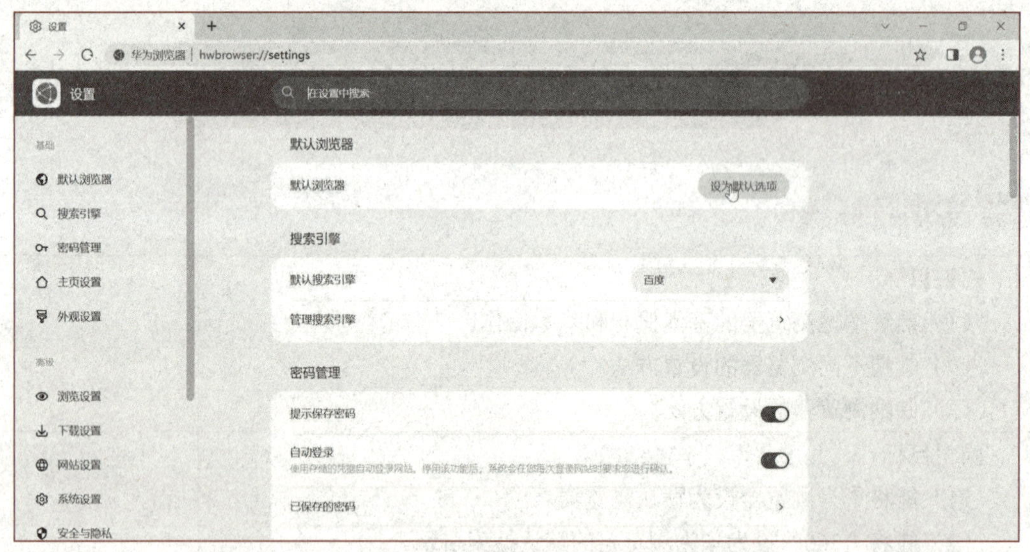


图 6-1　设置默认浏览器

再在“默认应用”中的“Web 浏览器”中，单击“QQ 浏览器”，在弹出的选项中选择“华为浏览器”，即可将华为浏览器设为默认浏览器。

（2）设置默认搜索引擎：在华为浏览器中单击“设置”→“搜索引擎”选项，单击“管理搜索引擎”，可以看到“百度”为默认，在“360”一行中单击“更多操作”选项，选择“设为默认选项”，即可将“360”设为默认搜索引擎，如图 6-2 所示。

学习笔记

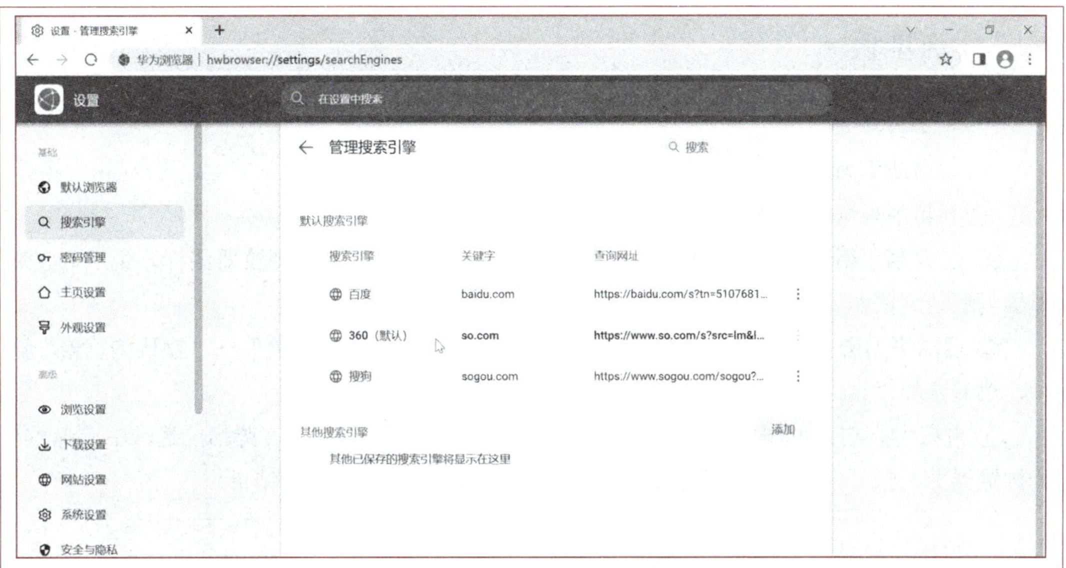


图 6-2　设置默认搜索引擎

（3）设置浏览器首页：在华为浏览器“设置”中选择“主页设置”选项，然后在“主页”中选择“自定义网址”选项，输入导航网站“hao123”的网址“www.hao123.com”，如图 6-3 所示。

图 6-3　设置浏览器首页

## 实训步骤

华为浏览器设置

### 1. 设置默认浏览器

（1）启动华为浏览器。

（2）将华为浏览器设为默认浏览器：

① 在桌面上创建一张“web．html”网页，显示其图标为QQ浏览器图标，说明QQ浏览器为默认浏览器。

② 启动华为浏览器，选择“自定义及控制华为浏览器”→“设置”→“默认浏览器”选项，然后选择“设为默认选项”。

③ 再在“默认应用”中的“Web浏览器”中，单击“QQ浏览器”，在弹出的选项中选择“华为浏览器”，即可将华为浏览器设为默认浏览器，得到如图6-4所示结果。

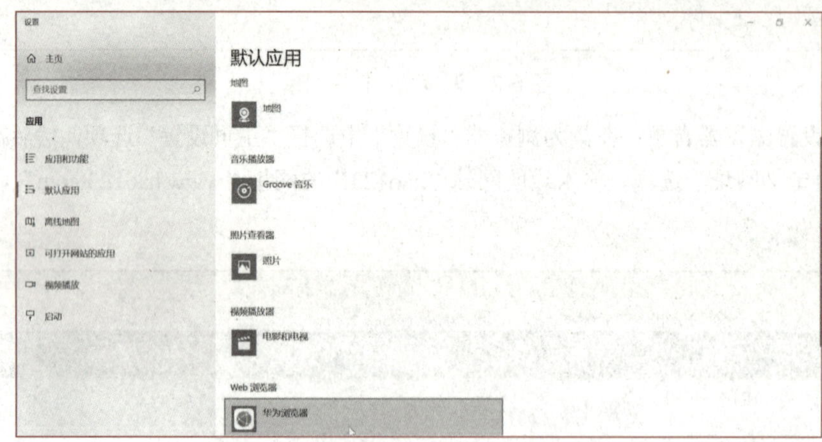


图6-4　将华为浏览器设为默认浏览器

（3）测试：

① 关闭华为浏览器。

② 查看桌面网页图标，图标变为华为浏览器图标，如图6-5所示。

图6-5　测试结果

操作记录

## 2. 设置默认搜索引擎

（1）将“360”设为华为浏览器的默认搜索引擎：

① 启动华为浏览器。

② 在华为浏览器“设置”中选择“搜索引擎”选项，单击“管理搜索引擎”，可以看到“百度”为默认，在“360”一行中单击“更多操作”，选择“设为默认选项”，即可将“360”设为默认搜索引擎，如图 6-6 所示。

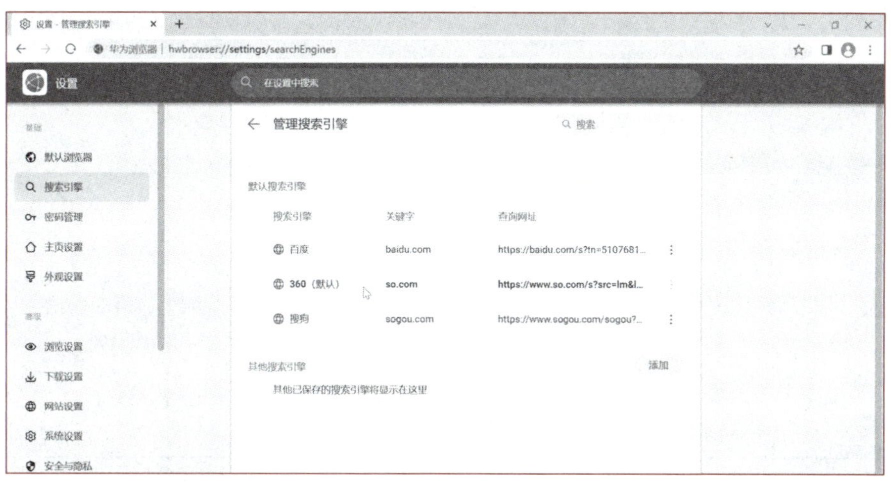


图 6-6　将“360”设为华为浏览器的默认搜索引擎

（2）测试：

① 单击“打开新的标签页”按钮。

② 浏览器地址栏中出现“在 360 中搜索”的信息，在搜索栏中输入“荆州职业技术学院”，按【Enter】键，出现“360”搜索引擎，搜到“荆州职业技术学院”的相关信息，这就表示设置“360”为默认搜索引擎成功，如图 6-7 所示。

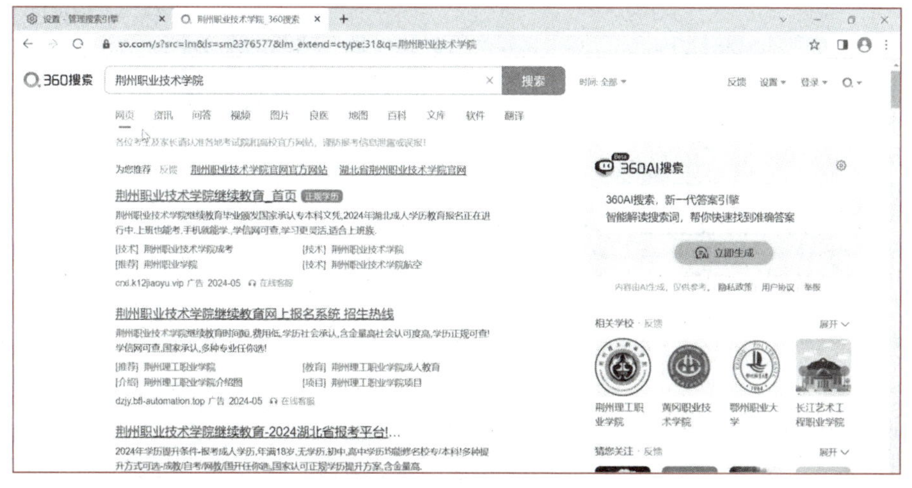


图 6-7　测试结果

操作记录

### 3. 设置浏览器首页

（1）将导航网站“hao123”设为华为浏览器首页：

在“设置”中选择“主页设置”选项，然后在“主页”中选择“自定义网址”选项，输入导航网站“hao123”的网址“www.hao123.com”，如图 6-8 所示。

图 6-8　将导航网站“hao123”设为华为浏览器首页

（2）测试：

① 关闭华为浏览器。

② 再次启动华为浏览器，浏览器直接跳转到导航网站“hao123”，得到如图 6-9 所示结果。

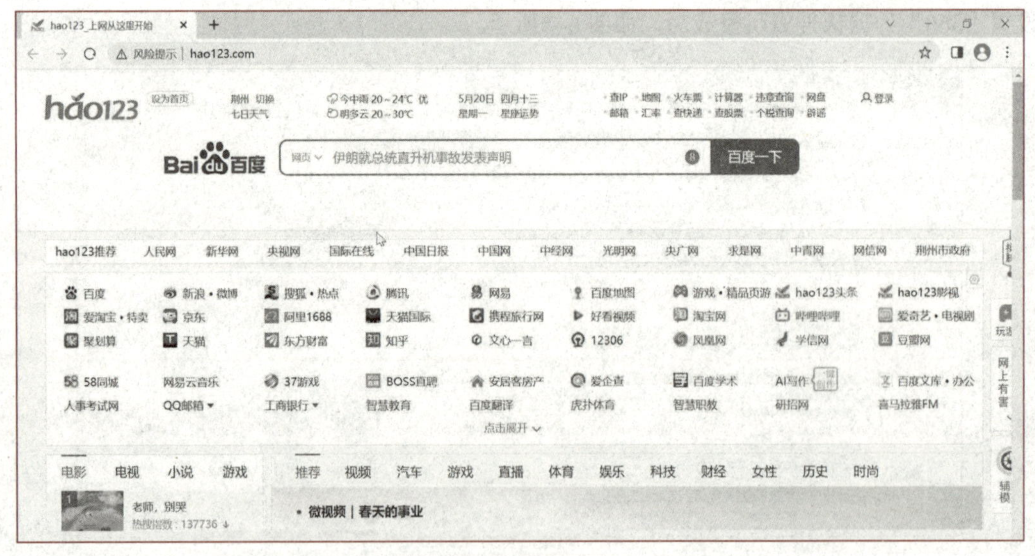


图 6-9　测试结果

## 华为浏览器设置考评记录

<table>
<tr><td>学生姓名</td><td colspan="2"></td><td>班级</td><td></td><td>任务评分</td><td></td></tr>
<tr><td>实训地点</td><td colspan="2"></td><td>学号</td><td></td><td>完成日期</td><td></td></tr>
<tr><td rowspan="17">实训实现步骤</td><td>序号</td><td colspan="3">考 核 内 容</td><td>标准分</td><td>评分</td></tr>
<tr><td rowspan="4">01</td><td colspan="3">设置默认浏览器：</td><td>30</td><td></td></tr>
<tr><td colspan="3">（1）启动华为浏览器</td><td>5</td><td></td></tr>
<tr><td colspan="3">（2）将华为浏览器设为默认浏览器</td><td>20</td><td></td></tr>
<tr><td colspan="3">（3）测试</td><td>5</td><td></td></tr>
<tr><td rowspan="3">02</td><td colspan="3">设置默认搜索引擎：</td><td>25</td><td></td></tr>
<tr><td colspan="3">（1）将“360”设为华为浏览器的默认搜索引擎</td><td>20</td><td></td></tr>
<tr><td colspan="3">（2）测试</td><td>5</td><td></td></tr>
<tr><td rowspan="3">03</td><td colspan="3">设置浏览器首页：</td><td>25</td><td></td></tr>
<tr><td colspan="3">（1）将导航网站“hao123”设为华为浏览器首页</td><td>20</td><td></td></tr>
<tr><td colspan="3">（2）测试</td><td>5</td><td></td></tr>
<tr><td rowspan="5">04</td><td colspan="3">职业素养：</td><td>20</td><td></td></tr>
<tr><td colspan="3">自主学习：能结合案例目标任务自学知识点</td><td>5</td><td></td></tr>
<tr><td colspan="3">创新精神：套用所学操作完成不同浏览器设置</td><td>5</td><td></td></tr>
<tr><td colspan="3">实操记录：清晰、完整、准确、规范、工整等</td><td>5</td><td></td></tr>
<tr><td colspan="3">学习反思：复述巩固知识点、反思实操内容等</td><td>5</td><td></td></tr>
<tr><td>自我评语</td><td colspan="6"></td></tr>
<tr><td>教师评语</td><td colspan="6"></td></tr>
</table>

完成情况

存在问题

学习笔记

# 6.2 【实训 2】检索满足公司专业设计要求的显示器

## 实训目标

知识目标：

（1）熟练掌握信息检索的基本概念和基本操作。

（2）掌握不同信息检索的方法。

（3）掌握信息检索的方法。

能力目标：

（1）能通过网页查找所需信息。

（2）能通过专用平台查找所需信息。

（3）能通过搜索引擎查找所需信息。

（4）能通过书签收藏页面。

素质目标：

（1）通过示范案例中的信息检索，培养学生规范化、标准化的使用习惯，养成耐心、严谨的工作态度。

（2）通过引导学生能套用所学信息检索的方法，培养学生的复用性、模块化思维能力。

## 实训要求

（1）完成通过网页查找所需信息。

（2）完成通过专用平台查找所需信息。

（3）完成通过搜索引擎查找所需信息。

（4）完成通过书签收藏页面。

## 技术分析

在本次实训中，需要运用的技能点有：

（1）通过网页查找所需信息：通过导航网站页面查找所需信息。

（2）通过专用平台查找所需信息：通过购物网站专用平台查找所需信息。

（3）通过搜索引擎查找所需信息：通过“百度”搜索引擎查找网站和评测信息。

（4）通过书签收藏页面：通过“书签”收藏页面，以便推荐时打开查看。

## 实例演示

（1）通过网页查找所需信息：通过导航网站“hao123”主页找到“京东商城”，并进入，如图 6-10 所示。

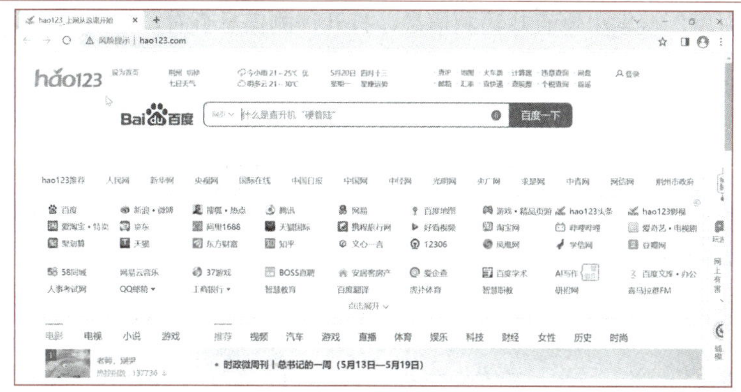


图 6-10　导航网站“hao123”

（2）通过购物网站专用平台查找所需信息，如图 6-11 所示。

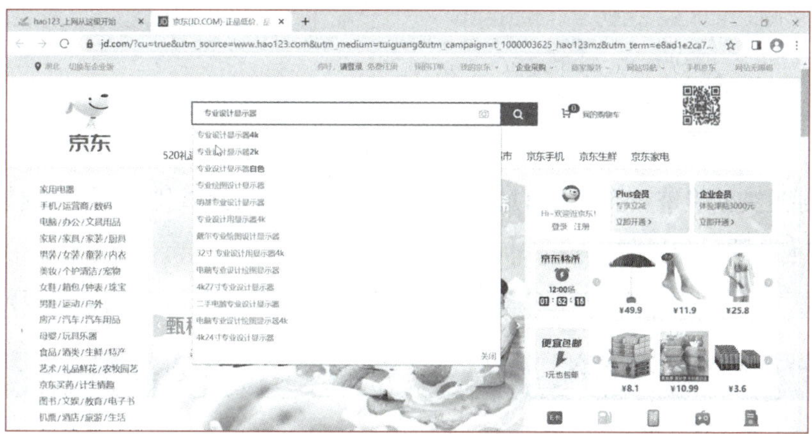


图 6-11　京东商城站内搜索

（3）通过搜索引擎查找所需信息：

① 通过“百度”搜索引擎查找华硕官网并进入，验证显示器信息，如图 6-12 所示。

图 6-12　“百度”搜索华硕官网

学习笔记

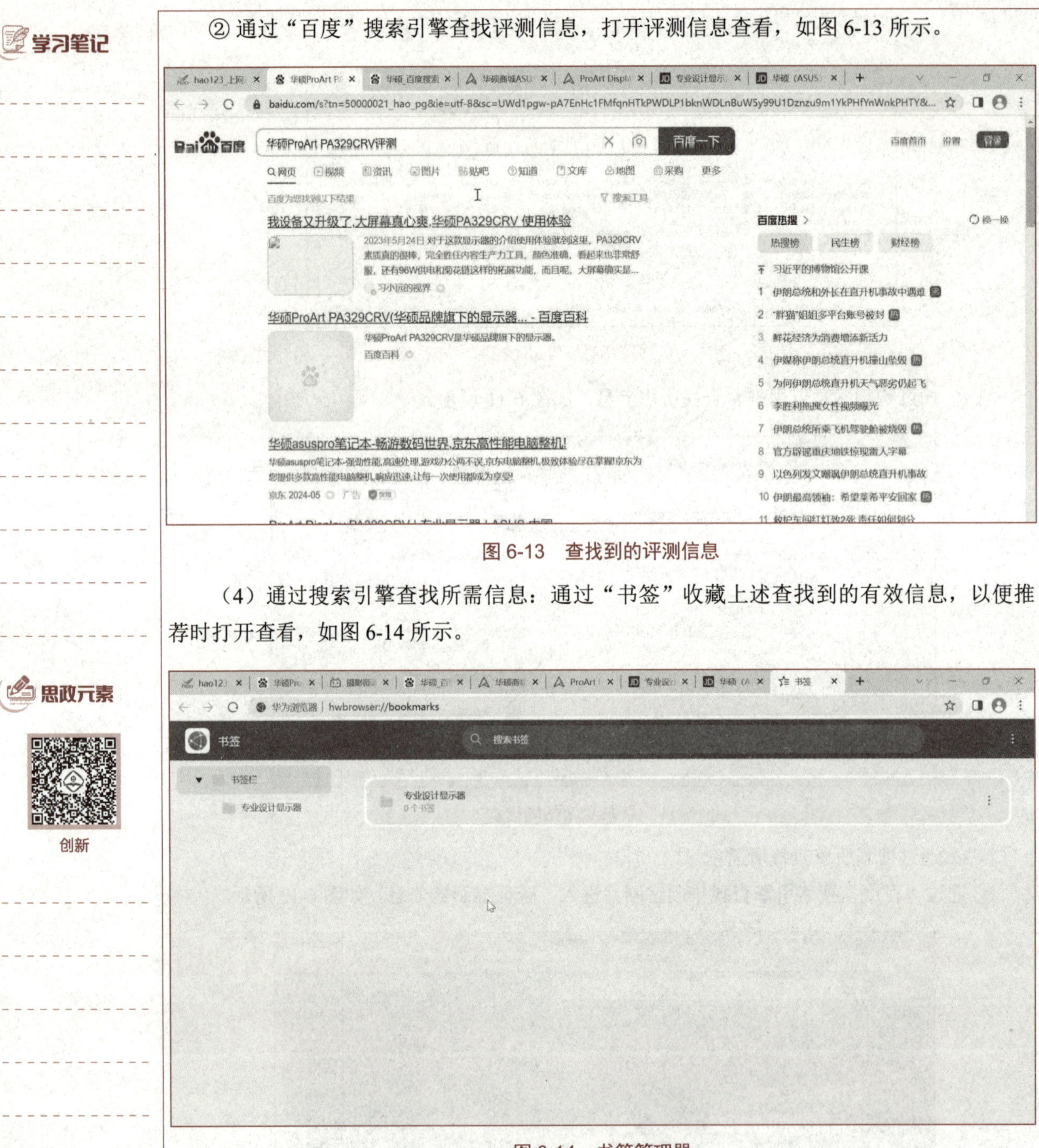

②通过“百度”搜索引擎查找评测信息，打开评测信息查看，如图6-13所示。



图6-13　查找到的评测信息

（4）通过搜索引擎查找所需信息：通过“书签”收藏上述查找到的有效信息，以便推荐时打开查看，如图6-14所示。



图6-14　书签管理器

思政元素

创新

## 实训步骤

操作记录

操作视频

检索满足公司专业设计要求的显示器

### 1. 通过导航网站“hao123”主页找到“京东商城”，并进入

（1）启动谷歌浏览器（导航网站“hao123”已设置为首页）。

（2）在导航网站“hao123”页面中查找“京东商城”，找到后单击进入“京东商城”，得到如图 6-15 所示结果。

图 6-15　京东商城

### 2. 按公司要求，在“京东商城”购物网站专用平台中查找所需显示器

（1）在“京东商城”购物网站站内搜索，按要求输入“专业设计显示器”，按【Enter】键，得到如图 6-16 所示结果。

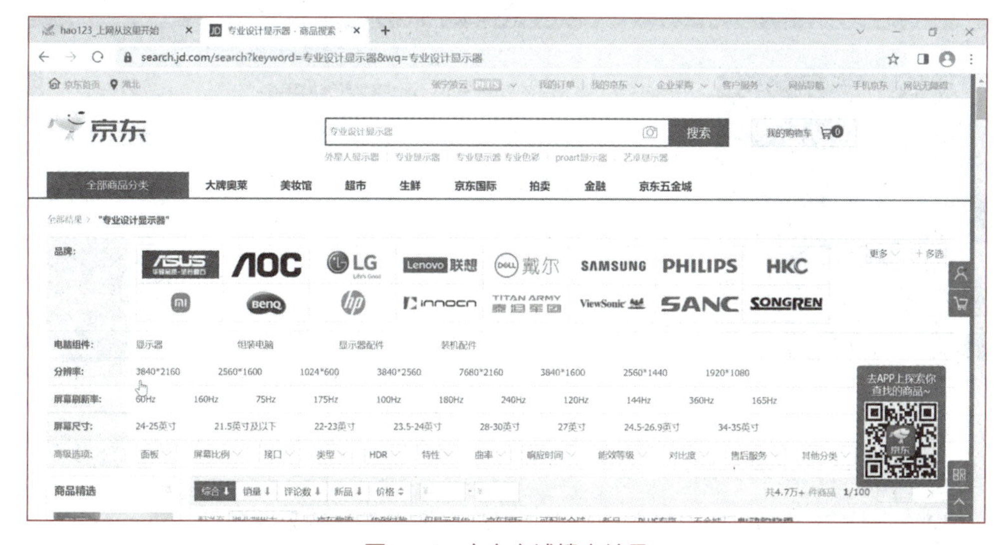


图 6-16　京东商城搜索结果

（2）对搜索到的结果按要求进一步细化，在显示器的分辨率中选择“3 840×2 160”，在屏幕尺寸中选择“31.5～32 英寸”，接口中选择“DP”，在高级选项产品特性中选择“旋转升降底座”，最后在价格中输入“4 000～5 000”，单击“确定”，得到如图 6-17 所示结果。

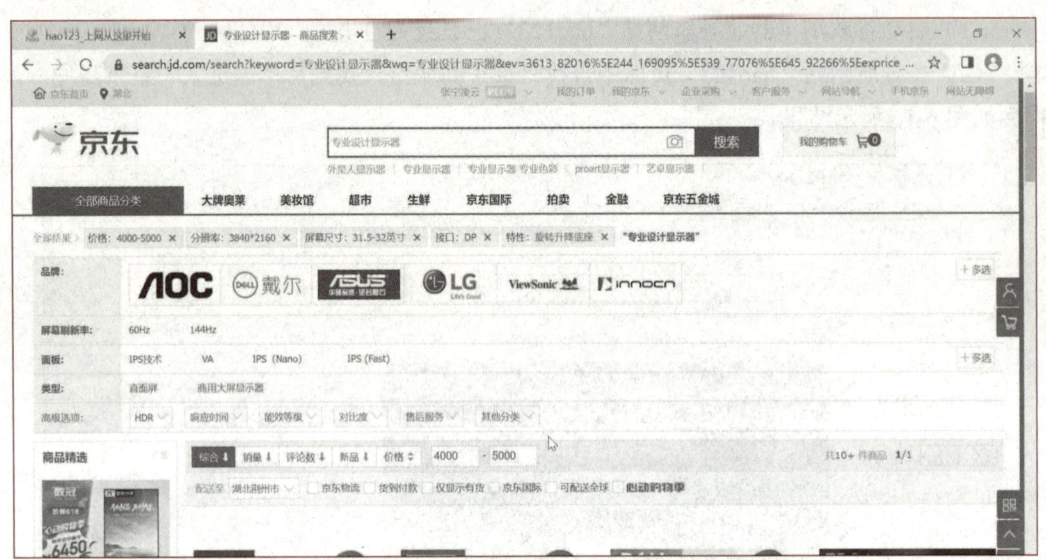

图 6-17　京东商城细化搜索结果

（3）查看列举的显示器信息，其中“华硕 ProArt PA329CRV”更符合公司要求，如图 6-18 所示。

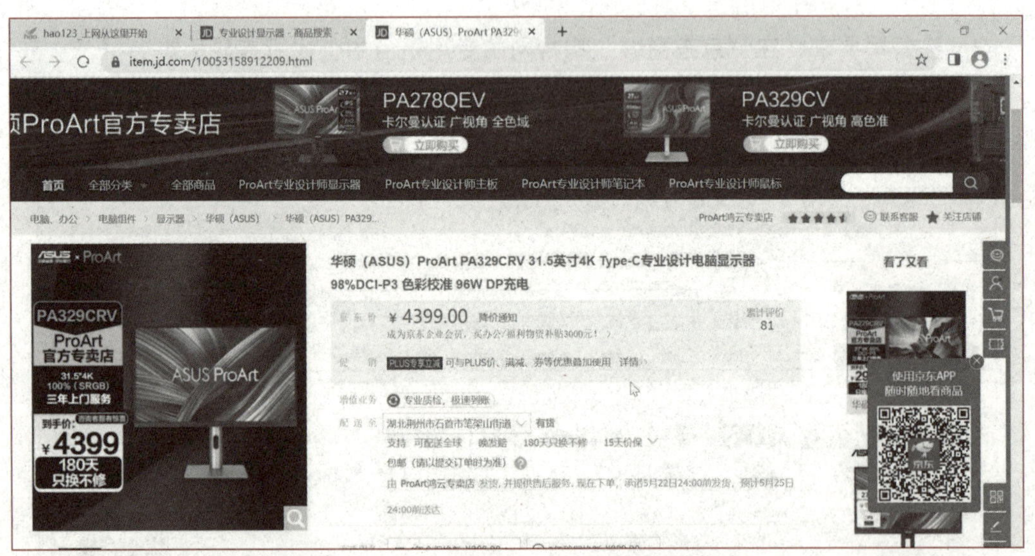

图 6-18　华硕 ProArt PA329CRV

## 3. 验证信息，查看评测

（1）回到导航网站“hao123”，通过“百度”搜索引擎输入“华硕”进行查找，在找

操作记录

到的搜索结果中，单击进入华硕官网，如图 6-19 所示。

图 6-19　华硕官网

思政元素

科学精神

（2）在“华硕官网”中，选择“显示器 / 台式机”，在“显示器”→“按系列”中选择“ProArt 专业系列”，再在“ProArt 专业系列”选择“电影制作及视频编辑”，在“面板分辨率”选择“4K UHD”，找到“ProArt Display PA329CRV”后，查看其“了解更多”，验证显示器信息，如图 6-20 所示。

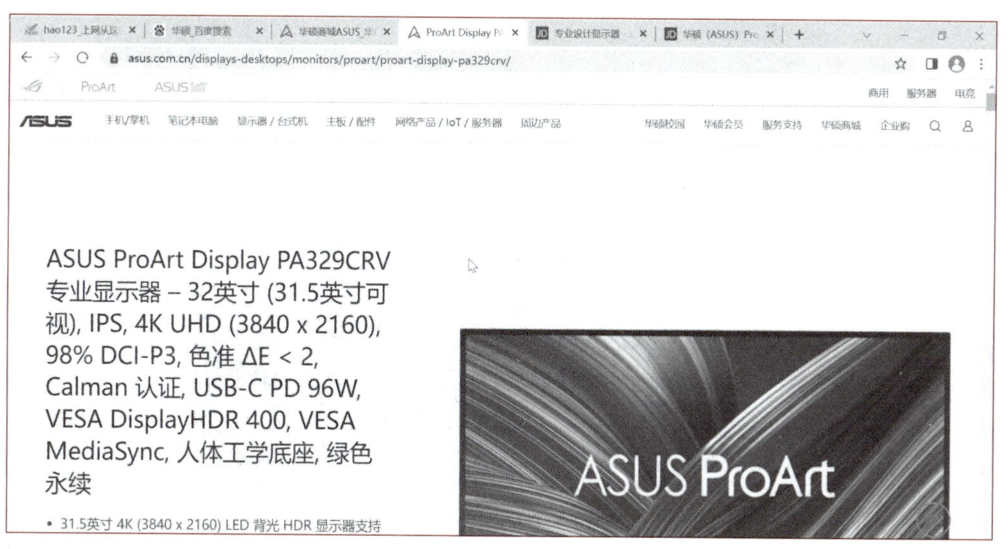


图 6-20　华硕 PA329CRV 了解更多

（3）回到导航网站“hao123”，通过“百度”搜索引擎输入“华硕 ProArt PA329CRV 评测”进行查找，在找到的搜索结果中选择“视频”，打开评测信息查看，进一步确定“华硕 ProArt PA329CRV”是否符合要求，如图 6-21 所示。

图 6-21　华硕 ProArt PA329CRV 评测信息

## 4. 书签收藏有效页面

通过“书签”收藏“京东”的选购页面、“华硕官网”的产品资料、“哔哩哔哩”的评测信息，书签均已保存在“专业设计显示器”文件夹中，显示书签栏，以便填表时查看，如图 6-22 所示。

图 6-22　书签收藏

完成情况

## 检索满足公司专业设计要求的显示器考评记录

<table>
<tr><td colspan="2">学生姓名</td><td></td><td>班级</td><td></td><td>任务评分</td><td></td></tr>
<tr><td colspan="2">实训地点</td><td></td><td>学号</td><td></td><td>完成日期</td><td></td></tr>
<tr><td rowspan="13">实训实现步骤</td><td>序号</td><td colspan="3">考 核 内 容</td><td>标准分</td><td>评分</td></tr>
<tr><td rowspan="3">01</td><td colspan="3">通过导航网站“hao123”主页找到“京东商城”，并进入：</td><td>10</td><td></td></tr>
<tr><td colspan="3">（1）启动华为浏览器（导航网站“hao123”已设置为首页）</td><td>5</td><td></td></tr>
<tr><td colspan="3">（2）在导航网站“hao123”页面中查找“京东”，找到后单击进入“京东”商城</td><td>5</td><td></td></tr>
<tr><td rowspan="4">02</td><td colspan="3">按公司要求，在“京东商城”购物网站专用平台中查找所需显示器：</td><td>30</td><td></td></tr>
<tr><td colspan="3">（1）在“京东商城”购物网站站内，按要求输入“专业设计显示器”，按【Enter】键</td><td>10</td><td></td></tr>
<tr><td colspan="3">（2）对搜索到的结果按要求进一步细化，在显示器的分辨率中选择“3 840×2 160”，在屏幕尺寸中选择“31.5~32 英寸”，接在口中选择“DP”，在高级选项的特性中选择“旋转升降底座”，最后在价格中输入“4 000~5 000”，单击“确定”按钮</td><td>15</td><td></td></tr>
<tr><td colspan="3">（3）查看列举的显示器信息，其中“华硕 ProArt PA329CRV”符合公司要求</td><td>5</td><td></td></tr>
<tr><td rowspan="4">03</td><td colspan="3">验证信息，查看评测：</td><td>30</td><td></td></tr>
<tr><td colspan="3">（1）回到导航网站“hao123”，通过“百度”搜索引擎输入“华硕”进行查找，在找到的搜索结果中，单击进入华硕官网</td><td>5</td><td></td></tr>
<tr><td colspan="3">（2）在“华硕官网”中，选择“显示器 / 台式机”，在“显示器”→“按系列”中选择“ProArt 专业系列”，再在“ProArt 专业系列”选择“电影制作及视频编辑”，在“面板分辨率”选择“4K UHD”，找到“ProArt Display PA329CRV”后，查看其“了解更多”，验证显示器信息</td><td>15</td><td></td></tr>
<tr><td colspan="3">（3）再次回到导航网站“hao123”，通过“百度”搜索引擎输入“华硕 ProArt PA329CRV 评测”进行查找，在找到的搜索结果中选择“视频”，打开评测信息查看，进一步确定“华硕 ProArt PA329CRV”是否符合要求</td><td>10</td><td></td></tr>
</table>

存在问题

续表

<table>
<tr><td rowspan="9">实训实现步骤</td><td>序号</td><td>考 核 内 容</td><td>标准分</td><td>评分</td></tr>
<tr><td rowspan="3">04</td><td>书签收藏有效页面：</td><td>10</td><td></td></tr>
<tr><td>（1）通过“书签”收藏“京东”的选购页面、“华硕官网”的产品资料、“哔哩哔哩”的评测信息</td><td>5</td><td></td></tr>
<tr><td>（2）显示书签栏，以便填表时查看</td><td>5</td><td></td></tr>
<tr><td rowspan="5">05</td><td>职业素养：</td><td>20</td><td></td></tr>
<tr><td>实训管理：纪律、清洁、安全、整理、节约等</td><td>5</td><td></td></tr>
<tr><td>团队精神：沟通、协作、互助、自主、积极等</td><td>5</td><td></td></tr>
<tr><td>工单填写：清晰、完整、准确、规范、工整等</td><td>5</td><td></td></tr>
<tr><td>学习反思：技能点表达、反思内容等</td><td>5</td><td></td></tr>
<tr><td colspan="2">教师评语</td><td colspan="3"></td></tr>
</table>

学习笔记

# 6.3 【实训 3】利用截词检索查找某一词干不同变化形式

## 实训目标

| 知识目标： |
|---|
| （1）熟练掌握截词检索的基本概念和基本操作。<br>（2）掌握不同截词检索的方法。 |
| **能力目标：** |
| （1）能够利用搜索引擎查找所需信息。<br>（2）能利用截词检索在专业平台查找某一词干的不同变化形式。 |
| **素质目标：** |
| （1）通过示范案例中的信息检索，培养学生规范化、标准化的使用习惯，养成耐心、严谨的工作态度。<br>（2）通过引导，学生能掌握信息检索的方法，培养学生的复用性、模块化思维能力。 |

## 实训要求

（1）通过搜索引擎查找所需信息。

（2）通过不同的截词检索在专业平台查找某一词干的不同变化形式。

## 技术分析

在本次实训中，需要运用的技能点有：

（1）通过搜索引擎查找所需信息：检索“金山词霸”。

（2）通过不同的截词检索方法在专业平台查找某一词干的不同变化形式。

## 实例演示

（1）通过导航网站和“百度”搜索引擎输入“金山词霸”进行查找，在找到的搜索结果中，单击进入金山词霸官网，如图 6-23 所示。

学习笔记

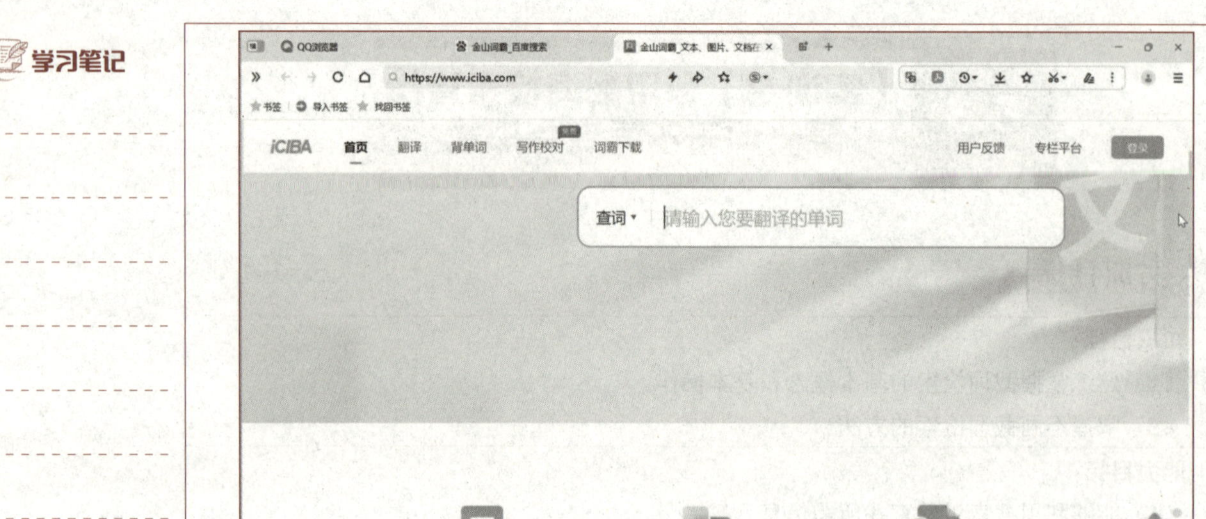


图 6-23　金山词霸

（2）在“金山词霸”词典专用平台中，利用不同的截词检索方法查找某一词干的不同变化形式：

① 无限后截词：在“金山词霸”首页内，输入 manag*，在词根后加一个“*”，表示无限截词符号，可检出 manage、management、manager、managed、managerial 等单词，如图 6-24 所示。

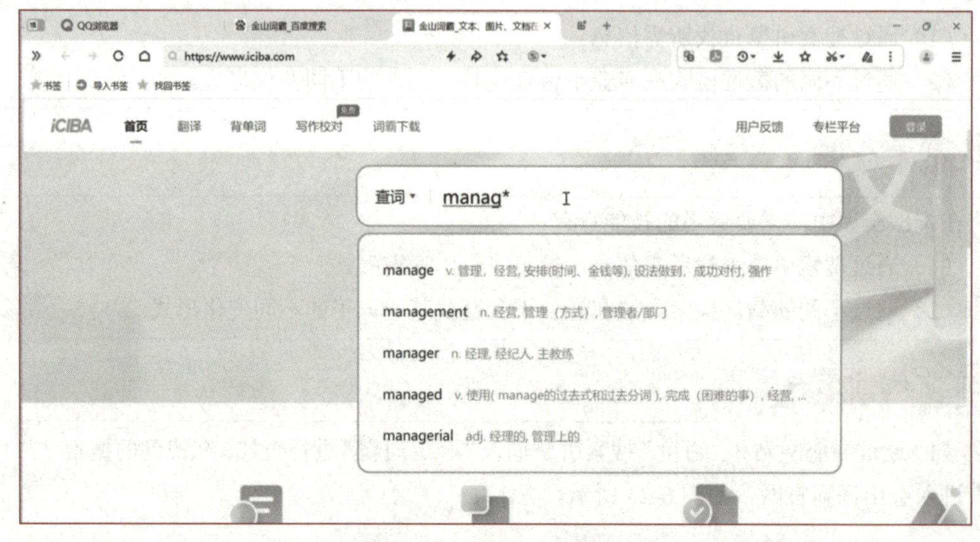


图 6-24　无限后截词检索结果

② 有限后截词：在“金山词霸”首页内，输入 process??，其中每个截词符“？”可以用来代替 0 个或 1 个字符，可检索出 process、processor、processed、processes 等，输入 process??? 则可以检索出 process、processing、procession、processors 等单词，如图 6-25 所示。

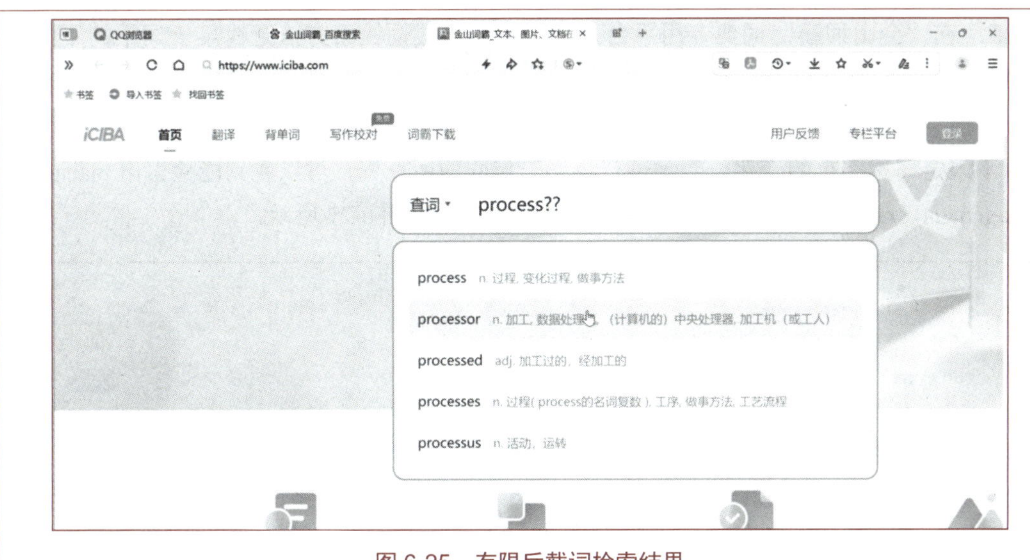


图 6-25 有限后截词检索结果

## 实训步骤

**1. 通过导航网站和“百度”搜索引擎输入“金山词霸”进行查找，在搜索结果中单击进入金山词霸官网**

（1）启动浏览器，进入浏览器导航网站。

（2）通过“百度”搜索引擎输入“金山词霸”并进行查找，在搜索结果中单击第一条结果进入金山词霸官网，如图 6-26 所示。

截词检索视频

图 6-26 金山词霸

操作记录

**2. 在“金山词霸”词典专用平台，利用不同的截词检索方法查找某一词干的不同变化形式**

（1）无限后截词：在“金山词霸”首页内，输入 manag*，在词根后加一个“*”，表示不限定词尾字符的变化位数，可查找词干相同的所有词，可以看到能检索出 manage、management、manager、managed、managerial 等单词，如图 6-27 所示。

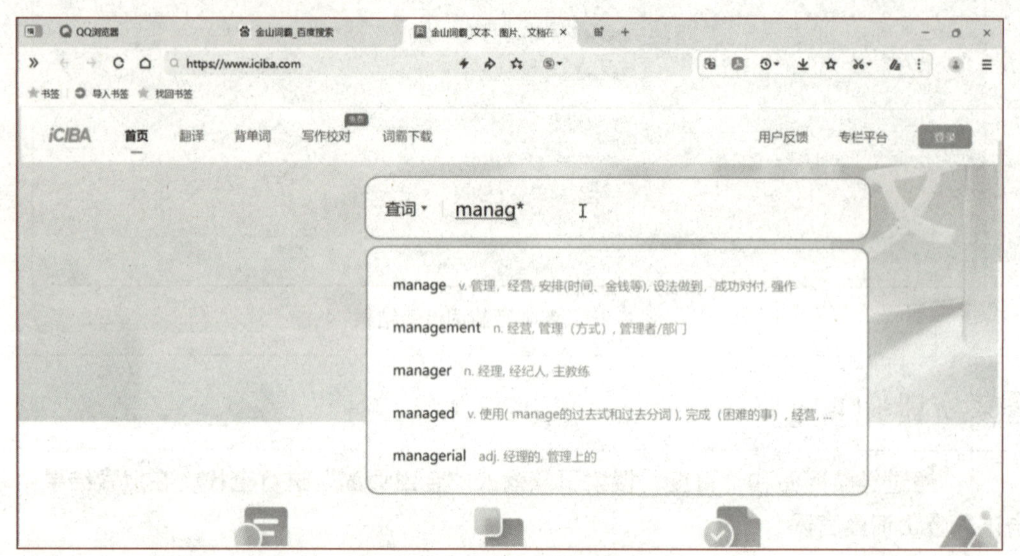


图 6-27　无限后截词检索结果

（2）有限后截词：在“金山词霸”首页内，输入 process??，词干后连续输入的问号数表示限定所截字符最大的位数，最后一个问号表示截词停止的符号，可以看到能检索出 process、processor、processed、processes，如图 6-28 所示。

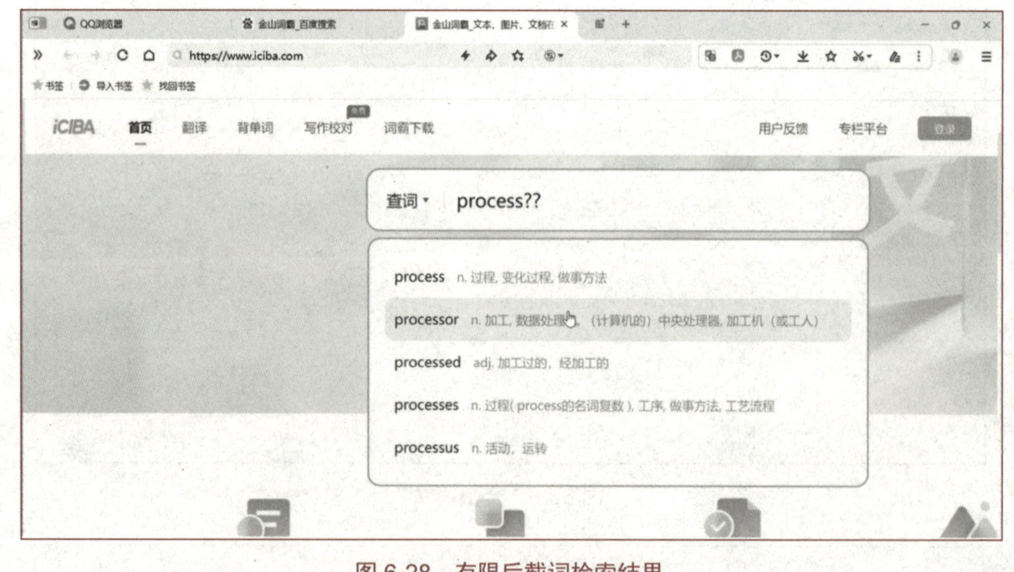


图 6-28　有限后截词检索结果

操作记录

（3）中间截词：在“金山词霸”首页内，输入 wom?n，其中每个截词符“？”可以用来代替 0 个或 1 个字符，可以看到能检索出 woman、women、womyn 等单词，如图 6-29 所示。和后截词一样，中间截词也支持使用截词符“*”。

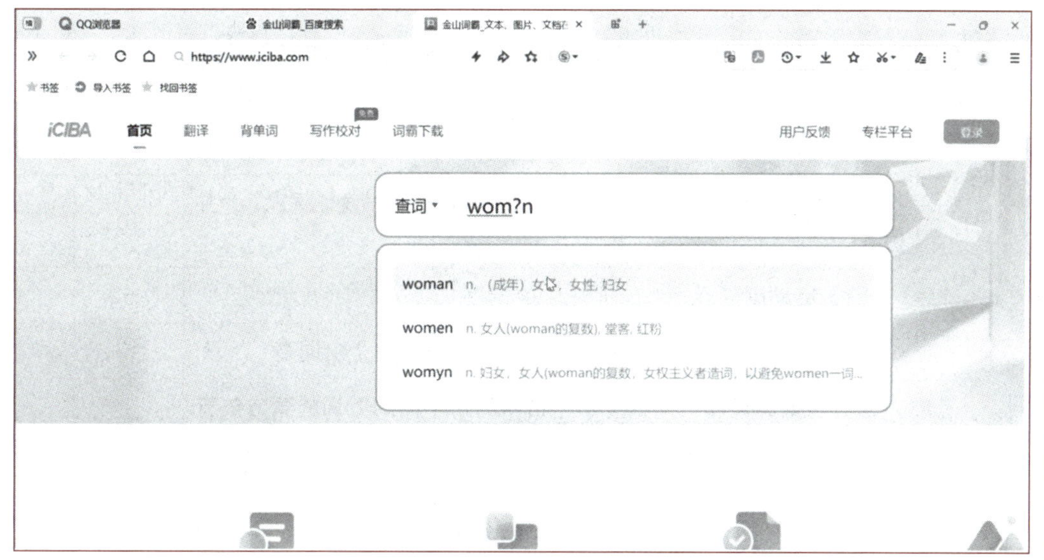


图 6-29　中间截词检索结果

（4）前截词：在“金山词霸”首页内，输入 *computer，将截词符号“*”放在检索字符串的左方，以表示其左边不管截去有限或无限个字符，只要数据库中具有与截词符后面部分字符相同的检索词，即为命中词。这种方式也称为后方一致，用以解决检索词的前缀变化产生的漏检问题，可以检索出 computer、microcomputer、supercomputer 等单词，如图 6-30 所示。和后截词一样，前截词也支持使用截词符“？”。

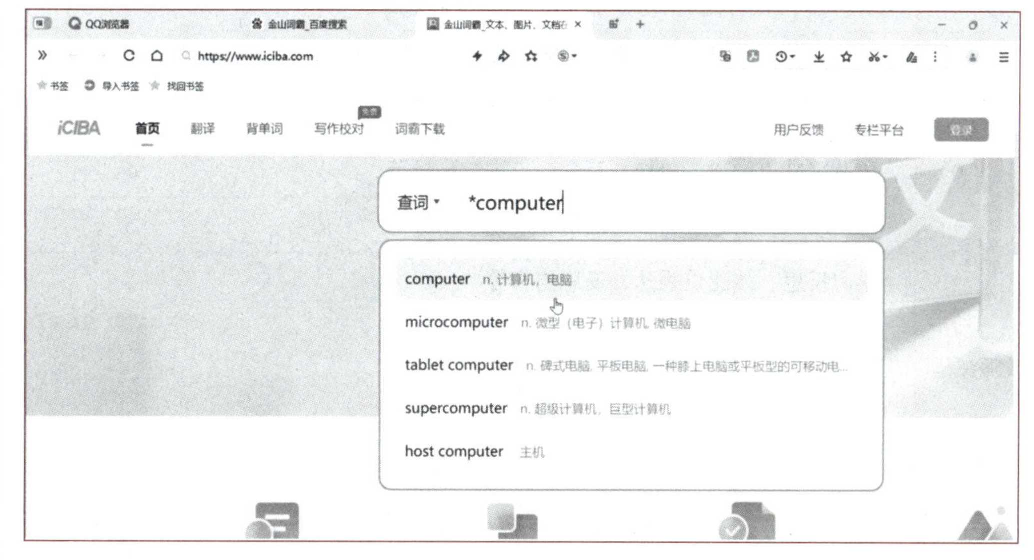


图 6-30　前截词检索结果

完成情况

## 实训任务考评

### 利用截词检索查找某一词干不同变化形式考评记录

<table>
<tr><td>学生姓名</td><td colspan="2"></td><td>班级</td><td></td><td>任务评分</td><td colspan="2"></td></tr>
<tr><td>实训地点</td><td colspan="2"></td><td>学号</td><td></td><td>完成日期</td><td colspan="2"></td></tr>
<tr><td rowspan="13">实训实现步骤</td><td>序号</td><td colspan="4">考 核 内 容</td><td>标准分</td><td>评分</td></tr>
<tr><td rowspan="3">01</td><td colspan="4">通过浏览器导航网站利用“百度”搜索引擎查找“金山词霸”，并进入：</td><td>10</td><td></td></tr>
<tr><td colspan="4">（1）启动浏览器</td><td>5</td><td></td></tr>
<tr><td colspan="4">（2）在导航网站通过“百度”搜索引擎查找“金山词霸”</td><td>5</td><td></td></tr>
<tr><td rowspan="5">02</td><td colspan="4">通过“金山词霸”词典专用平台中利用不同的截词检索方法查找某一词干的不同变化形式：</td><td>70</td><td></td></tr>
<tr><td colspan="4">（1）在“金山词霸”首页内，选用“无限后截词检索”方法，输入 manag*，查看检索结果，并归纳截词检索方法</td><td>15</td><td></td></tr>
<tr><td colspan="4">（2）在“金山词霸”首页内，选用“有限后截词”检索方法，分别输入 process?? 和 process???，对比检索结果，并归纳截词检索方法</td><td>25</td><td></td></tr>
<tr><td colspan="4">（3）在“金山词霸”首页内，选用“中间截词”检索方法，输入 wom?n，查看检索结果，并归纳截词检索方法</td><td>15</td><td></td></tr>
<tr><td colspan="4">（4）在“金山词霸”首页内，选用“前截词”检索方法，输入 *computer，查看检索结果，并归纳截词检索方法</td><td>15</td><td></td></tr>
<tr><td rowspan="5">03</td><td colspan="4">职业素养：</td><td>20</td><td></td></tr>
<tr><td colspan="4">实训管理：纪律、清洁、安全、整理、节约等</td><td>5</td><td></td></tr>
<tr><td colspan="4">团队精神：沟通、协作、互助、自主、积极等</td><td>5</td><td></td></tr>
<tr><td colspan="4">工单填写：清晰、完整、准确、规范、工整等</td><td>5</td><td></td></tr>
<tr><td colspan="4">学习反思：技能点表达、反思内容等</td><td>5</td><td></td></tr>
<tr><td>教师评语</td><td colspan="7"></td></tr>
</table>

存在问题

学习笔记

## 6.4 【实训 4】通过专利、商标、专用平台进行信息检索

### 实训目标

知识目标：

（1）熟练掌握专利检索和商标检索的基本概念。

（2）掌握表格检索的方法。

（3）掌握近似查询的使用方法。

能力目标：

（1）能正确输入专利平台网址。

（2）能正确输入商标平台网址。

（3）专利平台中能正确使用表格检索。

（4）商标平台中能正确使用近似查询

素质目标：

（1）通过示范案例中专用平台的信息，培养学生规范化、标准化的使用习惯，养成耐心、严谨的工作态度。

（2）通过引导学生能检索各种专利和商标，培养学生的复用性、模块化思维能力。

### 实训要求

（1）检索含有计算机和 CPU 的所有实用新型专利。

（2）检索含有华硕的计算机硬件商标。

### 技术分析

在本次实训中，需要运用的技能点有：

（1）专利平台中表格搜索的应用：打开专利平台网页，单击右边的表格检索，输入关键字检索。

（2）商标平台中近似检索的应用：打开商标专业平台网页，进入近似检索，输入关键字检索。

### 实例演示

（1）打开浏览器并输入专利平台网址：打开浏览器，并打开 soopat 网站 http://www.soopat.com/。

（2）单击右边的表格检索，输入相应的关键字。单击 SooPAT 按钮，结果如图 6-31 所示。

学习笔记

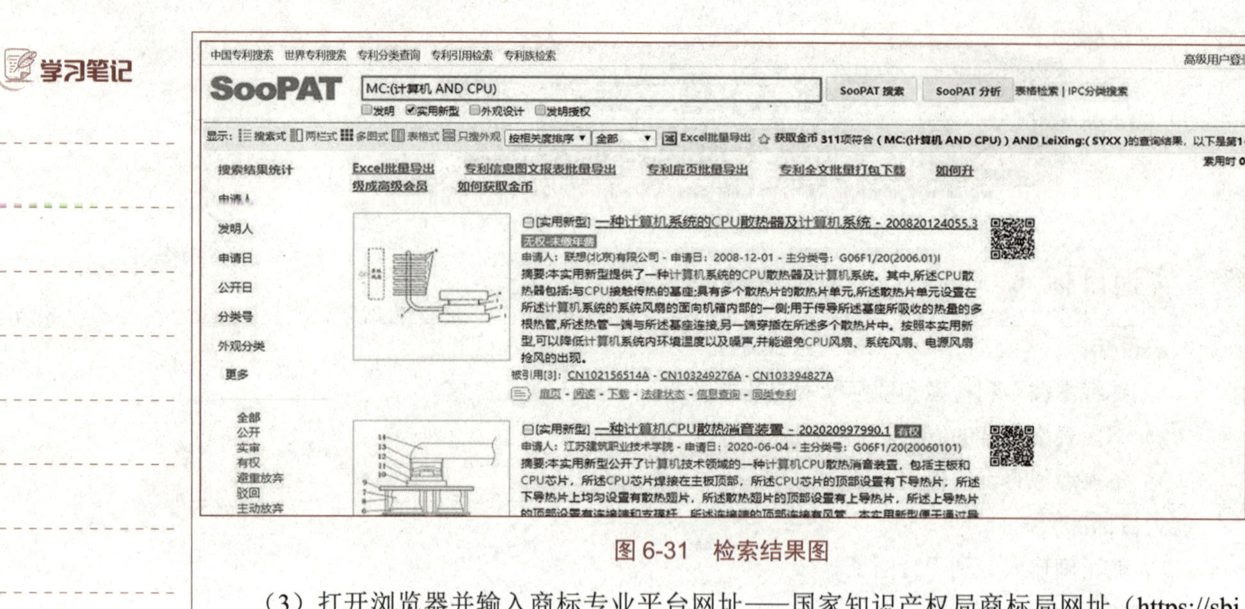


图 6-31　检索结果图

（3）打开浏览器并输入商标专业平台网址——国家知识产权局商标局网址（https://sbj.cnipa.gov.cn/sbj）官方网址（http://sbj.cnipa.gov.cn/），点击商标网上查询，然后再单击“我接受”按钮，等待跳转。单击商标近似查询，输入相应关键字，单击“查询”按钮，如图 6-32 所示。

WWW.CNIPA.GOV.CN WCJS.SBJ.CNIPA.GOV.CN　主页 English 帮助 当前数据截至：(2024年05月20日)

排序 相似度排序　打印　比对　筛选　已选中 0 件商标

检索到36件商标　仅供参考，不具有法律效力

| | 序号 | 申请/注册号 | 申请日期 | 商标 | 申请人名称 |
|---|---|---|---|---|---|
| □ | 1 | 1163246 | 1996年12月09日 | 华 硕 | 华硕电脑股份有限公司 |
| □ | 2 | 14597999 | 2014年06月11日 | 华硕 | 华硕电脑股份有限公司 |
| □ | 3 | 19580842 | 2016年04月11日 | 华硕 | 华硕电脑股份有限公司 |
| □ | 4 | 11404565 | 2012年08月27日 | 華碩 | 华硕电脑股份有限公司 |
| □ | 5 | 834802 | 1994年05月16日 | 華碩 | 华硕电脑股份有限公司 |
| □ | 6 | 75095998 | 2023年11月10日 | 华硕信创 | 深圳市烁兰电子有限公司 |
| □ | 7 | 76835917 | 2024年02月18日 | 华硕电脑 | 沈阳三只眼电子商务有限公司 |

图 6-32　查询结果图

## 实训步骤

### 1. 打开浏览器，并输入专利专业平台网址

启动浏览器，并输入专利专业网址 http://www.soopat.com/，如图 6-33 所示。

图 6-33　专利专业平台

### 2. 单击“表格检索”链接，输入相应的关键字

（1）单击“表格检索”链接：

① 选择专利类型为实用新型。

② 名称为“计算机 AND CPU”，如图 6-34 所示。

☐发明 ☑实用新型 ☐外观设计 ☐发明授权

| 字段 | 输入 | 示例 | 字段 | 输入 | 示例 |
|---|---|---|---|---|---|
| 申请(专利)号： | | 例：200510011420.0 | 申请日： | | 例：20030122 |
| 名称： | 计算机 AND CPU | 例：发动机 | 公开(公告)日： | | 例：20070808 |
| 摘要： | | 例：计算机 控制 | 公开(公告)号： | | 例：1664816 |
| 分类号： | | 例：G06F17/30 | 主分类号： | | 例：H04B7/185 |
| 申请人(文献)： | | 例：微软公司 | 发明(设计)人： | | 例：刘一宁 |
| 当前权利人： | | 例：微软公司 | 所有历史权利人： | | 例：微软公司 |
| 地址： | | 例：北京市上地 | 国省代码： | | 例：北京 |
| 代理人： | | 例：杨林 | 专利代理机构： | | 例：柳沈 |
| 权利要求书： | | 例：醋 | 说明书： | | 例：醋 |

SooPAT 搜索　SooPAT 分析

AND　OR　NOT　(　)

图 6-34　表格检索

③ 单击 SooPAT 按钮，查询完成。

操作记录

操作视频

通过专利平台进行信息检索

通过商标平台进行信息检索

### 3. 商标检索

（1）打开浏览器，输入商标专业平台网址。

① 打开浏览器。

② 输入商标专业平台网址，如图 6-35 所示。

图 6-35　中国商标网站

（2）输入关键字：

① 单击商标网上查询。

② 单击“我接受”按钮，等待跳转。

③ 跳转之后会有商标近似查询、商标综合查询和商标状态查询等选择，此处选择商标近似查询。

④ 输入相应的关键字，如图 6-36 所示。

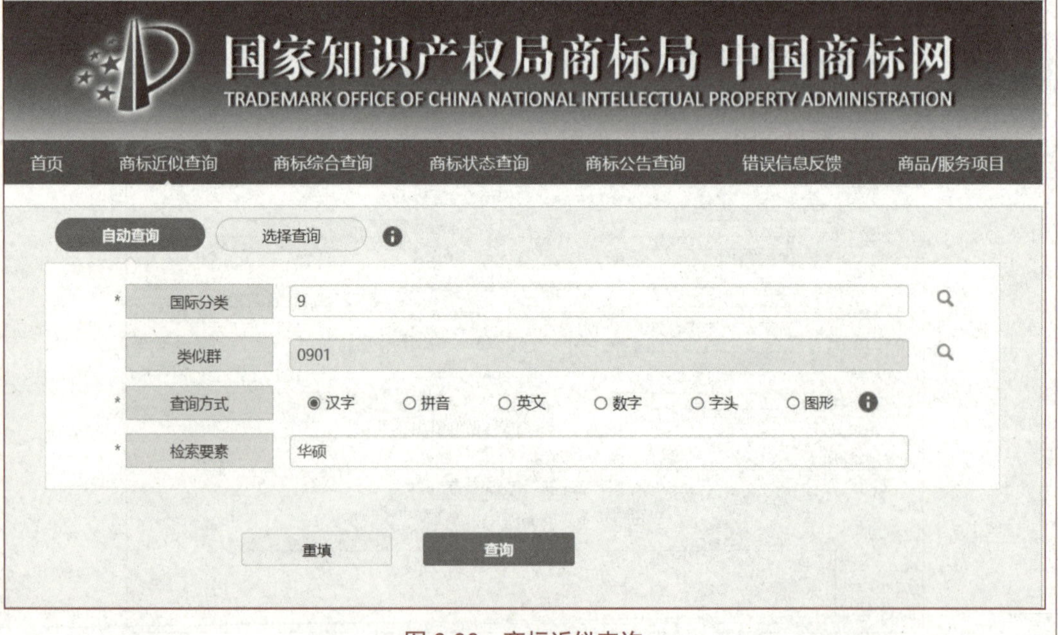


图 6-36　商标近似查询

- 国际分类，即商标类别，类别有 1 ～ 45 类，此项填写所查商标类别即可，例如，想查询 9 类商标（计算机），则输入 9。
- 类似群，依据检索具体项目所属情况填写，如 0901（电子计算机及其外部设备），也可整类查询不填写。
- 查询方式，按选项，逐一检索所需查询商标。
- 商标名称，即按查询方式，具体输入查询，比如华硕，则输入“华硕商标”，单击“查询”按钮即可，检索出相关商标状态及申请情况。

操作记录

## 实训任务考评

完成情况

存在问题

### 通过专利、商标、专用平台进行信息检索考评记录

| 学生姓名 | | 班级 | | 任务评分 | |
|---|---|---|---|---|---|
| 实训地点 | | 学号 | | 完成日期 | |
| 实训实现步骤 | 序号 | 考 核 内 容 | | 标准分 | 评分 |
| | 01 | **打开浏览器，并输入专利专业平台网址：** | | 15 | |
| | | （1）启动浏览器 | | 5 | |
| | | （2）输入专利专业网址 http://www.soopat.com/ | | 10 | |
| | 02 | **单击“表格检索”链接，输入相应的关键字：** | | 25 | |
| | | （1）选择专利类型为 : 实用新型 | | 10 | |
| | | （2）名称为：计算机 AND CPU | | 15 | |
| | 03 | **商标检索：** | | 40 | |
| | | （1）输入商标专业平台网址 | | 20 | |
| | | （2）输入关键字：国际分类为 9，查询方式为汉字，商标名称为华硕 | | 20 | |
| | 04 | **职业素养：** | | 20 | |
| | | 自主学习：能结合案例目标任务自学知识点 | | 5 | |
| | | 创新精神：套用所学操作完成不同检索 | | 5 | |
| | | 实操记录：清晰、完整、准确、规范、工整等 | | 5 | |
| | | 学习反思：复述巩固知识点、反思实操内容等 | | 5 | |
| 自我评语 | | | | | |
| 教师评语 | | | | | |

# 习　题

## 一、单项选择题

1. 下列网址不正确的URL是（　　）。

A. http://www.gztrade.com.cn　　B. ftp://ftp.microsoft.com

C. gopher://gopher.tC.umn.edu　　D. teach@163.net

2. 以下统一资源定位器的写法完全正确的是（　　）。

A. http//www.teach.com\que\que.html　　B. http://www.teach.com\que\que.html

C. http://www.teach.com/que/que.html　　D. http//www.teach.com/que/que.html

3. 从左到右指出以下统一资源定位器各部分的名称分别是（　　）。

http://home.netscape.com/main/indel.html

1　　2　　3　　4

A. 1. 主机域名　2. 服务标志　3. 目录名　4. 文件名

B. 1. 服务标志　2. 目录名　3. 主机域名　4. 文件名

C. 1. 服务标志　2. 主机域名　3. 目录名　4. 文件名

D. 1. 目录名　2. 主机域名　3. 服务标志　4. 文件名

4. WWW通过超文本传输协议（HTTP）向用户提供多媒体信息，所提供信息的基本单位是（　　）。

A. 网页　　B. 超链接　　C. 统一资源定位符　　D. 网站

5. 下面（　　）浏览器软件是Microsoft公司的产品。

A. Navigator　　B. Internet Explorer

C. Opera　　D. AIRMosaic

6. 下面（　　）不是Web浏览器。

A. Linux　　B. Internet Explorer

C. Google Chrome　　D. Opera

7. 浏览器用户最近刚刚访问过的若干Web站点及其他Internet文件的列表叫作（　　）。

A. 其他三个都不对　　B. 地址簿

C. 历史记录　　D. 收藏夹

8. 网址http://www.163.com，其中com的含义是（　　）。

A. 政府机关　　B. 教育机构　　C. 科研机构　　D. 商业机构

9. 下列选项中，不属于搜索引擎的是（　　）。

A. www.so.com　　B. www.google.com

C. www.ciif-expo.com　　D. www.baidu.com

10. 关于元搜索引擎，下列哪种说法是不正确的？（　　）。

A. 元搜索引擎的优点是返回结果的信息量更大、更全，缺点是不能够充分使用所

使用搜索引擎的功能，用户需要做更多的筛选

B. 元搜索引擎和其他搜索引擎一样，利用自己的数据库提供信息查询

C. 元搜索引擎是将用户的查询请求同时向多个搜索引擎递交，将返回的结果进行重复排除、重新排序等处理后，作为自己的结果返回给用户

D. 元搜索引擎在接受用户查询请求时，同时在其他多个引擎上进行搜索，并将结果返回给用户

11. 关于搜索引擎的概念，下列哪种说法是不正确的？（　　）。

A. 搜索引擎是一类运行特殊程序的、专用于帮助用户查询互联网上的WWW服务信息的Web站点

B. 在互联网中用来进行搜索信息的程序叫作搜索引擎（search engine）

C. 搜索引擎能为用户提供检索服务，从而起到信息导航的作用

D. 搜索引擎是一种在互联网中搜集、发现信息，并对信息进行理解、提取、组织和处理的计算机网络设备

12. 搜索引擎，它们基本上都是由除了（　　）之外的三个部分组成的。

A. 信息查询系统　B. 信息检索系统　C. 信息检测系统　D. 信息管理系统

13. 关于全文搜索引擎，下列哪种说法是不正确的？（　　）。

A. 全文搜索引擎不是真正的搜索引擎

B. 全文搜索引擎是通过从互联网上提取的各个网站的信息而建立的数据库中，检索与用户查询条件匹配的相关记录，然后按一定的排列顺序将结果返回给用户

C. 全文搜索引擎通常是由一个称为蜘蛛（spider）的机器人程序以某种策略自动地在互联网中搜集和发现信息，由索引器为搜集到的信息建立索引，由检索器根据用户的查询输入检索索引库，并将查询结果返回给用户

D. 全文搜索引擎的优点是信息量大、更新及时、无须人工干预

14. 按照信息搜集方法和服务提供方式的不同，搜索引擎系统可以分为（　　）。

A. 图片索引搜索引擎、全文搜索引擎、单元搜索引擎

B. 目录索引搜索引擎、图片搜索引擎、元搜索引擎

C. 名词索引搜索引擎、图片搜索引擎、单元搜索引擎

D. 目录索引搜索引擎、全文搜索引擎、元搜索引擎

15. 搜索引擎向用户提供的信息查询服务方式一般有（　　）。

A. 标题分类检索服务和关键字检索服务

B. 目录分类检索服务和BBS检索服务

C. 目录分类检索服务和关键字检索服务

D. 电子邮件检索服务和组合检索服务

16. （　　）是指未检出的相关信息量与检索系统中实际与课题相关的信息总量的比率。

A. 查全率　　B. 查准率　　C. 误检率　　D. 漏检率

17. 布尔逻辑表达式：在职人员NOT（中年AND教师）的检索结果是（　　）。

A. 除了中年教师以外的在职人员的数据

B. 中年教师的数据

C. 中年和教师的数据

D. 在职人员的数据

18. 布尔逻辑检索中检索符号“OR”的主要作用在于（　　）。

A. 提高查准率　　B. 提高查全率

C. 排除不必要信息　　D. 减少文献输出量

19. 根据一定的需要，将特定范围内的某些文献中的有关知识单元或款目按照一定的方法编排，并指明出处，为用户提供文献线索的一种检索工具是（　　）。

A. 目录　　B. 题录　　C. 索引　　D. 文摘

20. 将存储于数据库中的整本书、整篇文章中的任意内容查找出来的检索是（　　）。

A. 全文检索　　B. 文献检索　　C. 超文本检索　　D. 超媒体检索

21. 截词检索中，“?”和“*”的主要区别在于（　　）。

A. 字符数量的不同　　B. 字符位置的不同

C. 字符大小写的不同　　D. 字符缩写的不同

22. 尽管不同的检索系统对截词符的定义不尽相同，一般而言，多数用（　　）表示无限检索。

A. +　　B. |　　C. *　　D. -

23. 尽管不同的检索系统对截词符的定义不尽相同，一般而言，多数用（　　）表示有限检索。

A. ?　　B. |　　C. *　　D. -

24. 利用截词技术检索“?ake”，以下检索结果正确的是（　　）。

A. stake　　B. snake　　C. slake　　D. take

25. 利用图书末尾所附参考文献进行检索的方法是（　　）。

A. 顺查法　　B. 倒查法　　C. 抽查法　　D. 追溯法

26. 位置运算符号（W）和（N）的主要区别在于（　　）。

A. 检索词之间间隔的字符数量的差异

B. 检索词是否出现在同一字段中

C. 检索词出现的位置是否可以颠倒

D. 检索词是否出现在同一文献中

27. 按检索手段分，搜索引擎属于（　　）：

A. 手工检索工具　　B. 计算机检索工具

C. 网络检索工具　　D. 印刷型检索工具

28. 我国最早的分类法是（　　）。

A. 《中经新簿》　　B. 《七略》　　C. 《四库全书总目》　　D. 《隋书经籍志》

29. 二次检索指的是（　　）。

A. 第二次检索

B. 检索了一次之后，结果不满意，再检索一次

C. 在上一次检索的结果集上进行的检索

D. 与上一次检索的结果进行对比，得到的检索

30. 工程索引的缩写为（　　）。

A. SCI　　B. CSSCI　　C. EI　　D. ISTP

31. 科学引文索引的缩写为（　　）。

A. EI　　B. SCI　　C. CA　　D. CSSCI

32. 查找某一年的新闻、事件、数据和统计资料应该用（　　）类参考工具书。

A. 字词典　　B. 年鉴　　C. 手册　　D. 名录

33. 全球最大的搜索引擎是（　　）。

A. 搜搜　　B. 百度　　C. 雅虎　　D. 谷歌

34. 全球最大的中文搜索引擎是（　　）。

A. 百度　　B. 搜搜　　C. 雅虎　　D. 比应

35. 就整体而言，网上信息资源的特点之一是（　　）。

A. 学术性高　　B. 可靠性高　　C. 较具权威　　D. 良莠不齐

36. 若想排除某概念，以缩小检索范围，可使用（　　）运算符。

A. 逻辑“与”　　B. 逻辑“非”　　C. 逻辑“或”　　D. 位置

37. 以下检索出文献最少的检索式是（　　）。

A　a and b and c　　B. （a or c）and b

C. a and b or c　　D. a and c

38. 如果希望查找与“玻璃复合薄膜的研究”这个课题相关的文献，较好的检索词应该是（　　）。

A. 玻璃，复合，薄膜，研究　　B. 玻璃，薄膜，研究

C. 复合，薄膜，研究　　D. 玻璃，复合，薄膜

39. 右截词的含义是检索所有含有与检索词（　　）的记录。

A. 前方一致　　B. 中间一致

C. 后方一致　　D. 与输入的检索词完全一致

40. 如果以“>”表示“优先级别高于”，那么三种布尔算符的运算顺序是（　　）。

A. oR>NOT>AND　　B. NOT>AND>OR

C. NoT>0R>AND　　D. AND>NOT>OR

41. 具有相近含义的同义词或同族词在构成检索策略时应该使用(　　)运算符予以组配。

A. 逻辑“与”　　B. 逻辑“或”　　C. 逻辑“非”　　D. 位置

42. 检索 wom?n 的意思是（　　）。

A. 检索含字符 wom?n 的文献　　B. 检索含字 women 的文献

C. 检索含字 wom 的文献　　D. 检索含字符 womn 的文献

43. 当某些检索词词干相同、词义相近，但词尾有变化时，可采用（　　）方法表示。

A. 逻辑“与”　　B. 截词　　C. 位置算符　　D. 字段限定

44. 逻辑“或”运算符是用来组配（　　）。

A. 不同检索概念，扩大检索范围

B. 相近检索概念，扩大检索范围

C. 不同检索概念，缩小检索范围

D. 相近检索概念，缩小检索范围

45. 如果检索结果过少，查全率很低，需要调整检索范围，此时调整检索策略的方法有（　　）等。

A. 用逻辑“与”或者逻辑“非”增加限制概念

B. 用逻辑“或”或截词增加同族概念

C. 用字段算符或年份增加辅助限制

D. 用“在结果中检索”增加限制条件

## 二、判断题

1. WWW 最大特点是拥有非常友善的图形界面、非常简单的操作方法以及图文并茂的显示方式。（　　）

2. 使用中文浏览器是不能查看其他语言编码的网页的。（　　）

3. 一旦重新启动计算机 IE 临时文件夹中的文件就会自动删除。（　　）

4. 因特网就是所说的万维网。（　　）

5. 启动 QQ 浏览器时，既可以双击桌面 QQ 浏览器的图标，也可以单击任务栏上浏览器。（　　）

6. 不论信息检索的方法是否相同，信息检索的原理都是一样的。（　　）

7. 截词检索技术可以有效防止漏检。（　　）

8. 在 QQ 浏览器中，“后退”按钮指的是移到上次查看过的 Web 页。（　　）

9. 查全率和漏检率是一对互逆的检索指标。（　　）

10. QQ 浏览器地址栏内，可以输入网址，也可以输入 IP 地址访问网站服务器。（　　）

## 三、简答题

1. 简要概述信息检索的基本步骤。

2. 简要概述网络信息资源的检索方法。

3. 简述信息、知识、文献的概念及相互关系。

# 答题卡

| 学生姓名 | | 班级 | | 学号 | |
|---|---|---|---|---|---|
| 选择题 | | 判断题 | | 填空题 | |
| 简答题 | | | | 总分 | |

第一题　选择题（每小题 1 分，共 45 分）

1. 【A】【B】【C】【D】
2. 【A】【B】【C】【D】
3. 【A】【B】【C】【D】
4. 【A】【B】【C】【D】
5. 【A】【B】【C】【D】
6. 【A】【B】【C】【D】
7. 【A】【B】【C】【D】
8. 【A】【B】【C】【D】
9. 【A】【B】【C】【D】
10. 【A】【B】【C】【D】
11. 【A】【B】【C】【D】
12. 【A】【B】【C】【D】
13. 【A】【B】【C】【D】
14. 【A】【B】【C】【D】
15. 【A】【B】【C】【D】
16. 【A】【B】【C】【D】
17. 【A】【B】【C】【D】
18. 【A】【B】【C】【D】
19. 【A】【B】【C】【D】
20. 【A】【B】【C】【D】
21. 【A】【B】【C】【D】
22. 【A】【B】【C】【D】
23. 【A】【B】【C】【D】
24. 【A】【B】【C】【D】
25. 【A】【B】【C】【D】
26. 【A】【B】【C】【D】
27. 【A】【B】【C】【D】
28. 【A】【B】【C】【D】
29. 【A】【B】【C】【D】
30. 【A】【B】【C】【D】
31. 【A】【B】【C】【D】
32. 【A】【B】【C】【D】
33. 【A】【B】【C】【D】
34. 【A】【B】【C】【D】
35. 【A】【B】【C】【D】
36. 【A】【B】【C】【D】
37. 【A】【B】【C】【D】
38. 【A】【B】【C】【D】
39. 【A】【B】【C】【D】
40. 【A】【B】【C】【D】
41. 【A】【B】【C】【D】
42. 【A】【B】【C】【D】
43. 【A】【B】【C】【D】
44. 【A】【B】【C】【D】
45. 【A】【B】【C】【D】

第二题　判断题（每小题 1 分，共 10 分）

1. 【T】【F】
2. 【T】【F】
3. 【T】【F】
4. 【T】【F】
5. 【T】【F】
6. 【T】【F】
7. 【T】【F】
8. 【T】【F】
9. 【T】【F】
10. 【T】【F】

| 第三题　简答题（每小题 15 分，共 45 分） |
| --- |
| 1. |
| 2. |
| 3. |

# 第7章 新一代信息技术

“新一代信息技术”是国务院确定的七个战略性新兴产业之一，是以人工智能、量子信息、移动通信、物联网、区块链等为代表的新兴技术，它既是信息技术的纵向升级，也是信息技术间及与相关产业的横向渗透融合。新一代信息技术是当今世界创新最活跃、渗透性最强、影响力最广的领域，正在全球范围内引发新一轮的科技革命，并以前所未有的速度转化为现实生产力，引领科技、经济和社会日新月异高速发展。

## 7.1 【实训1】手写文字识别智能转换

### 实训目标

学习笔记

| 知识目标： |
| --- |
| （1）了解人工智能关于文字识别的应用场景。<br>（2）了解讯飞输入法文字识别功能应用。<br>（3）掌握利用智能手机进行文字识别智能转换的操作方法。 |
| 能力目标： |
| （1）能使用智能手机应用市场安装和使用 App。<br>（2）能在智能手机上运用第三方输入法完成手写文字整体扫描输入。 |
| 素质目标： |
| （1）通过该实训，培养学生善于利用智能设备完成具体工作信息化意识。<br>（2）通过该实训，培养学生在正规应用市场下载安装 App、安全使用网络资源的良好习惯。 |

二十大报告
知识点链接7

二十大报告
知识点链接8

### 实训要求

（1）手写文字时，按照平时书写正常状态由学生本人手写完成。

（2）用识别正确的文字数除以被识别的文字总数，记下识别正确率。

（3）文字扫描识别操作不低于 3 次，可将平时课堂学习笔记用于识别内容。

（4）计算多次文字识别正确率的平均值，评估讯飞输入法手写文字识别功能的效果，

体会目前主流文字识别人工智能的发展水平。

## 技术分析

在本次实训中，需要运用的技能点有：

（1）在智能设备应用市场安装使用 App。

（2）在智能设备上安装设置第三方输入法。

（3）使用第三方输入法扫描识别手写文字。

（4）将识别的文字应用于具体工作。

## 实例演示

（1）在智能手机上安装讯飞输入法，然后启动任意文字编辑 App，观察输入法工具栏，如图 7-1 所示。

（2）点击讯飞输入法工具按钮，展开讯飞输入法选项，然后点击“文字扫描”工具，如图 7-2 所示。

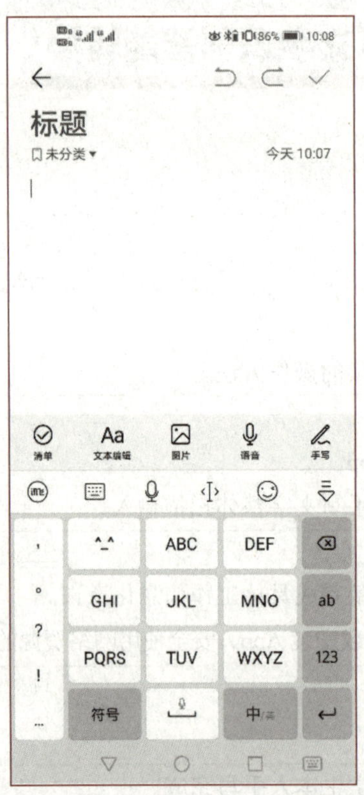

图 7-1　讯飞输入法选项

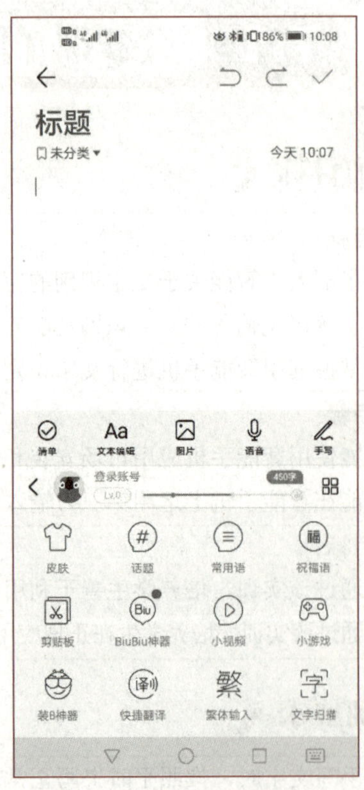


图 7-2　“文字扫描”按钮

（3）用“文字扫描”工具的拍照功能对手写文字进行拍照，注意拍照辅助线与文字水平方向保持一致，如图 7-3 所示。

学习笔记

（4）拍照完成后，调整好文字内容框选区域，然后点击“识别”按钮，大概 1 ～ 2s 后得到识别结果，可进行复制以用于文字编辑，如图 7-4 所示。

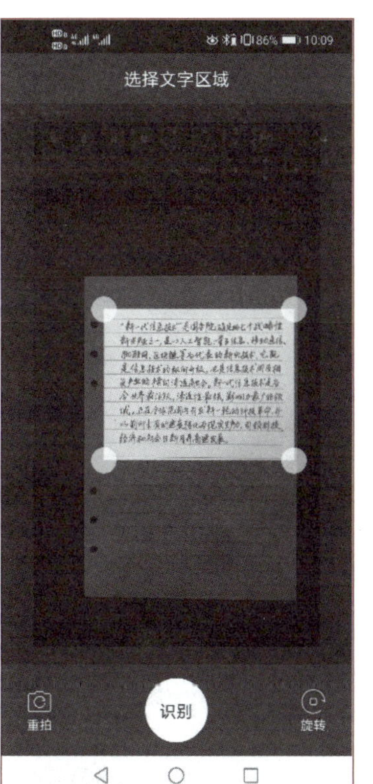


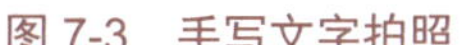

图 7-3　手写文字拍照

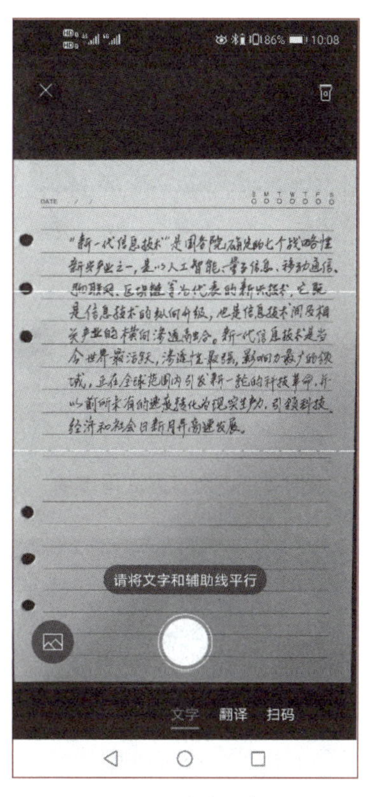


图 7-4　手写文字“识别”

（5）将正确识别出的文字进行计数，用计数结果除以手写文字总字数，得到识别正确率。

- 手写文字数：168。
- 正确识别文字数：167。
- 识别正确率：99.4%。

## 实训步骤

操作记录

### 1. 在智能手机上安装讯飞输入法

（1）打开智能手机官方应用市场，以华为官方应用市场为例，如图 7-5 所示。

（2）在应用市场搜索栏输入“讯飞输入法”进行搜索，可看到搜索结果“讯飞输入法”App 及其安装按钮，如图 7-6 所示。

（3）点击“讯飞输入法”App 安装按钮，手机系统会自动完成安装过程，随后手机桌面将新增“讯飞输入法”App 图标，如图 7-7 所示。

（4）点击“讯飞输入法”App 图标，启动讯飞输入法，可对讯飞输入法界面元素（如皮肤、字体、表情等）进行自定义，如图 7-8 所示。

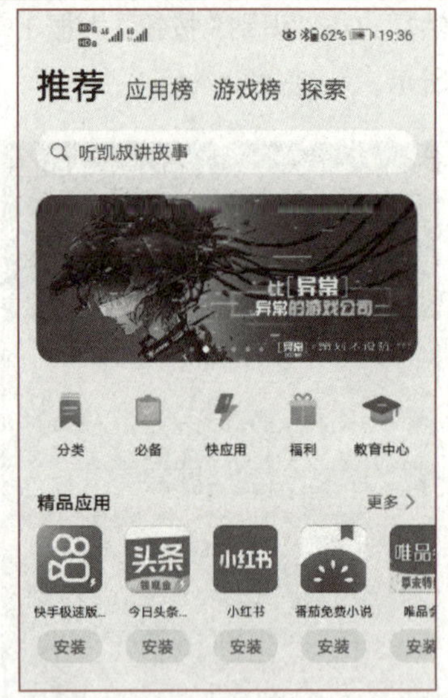


图 7-5　华为官方应用市场

图 7-6　“讯飞输入法”App 及其安装按钮

图 7-7　“讯飞输入法”App 图标

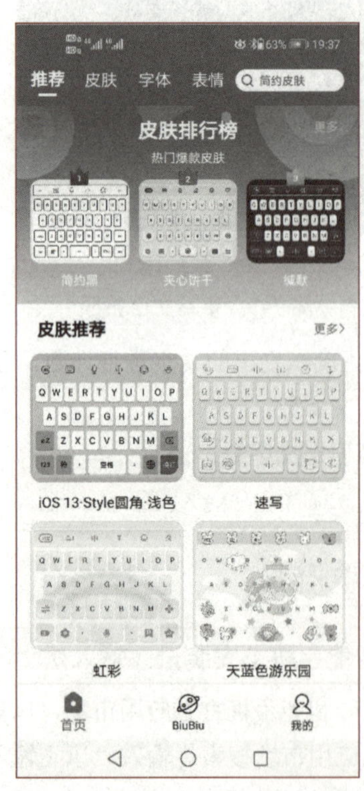


图 7-8　讯飞输入法界面元素

## 2. 识别

（1）手写一段文本，无须刻意书写工整，作为手写识别的素材，如图 7-9 所示。

操作记录

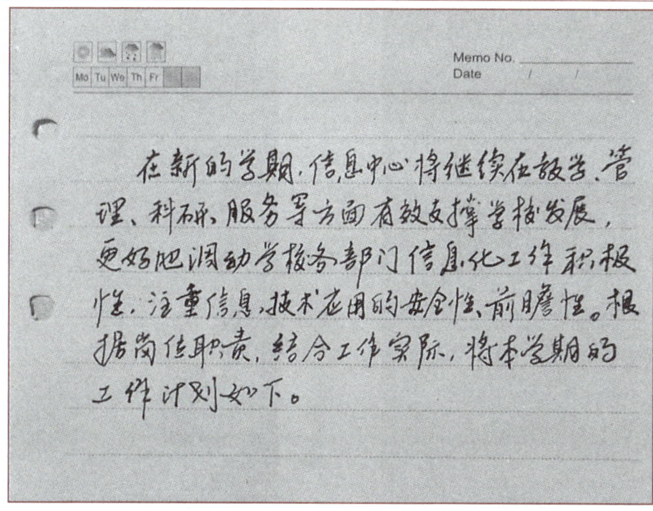
Mo Tu We Th Fr

Memo No.
Date　/　/

在新的学期，信息中心将继续在教学、管理、科研、服务等方面有效支撑学校发展，更好地调动学校各部门信息化工作积极性，注重信息技术应用的安全性、前瞻性。根据岗位职责，结合工作实际，将本学期的工作计划如下。

图 7-9　手写文本

（2）启动任意手机文字编辑工具，如“备忘录”，观察输入法工具栏中的讯飞输入法选项，如图 7-10 所示。

（3）点击讯飞输入法工具按钮，展开讯飞输入法选项，然后点击“文字扫描”工具，如图 7-11 所示。

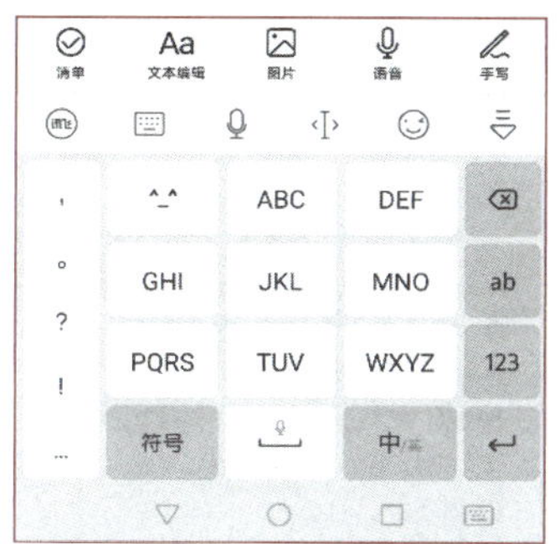


图 7-10　讯飞输入法选项

图 7-11　“文字扫描”按钮

（4）用“文字扫描”工具的拍照功能对手写文字进行拍照，注意拍照辅助线与文字水平方向保持一致，如图 7-12 所示。

（5）拍照完成后，调整好文字内容框选区域，然后点击“识别”按钮，如图 7-13 所示。大概 1 ～ 2 s 后得到识别结果，可进行复制以用于文字编辑，如图 7-14 所示。

### 3. 统计正确率

（1）将识别出的文字复制粘贴进备忘录的编辑区，如图 7-15 所示。之后进行观察，将正确识别出的文字进行计数，用计数结果除以手写文字总字数，得到识别正确率。

（2）用不同的手写文字内容，重复三次，得到三组识别正确率，计算三组识别正确率的平均值。

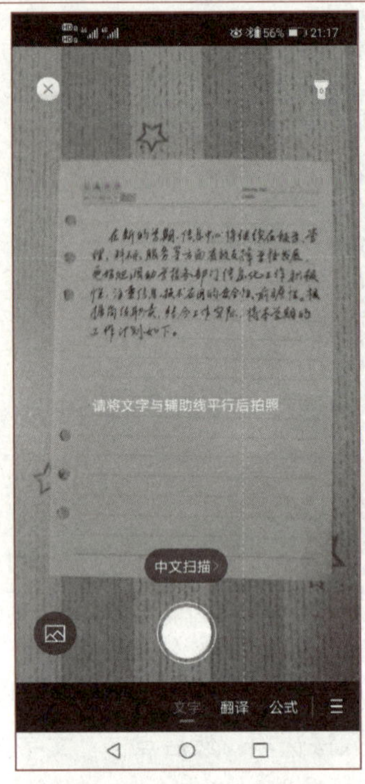


图 7-12　手写文字拍照

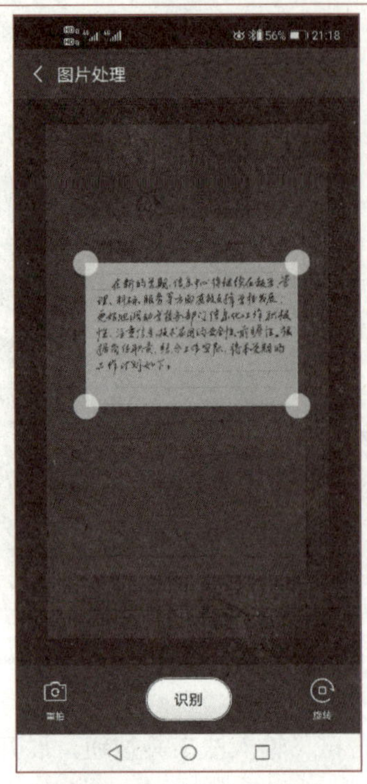


图 7-13　手写文字识别

图 7-14　文字识别结果

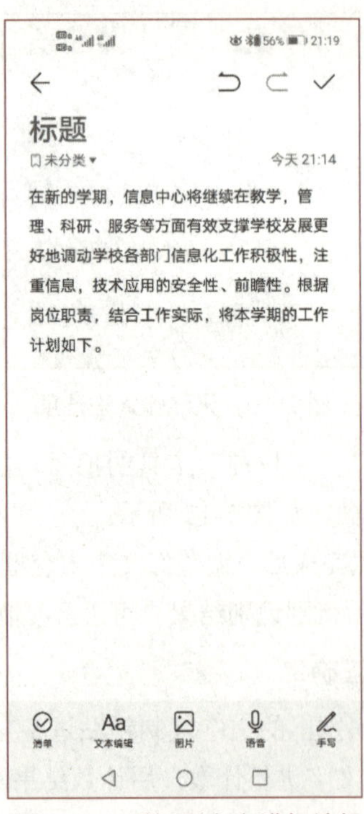


图 7-15　对识别文字进行编辑

## 实训任务考评

完成情况

存在问题

学习笔记

### 手写文字识别智能转换考评记录

<table>
<tr><td>学生姓名</td><td colspan="2"></td><td>班级</td><td></td><td>任务评分</td><td></td></tr>
<tr><td>实训地点</td><td colspan="2"></td><td>学号</td><td></td><td>完成日期</td><td></td></tr>
<tr><td rowspan="11">实训实现步骤</td><td>序号</td><td colspan="3">考 核 内 容</td><td>标准分</td><td>评分</td></tr>
<tr><td>01</td><td colspan="3">进入应用市场安装讯飞输入法 App</td><td>10</td><td></td></tr>
<tr><td>02</td><td colspan="3">在文字编辑工具中使用讯飞输入法</td><td>10</td><td></td></tr>
<tr><td>03</td><td colspan="3">使用讯飞输入法中的文字扫描功能</td><td>20</td><td></td></tr>
<tr><td>04</td><td colspan="3">复制手写文字扫描结果，用于后期编辑</td><td>10</td><td></td></tr>
<tr><td>05</td><td colspan="3">计算手写文字识别正确率</td><td>20</td><td></td></tr>
<tr><td>06</td><td colspan="3">多个手写文字样本识别，计算识别正确率平均值</td><td>15</td><td></td></tr>
<tr><td rowspan="4">07</td><td colspan="3">职业素养：</td><td>15</td><td></td></tr>
<tr><td colspan="3">（1）完成具体工作的信息化意识</td><td>5</td><td></td></tr>
<tr><td colspan="3">（2）规范、安全使用网络资源的良好习惯</td><td>5</td><td></td></tr>
<tr><td colspan="3">（3）举一反三、触类旁通</td><td>5</td><td></td></tr>
<tr><td>自我评语</td><td colspan="6"></td></tr>
<tr><td>教师评语</td><td colspan="6"></td></tr>
</table>

# 7.2 【实训 2】文字语音输入

## 实训目标

**知识目标：**

（1）了解输入法的安装、设置和切换方法。

（2）掌握讯飞输入法的语音输入方法。

**能力目标：**

（1）能正确下载安装具有智能语音输入功能的输入法软件。

（2）能正确设置讯飞输入法并用语音的方式输入文本进行工作。

**素质目标：**

（1）通过该实训，培养学生善于利用新一代信息技术提高工作效率的意识。

（2）通过该实训，培养学生大胆尝试、多途径解决问题的良好习惯。

学习笔记

## 实训要求

（1）使用讯飞输入法的手机版输入文本。

（2）使用讯飞输入法的 PC 版输入文本。

（3）用普通话、方言或英语进行语音输入。

（4）计算多次语音输入正确率的平均值，评估讯飞输入法语音识别功能的效果，体会目前主流语音识别人工智能的发展水平。

## 技术分析

在本次实训中，需要运用的技能点有：

（1）运用讯飞输入法将语音转化为文本。

（2）目前语音识别输入对语种、方言有较高的选择性和宽容度，可自由选择。

（3）讯飞输入法语音输入在 PC 和智能手机上均可安装使用。

（4）将识别的文字应用于具体工作。

## 实例演示

（1）在智能手机上打开“备忘录”，点击讯飞输入法工具栏中的“语音输入”按钮进入语音输入状态，默认输入语言为普通话，如图 7-16 所示。

（2）用适中的语速朗读文本：“中华人民共和国”，可立即在“备忘录”编辑区得到识别结果，如图 7-17 所示。

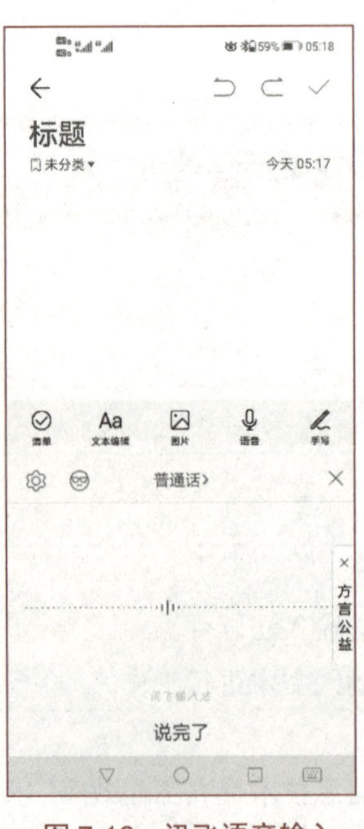

图 7-16　讯飞语音输入

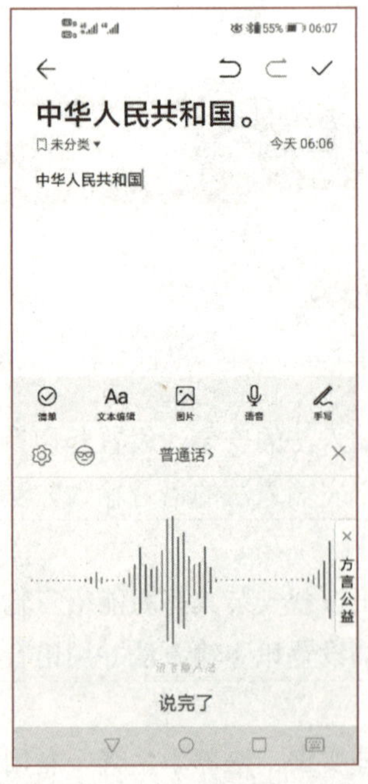

图 7-17　语音识别结果

学习笔记

（3）将正确识别出的文字进行计数，用计数结果除以语音输入文字总字数，得到识别正确率。

- 语音输入文字数：5。
- 正确识别文字数：5。
- 识别正确率：100%。

## 实训步骤

操作记录

### 1. 在智能手机上实现文字语音输入

（1）在智能手机上安装讯飞输入法，具体步骤参考 7.1 节。

（2）在智能手机上打开“备忘录”，点击讯飞输入法工具栏中的“语音输入”按钮进入语音输入状态，用适中语速朗读以下文本：

“新一代信息技术是当今世界创新最活跃、渗透性最强、影响力最广的领域，正在全球范围内引发新一轮的科技革命，并以前所未有的速度转化为现实生产力，引领科技、经济和社会日新月异高速发展。”

（3）观察“备忘录”编辑区，得到识别结果，将正确识别出的文字进行计数，用计数结果除以语音输入文字总字数，得到识别正确率。

### 2. 在 PC 上实现文字语音输入

（1）启动 PC，在浏览器中用搜索引擎搜索“讯飞输入法”，找到其官网，可见讯飞输入法的安卓版、iOS 版、Windows 版三种安装下载链接，如图 7-18 所示。

（2）单击官网中的“Windows 版”链接，进行 Windows 版讯飞输入法的下载安装，安装完成后，可在“开始”菜单看到讯飞输入法功能组，如图 7-19 所示。

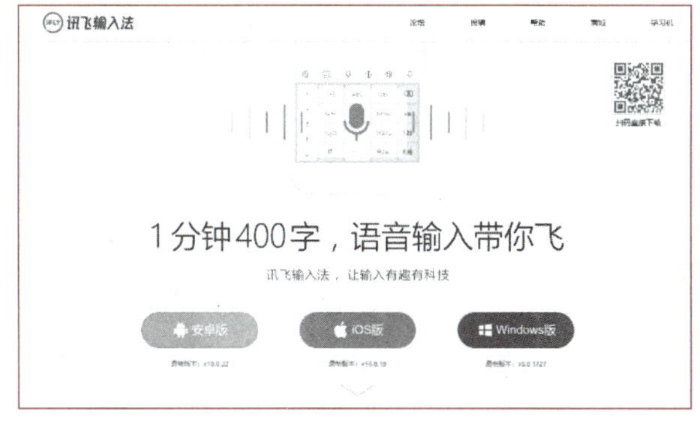


图 7-18　讯飞输入法官网

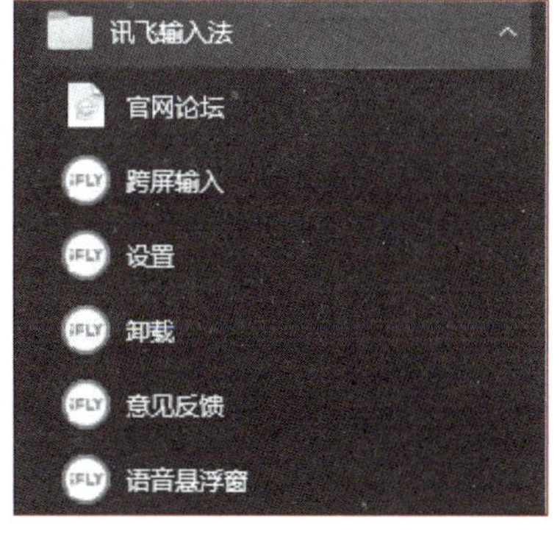


图 7-19　讯飞输入法功能组

（3）打开“记事本”工具准备输入文字，按【Ctrl+Shift】组合键，循环切换输入法，直至桌面状态栏出现讯飞输入法工具面板，然后点击讯飞输入法工具面板中的“语音输入”按钮进入语音输入状态，如图 7-20 所示。

（4）在语音输入面板点击“普通话”语言选项，可切换语言模式，如图 7-21 所示。

操作记录

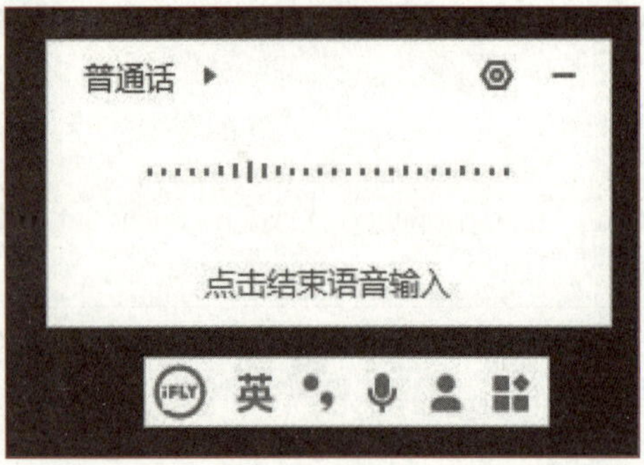

图 7-20　讯飞输入法工具面板

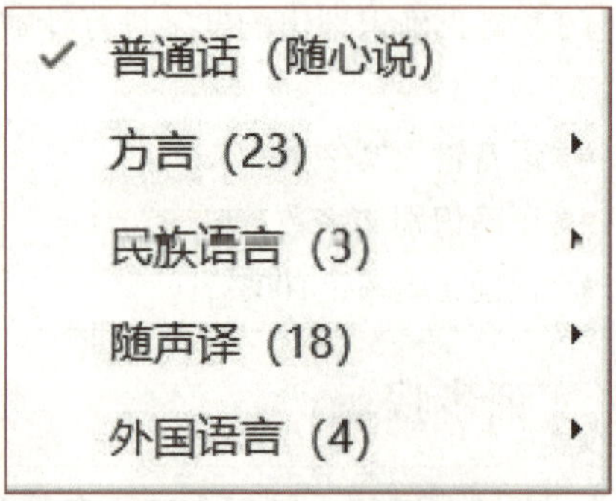

图 7-21　多种语言模式

（5）邀请三位学生用默认的普通话模式和方言模式分别选取课本中任意文本（200 字以内），用适中语速朗读，将识别结果保存于“记事本”中。

（6）观察“记事本”中的识别结果，将正确识别出的文字进行计数，用计数结果除以语音输入文字总字数，得到识别正确率。

（7）计算三位学生语音输入识别正确率的平均值。

完成情况

## 实训任务考评

### 文字语音输入考评记录

| 学生姓名 | | 班级 | | 任务评分 | |
|---|---|---|---|---|---|
| 实训地点 | | 学号 | | 完成日期 | |

| | 序号 | 考 核 内 容 | 标准分 | 评分 |
|---|---|---|---|---|
| 任务实现步骤 | 01 | 在智能手机上实现文字语音输入： | 30 | |
| | | （1）用手机版讯飞输入法输入文本 | 15 | |
| | | （2）计算识别正确率 | 15 | |
| | 02 | 在 PC 上实现文字语音输入： | 60 | |
| | | （1）用 PC 版讯飞输入法输入文本 | 20 | |
| | | （2）计算识别正确率 | 20 | |
| | | （3）计算识别正确率平均值 | 20 | |
| | 03 | 职业素养： | 10 | |
| | | （1）善于利用信息技术提高工作效率的意识 | 5 | |
| | | （2）大胆尝试、多途径解决问题的良好习惯 | 5 | |
| 自我评语 | | | | |
| 教师评语 | | | | |

存在问题

# 习　题

## 一、单项选择题

1. 作为一种保密性强、不可篡改、(　　)的技术，区块链很适于承担类似“货币”或“账本”的职能。

A. 集中管理　　B. 高可靠性　　C. 去中心化　　D. 确保安全

2. 随着技术与应用的不断发展，区块链由最初狭义的“去中心化分布式验证网络”，衍生出了三种特性不同的类型，按照实现方式不同，可以分为公有链、(　　)和私有链。

A. 联盟链　　B. 产业链　　C. 利益链　　D. 供应链

3. 数字货币是非实物货币，非实物货币是区分于实物货币的一个概念，是指不存在于现实世界、不以(　　)为载体的货币形式。

A. 虚拟介质　　B. 物理介质　　C. 生化物质　　D. 固态形式

4. 相较于货币化应用，区块链在非货币化应用上的发展相对顺畅，阻力较少，已开发出(　　)、金融服务、物流管理、在线投票等多种不同应用场景。

A. 智能服务　　B. 智能缴费　　C. 智能家居　　D. 智能合约

5. 数据都具有一定的(　　)，如果采集到的数据不能得到及时处理，最终会过期作废，失去应用的价值。

A. 时效性　　B. 规律性　　C. 隐蔽性　　D. 优先级

6. 大数据应用的最终目的是通过挖掘和分析，发现(　　)或规律，进而指导实际工作。

A. 变化　　B. 趋势　　C. 结论　　D. 不足

7. 大数据技术的发展趋势，一是技术应用平民化，二是与云计算关系越来越密切，三是(　　)的紧密结合。

A. 物联网　　B. 互联网　　C. 企业网　　D. 物流网

8. 信息安全等级保护，是对信息和(　　)按照重要性等级分级别进行保护的一种工作。

A. 信息大小　　B. 信息数量　　C. 信息载体　　D. 信息渠道

9. 信息安全主要包括以下五方面的内容，即需保证信息的保密性、真实性、(　　)、未授权拷贝和所寄生系统的安全性。

A. 安全性　　B. 完整性　　C. 关键性　　D. 唯一性

10. 随着《中华人民共和国网络安全法》等多部相关法律法规的颁布实施，信息安全已上升为(　　)。

A. 国家战略　　B. 行业标准　　C. 行业规则　　D. 地方政策

## 二、判断题

1. 从人工智能实现的功能来定义，是指智能机器所执行的通常与人类智能有关的功能，如判断、推理、证明、识别、学习和问题求解等思维活动。这些反映了人工智能学科的基本思想和基本内容，即研究人类智能活动的规律。　(　　)

2. 机器翻译是计算语言学的一个分支，是利用计算机将一种自然语言转换为机器语言的过程。（　　）

3. 根据摩尔（Moore）定律，每十八个月计算机微处理器的速度就增长一倍，其中单位面积（或体积）上集成的元件数目会相应地增加。（　　）

4. 量子通信主要基于量子纠缠态的理论，使用量子隐形传态（传输）的方式实现信息传递。（　　）

5. 物联网是一个基于互联网、传统电信网等信息承载体，让所有能够被独立寻址的普通物理对象形成互联互通的网络。（　　）

6. 物联网技术是支撑“网络强国”等国家战略的重要基础，在推动国家产业结构升级和优化过程中发挥重要作用。（　　）

7. “区块链”是一种由多方共同维护，使用密码学保证传输和访问安全，能够实现数据一致存储、难以篡改、防止拷贝的记账技术。（　　）

8. 联盟链即由数量有限的公司或组织机构组成的联盟内部可以访问的区块链，每个联盟成员内部仍旧采用中心化的形式，而联盟成员之间则以区块链的形式实现数据共验共享，是“部分去中心化”的区块链。（　　）

9. 信息安全的可用性要素，是指让得到授权的实体在有效时间内能够访问和使用到所要求的数据和数据服务。（　　）

10. 信息系统的安全保护等级分为五级，一至五级等级逐级增高，其中第一级是指：信息系统受到破坏后，会对社会秩序和公共利益造成严重损害，或者对国家安全造成损害。国家信息安全监管部门对该级信息系统安全等级保护工作进行监督、检查。（　　）

| 学生姓名 | | 班级 | | 学号 | |
|---|---|---|---|---|---|
| 选择题 | | 判断题 | | 总分 | |

第一题　选择题（每小题 2 分，共 20 分）

1. 【A】【B】【C】【D】
2. 【A】【B】【C】【D】
3. 【A】【B】【C】【D】
4. 【A】【B】【C】【D】
5. 【A】【B】【C】【D】
6. 【A】【B】【C】【D】
7. 【A】【B】【C】【D】
8. 【A】【B】【C】【D】
9. 【A】【B】【C】【D】
10. 【A】【B】【C】【D】

第二题　判断题（每小题 2 分，共 20 分）

1. 【T】【F】
2. 【T】【F】
3. 【T】【F】
4. 【T】【F】
5. 【T】【F】
6. 【T】【F】
7. 【T】【F】
8. 【T】【F】
9. 【T】【F】
10. 【T】【F】

# 附录A 习题参考答案

## 第1章

习题 1

一、单项选择题

1～10　DACBDDDCAD　　11～20　ACDCBCACAD

二、多项选择题

21．ABCD　22．AB　23．ABD　24．ABD　25．ABCD

26．ABC　27．ABCD　28．ABCD　29．ACD　30．ABCD

三、判断题

1～5　FFFTT　　6～10　TTTFF

11～15　FTTTT　16～20　TFTTT

习题 2

一、单项选择题

1～5　ABBCD　　6～10　ADCDC　　11～15　ADCDB　　16～20　BDCBD

21～25　BCDCD　26～30　CAACB　31～35　DBCBA　36～40　DABCC

41～45　CBDDC　46～50　BCDBD　51～55　DACCB　56～60　BCBBA

61～65　BDABC　66～70　BAABD

二、判断题

1～5　TFFFF　　6～10　TTFTT　　11～15　TFFFF　　16～20　FTTFT

## 第2章

一、单项选择题

1～5　BDDDA　　6～10　CADDD　　11～15　BCAAA　　16～20　BBDBA

21～25　BBACA　26～30　AADDC　31～35　ADCDA

二、判断题

1～5　FTTFT　　6～10　FFTTF　　10～15　TTTTF

# 第 3 章

## 一、单项选择题

1 ～ 10　DBBBB　DBBCC　　11 ～ 20 BCCDB　DCABB

21 ～ 30　CCCCD　CCBCA　　31 ～ 40 AACBA　BCDCD

41 ～ 50　BDAAD　CCBDA

## 二、判断题

1 ～ 5　FTTTF　　6 ～ 10　FFFFT　　11 ～ 15　FFFFT　　16 ～ 20 TTFTF

# 第 4 章

## 一、单项选择题

1 ～ 10　CBCBB　BDABC　　11 ～ 20　DDABC　DCBAC

21 ～ 28　BBDCC　AAB

## 二、判断题

1 ～ 4　FTFT　　5 ～ 8　FFFT

# 第 5 章

## 一、单项选择题

1 ～ 10　ACBAA　DCAAD　　11 ～ 20　AAAAB　CDDBA

21 ～ 30　ADDCB　BCDBA　　31 ～ 32　BB

## 二、判断题

1 ～ 5　TTTFT　　6 ～ 10　TTTTF

# 第 6 章

## 一、单项选择题

1 ～ 10　DCCAB　ACDCB　　11 ～ 20　DCADC　DABCA

21 ～ 30　ACADD　DCBCC　　31 ～ 40　BBDAD　BADAB

41 ～ 45　BBBAB

## 二、判断题

1 ～ 5　TFFFT　　6 ～ 10　TTTTT

## 三、简答题

1. 简要概述信息检索的基本步骤。

（1）确定检索方向；（2）确定检索方法；（3）确定检索工具；（4）确定检索途径；（5）实施检索；（6）索取原始文献。

2. 简要概述网络信息资源的检索方法。

（1）网络浏览、随意浏览、分体系浏览、查询；（2）主题指南；（3）搜索引擎。

3．简述信息、知识、文献的概念及相互关系。

（1）信息是事物的本来面貌，信息经过人脑加工形成知识。

（2）只有将自然现象和社会现象的信息经过加工，上升为对自然和社会发展客观规律的认识，这种再生信息才构成知识。

（3）知识信息被记录在载体上就形成文献。

文献必须包含知识内容，而知识内容只有记录在物质载体上才能构成文献。文献经过传递、传播、应用于理论与实际而产生新的信息。

# 第 7 章

## 一、单项选择题

1～10　CABDA　BACBA

## 二、判断题

1～5　TFTTT　6～10　TFTTF

# 参考文献

[1] 方风波，钱亮 . 新编计算机应用基础：微课版 [M]. 北京：中国铁道出版社有限公司，2019.

[2] 方风波，钱亮，杨利 . 信息技术基础：微课版 [M]. 北京：中国铁道出版社有限公司，2021.

[3] 谭有彬，倪彬 . WPS Office 2019 高效办公 [M]. 北京：电子工业出版社，2019.

[4] 吉燕 . 全国计算机等级考试二级教程 MS Office 高级应用与设计 [M]. 北京：高等教育出版社，2020.

[5] 教育部考试中心 . 全国计算机等级考试一级教程计算机基础及 WPS Office 应用 [M]. 北京：高等教育出版社，2022.

[6] 教育部考试中心 . 全国计算机等级考试二级教程 WPS Office 高级应用与设计 [M]. 北京：高等教育出版社，2022.